과학을 취하다
과학에 취하다

과학을 취하다
과학에 취하다

강석기의 과학카페

SEASON 3

CHEERS SCIENCE

강석기 지음

MID

과학을 취하다
과학에 취하다

초판 1쇄 발행 2014년 4월 5일
초판 6쇄 발행 2018년 10월 15일

지 은 이   강석기
펴 낸 곳   MID(엠아이디)
펴 낸 이   최성훈
총   괄   박동준
편 집 장   최재천
본문편집   김선예, 장혜지, 최종현
마 케 팅   김경문

주   소   서울특별시 마포구 토정로 222 한국출판콘텐츠센터 303호
전   화   (02) 704-3448
팩   스   (02) 6351-3448
이 메 일   mid@bookmid.com
홈페이지   www.bookmid.com
등   록   제313-2011-250호 (구: 제2010-167호)

인쇄제본   보광문화사 · 국일문화사
용지공급   가람페이퍼

I S B N   979-11-85104-07-2 03400

서문

모든 아름다움은 당신이 용기를 가지고 다가서기를 기다린다.

- 알랭

2012년 출간한 에세이집 『과학 한잔 하실래요?』에 이어 지난해 출간한 시즌2 『사이언스 소믈리에』도 기대 이상으로 독자들의 호응을 얻어 이번에 3편을 출간하게 되었다.

이전 에세이집들과 마찬가지로 동아사이언스의 인터넷 과학신문 〈과학동아 데일리〉에 매주 연재하고 있는 '강석기의 과학카페'의 글들이 주를 이루고 있다. 지난해 발표한 글에서 35편, 2014년 발표한 글에서 3편을 골라 보완해 실었다.

한편 지난해 3월부터는 새로 창간한 월간지 〈이감논술〉(현 〈이감 국어와 논술〉)의 '흥미로운 과학이야기'라는 코너에 에세이를 실었는데, 이 가운데 7편을 골랐다. 또 지난해 6월부터는 대한화학회에서 발행하는 월간지 〈화학세계〉의 '언론에 비친 화합물'이라는 코너에 에세이를 연재했는데, 이 가운데 4편을 실었다. 끝으로 한국과학창의재단에서 운영하는 인터넷 과학신문 〈사이언스타임즈〉에 매주 연재하는 '일러스트가 있는 과학에세이'에서 한 편을 빌려왔다.

책의 전체적인 구성은 『사이언스 소믈리에』와 비슷하나 이번에는 욕심을 좀 부려 에세이를 다섯 편 더 늘려 모두 46편을 담았다. 그러다보니 책 부피도 50쪽이나 더 늘어났다. 재미도 없는 글을 꾸역꾸역 집어넣어 독자들에게 부담을 지우게 된 게 아닌가 걱정이 되기도 한다.

지난 1년 동안 쓴 에세이들을 책으로 정리하면서 필자는 문득 '내가 왜 이런 글들을 썼을까?'라고 자문해봤다. 그저 재미있는 이야기 거리라서? 지적 호기심(아니면 허영심)을 충족하기 위해? 물론 이런 측면도 없지는 않겠지만, 무엇보다도 필자는 과학이 여전히 다이내믹한 분야라는 걸 보여주고 싶은 게 아니었나한다.

나중에 커서 과학자가 되겠다던 아이들도 막상 교과서에서 차분하고 완결된, 게다가 압축된 형태의 과학을 접하고는 질리기 마련이다. 이는 대학에서도 마찬가지다. 그러다보니 과학을 좀 공부한 사람일수록 역설적으로 '과학은 아무나 하는 게 아니다'라는 깨달음(!)에 이르게 된다.

물론 과학이 무척 어려운 건 사실이다. 하지만 천재가 아니라면 범접하기 어려울 것 같은 과학도 사실은 곳곳에 허술한 면이 여전히 많은 건축물일 뿐이다. 당신도 용기를 내 뛰어든다면(물론 끈기 있게 노력해야겠지만) 여기에 벽돌 한두 개는 쌓을 수 있다는 말이다.

지난 한 해 동안에도 에세이 연재를 물심양면으로 도와준 〈과학동아 데일리〉의 유용하 편집장과 〈이감 국어와논술〉의 홍은정 편집장, 〈화학세계〉의 오민영 선생님, 〈사이언스타임즈〉의 고대승 편집장께 고마움을 전한다.

지난해 11월에 출간한 번역서 『반물질』을 포함해 벌써 네 권째 책을 펴내주고 있는 MID에 다시 한번 고마움을 전한다. 요즘처럼 출판이 불황인 때에 이런 인연을 갖게 된 건 필자로서는 행운이라고 하지 않을 수 없다. 출간을 결단한 MID 최성훈 대표와 책 제목과 표지 디자인을 포함해 멋진 책을 만들어준 편집부 여러분께도 감사드린다.

2014년 3월, 강석기 씀

PA 01 RT

Science Cafe 3

Cheer's Science

Cheers
Science

핫 이슈

靑馬는 없지만 파랑새는 있다

말은 털 색깔이나 패턴이 무척 다양하지만 모두 멜라닌이라는 색소의 타입과 농도, 분포에 따른 결과일 뿐이다. (제공 위키피디아)

 2014년 갑오甲午년을 청마靑馬해라고 부르는 말을 처음 듣고 필자는 '백마띠는 들어봤어도…'라며 출처를 의심했지만, 중고교 시절 국어시간에 배운 시인 유치환의 호가 청마라는 게 떠올라 근거 없는 말은 아니겠다는 생각이 들었다. 아무튼 청마는 상징적인 표현으로 보이는데, 이 세상에 파란 말은 없기 때문이다.

어디선가 털이 파란 말이 뛰어온다면 정말 멋있겠지만, 파란 물감으로 염색하지 않고서는 그런 돌연변이도 나타나지는 않을 것이다. 말뿐 아니라 척추동물에는 파란색 색소가 없기 때문이다. 대신 말과 사람을 비롯한 거의 모든 동물은 멜라닌melanin이라는 갈색 계열의 색소를 갖고 있다. 말의 다양한 털색이나 사람의 피부색, 머리카락색은 모두 멜라닌이 조화를 부린 결과다.

척추동물, 파란색 색소 없어

멜라닌이 존재하는 일차적인 이유는 몸에 해로운 자외선을 흡수하는 데서 찾을 수 있다. 멜라닌이 충분히 있으면 들어오는 자외선의 99.9%를 흡수할 수 있다고 한다. 멜라닌이 색을 띠는 이유는 자외선뿐 아니라 가시광선 영역도 흡수하기 때문이다. 햇빛이 강한 저위도 지방의 사람들의 피부색이 짙은 이유다.

멜라닌은 피부 표피층에 있는 멜라닌생성세포에서 만들어지는데, 아미노산인 타이로신이 변형된 분자에 여러 가지 분자와 단백질이 달라붙은 복잡한 고분자로 아직까지 정확한 구조는 알려져 있지 않다. 다만 크게 두 가지 유형으로 나뉘는데, 검은색에서 갈색 계열인 유멜라닌eumelanin과 붉은색 계열인 페오멜라닌pheomelanin이 있다. 우리나라 사람들의 피부와 머리카락에는 주로 유멜라닌이 분포한다. 서구인들에서 보이는 붉은빛이 도는 머리카락에는 페오멜라닌이 주로 들어있다.

한편 사람들의 몸 부위에 따라 페오멜라닌이 많이 존재하는 곳이 있는데, 바로 입술과 젖꼭지, 생식기(귀두와 질)다. 이 부분에 분포하는 유멜라닌과 페오멜라닌의 양에 따라 핑크톤에서 적갈색톤까지 폭넓은 스펙트럼을 보인다.

말의 털 색깔을 결정하는 여러 유전자가 밝혀졌는데, 뭘 하는지 알아봤더니 역시 멜라닌 생성에 관여하는 단백질들을 지정하는 것들이었다. 예를 들어 익스텐션(E) 표현형의 경우 MC1R이라는 유전자가 작동하느냐 여부에 따라 나누어지는데, 이 유전자가 만드는 MC1R 단백질은 멜라닌생성세포 표면에 존재하는 호르몬수용체다. 즉 알파-MSH라는 호르몬이 MC1R에 달라붙으면 멜라닌생성세포가 활동을 개시해 유멜라닌을 많이 만들어낸다. 따라서 부모로부터 둘 다 멀쩡한 유전자를 받은 E/E형이나 한쪽만 멀쩡한 걸 받은 E/e형인 말은 짙은 갈색이나 검은색이지만, 둘 다 고장난 e/e형은 색이 옅어지고 붉은 톤이 많아진다.

사실 포유류들이야 털 색깔 또는 피부색이 다양해도 대체로 누런 계열이지만 조류는 그렇지 않다. 참새처럼 깃털 색이 촌스러운 녀석도 있지만(물론 멜라닌 때문이다), 마치 물감을 바른 듯 순색純色의 선명한 깃털을 뽐내는 새들도 많다. 파랑새라는 새도 있듯이 파란색 깃털도 있다. 척추동물은 파란색 색소를 못 만드는데 도대체 이 녀석들은 무슨 재주로 이런 마술을 부리는 걸까.

참새도 그렇지만 닭이나 꿩 등 많은 새(특히 암컷)의 갈색이나 검은색 계열 깃털은 여전히 멜라닌을 이용한다. 그러나 페오멜라닌으로도 선명한 빨간색은 낼 수 없고 특히 녹색이나 파란색쪽은 엄두도 내지 못한다. 따라서 이런 깃털을 가진 새들이 있다는 건 다른 전략을 개발했다는 말이다.

얕은 바다에 수만 마리가 떼지어 있는 홍학의 붉은색은 카로티노이드라는, 노란색에서 빨간색의 범위에서 색을 낼 수 있는 색소 덕분이다. 그런데 홍학에는 카로티노이드를 만드는 세포가 없다. 대신 홍학의 먹이인 조류藻類와 갑각류에 존재하는 카로티노이드가 깃털을 만드는 세포로 이동해 이런 색을 띠게 된다. 깃털은 소모품으로 빠지고 다시 나므로 이런 먹이를 계속 먹어줘야 붉은 톤을 유지할 수 있다. 실제로 동물원에서 일반 사료를 먹게 되면 점차 색이 빠지면서 나중에는 깃털이 '하얀' 홍학이 된다. 따라서 동물원에서는 새우 같은 갑각류가 포함된 사료를 먹여 색을 유지한다.

앵무새 초록 깃털의 비밀

때로는 자체적으로 새로운 색소를 합성하는 방향으로 진화하기도 했다. 예를 들어 앵무새의 경우 프시타코풀빈psittacofulvin이라는, 빨간색에서 노란색 범위의 색을 내는 색소를 생합성할 수 있다. 앵무새 깃털의 선명한 빨간색은 바로 프시타코풀빈 때문이다. 그렇다면 앵무새 깃털에서 나뭇잎처럼 선명한 초록색은 어떻게 나오는 걸까. 물론 엽록소가 있는 건 아니고 프시타코풀빈과 깃털 자체의 구조로 인해 나타나는 파란색이 합쳐진 결과다. 그런데 구조로 인한 파란색이란 무엇일까?

앵무새의 선명한 깃털 색깔은 고유한 색소와 빛의 산란을 통한 구조색으로 만들어진다. 부리 주위의 빨간색은 프시타코풀빈이라는 빨간색에서 노란색에 걸친 색소에서 비롯한다. 녹색 깃털은 프시타코풀빈과 구조색인 파란색이 합쳐진 결과이다. 아래쪽에 구조색만으로 이뤄진 파란 깃털이 보인다. (제공 위키피디아)

색은 색소색과 구조색으로 나눌 수 있다. 멜라닌이나 베타카로틴처럼 분자가 가시광선에서 특정 영역의 빛을 흡수하고 나머지를 반사해 색을 내는 게 색소색이라면, 나노구조를 띠고 있어 특정 파장의 빛을 보강간섭하거나 산란시켜 나타나는 색이 구조색이다. 몰포나비의 번쩍번쩍하는 파란색이 대표적인 구조색으로, 파란색 파장의 보강간섭의 결과다.

우리 주변에서 쉽게 볼 수 있는 구조색으로는 머리를 감을 때나 설거지를 할 때 거품의 막에서 언뜻언뜻 보이는 무지개색으로 역시 간섭효과 때문이다. 맑은 날 하늘이 파랗게 보이는 것도 일종의 구조색으로(대기에 파란색 색소분자가 떠다니는 건 아니므로), 햇빛 가운데 주로 짧은 파장인 파란계열 빛이 공기의 기체분자에 더 많이 산란돼 우리 눈으로 들어오기 때문이다.

구조색을 내는 깃털을 전자현미경으로 들여다보면 케라틴 단백질이 나

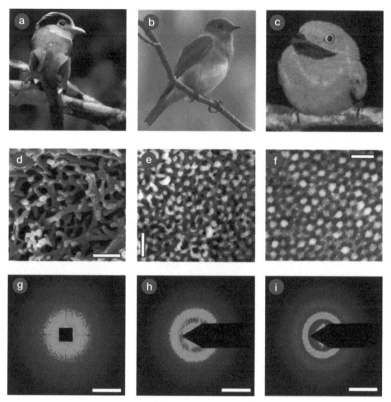

다양한 새에서 나타나는 파란색 계열의 깃털은 깃털을 이루는 케라틴 단백질이 만드는 독특한 나노구조에 짧은 파장의 빛이 산란돼 나타난 결과다. 왼쪽부터 암컷 넓적부리새류(Silver-breasted Broadbill), 수컷 유리새류(Eastern Bluebird), 수컷 장식새류(Plum-throated Cotinga), 가운데 줄은 각 깃털의 전자현미경 사진. 맨 밑은 각각의 X선 산란 회절 패턴이다. (제공 <영국왕립계면학회지>)

노크기 수준에서 공이나 실 같은 모양으로 분포해 있는 스펀지 같은 구조를 하고 있음을 알 수 있다. 미국 예일대 연구진들은 지난 2012년 학술지 〈영국계면학회저널〉에 발표한 논문에서 조류 230종에서 얻은 297개의 깃털 견본에 X선을 쪼였을 때 나타나는 회절 패턴을 해석해 나노구조를 규명한 연구결과를 싣기도 했다.

그런데 여기서 잠깐. 포유류인 사람도 파란색을 띠는 부분이 있다. 일부 백인에서 보이는 파란 눈이다. 정확히는 홍채 색깔이 파란 건데 이것도 구

사람뿐 아니라 많은 동물에서 파란 눈을 지닌 개체가 발견된다. 홍채 기질에 멜라닌 색소가 없는 경우다. 왼쪽부터 시계 방향으로 고양이, 까마귀, 코알라. (제공 위키피디아)

조색일까. 물론 그렇다. 홍채는 수축과 팽창을 통해 눈동자(동공)의 크기를 조절하는 눈의 조리개로 앞쪽의 기질과 뒤쪽의 상피세포층으로 이뤄져 있다. 상피세포층에는 멜라닌이 많아 기질을 통과한 빛을 흡수해 뒤쪽의 망막으로 넘어가지 못하게 한다.

주변 근육에 연결돼 있는 섬유조직인 기질의 경우 우리나라 사람들은 역시 멜라닌 과립이 분포해 있어서 대체로 갈색을 띤다. 반면 일부 백인들은 멜라닌이 없다. 이 경우 빛이 들어오면 짧은 파장, 즉 파란색 계열의 빛이 반투명한 기질을 지나가다 산란돼 튀어나가고 긴 파장 빛은 통과해 상피세포층에서 흡수된다. 그 결과 눈이 파랗게 보인다. 이런 현상을 틴들 산란Tyndall scattering이라고 부른다. 흔히 스킨이라고 부르는 화장품 중에서 반투명한 형태를 보면 푸르스름하게 보이는 것이 있는데, 역시 틴들 산란 때문이다.

홍채는 사람뿐 아니라 다른 많은 동물의 눈에도 존재하는 구조이므로,

이들의 홍채 기질에 멜라닌이 없다면 역시 눈이 파랗게 보이지 않을까. 물론 그렇다. 드물지만 자연계에는 눈이 파란 다양한 동물이 존재한다. 적어도 피부색이나 털색의 관점에서는 사람은 정말 평범한 동물이구나 하는 생각이 문득 든다.

참고문헌

Saranathan, V. et al. *J. R. Soc. Interface* **9**, 2563-2580 (2012)

연꽃이 두려운 사람들

"뭐하세요?"

"사진정리."

"어떤 건데요? 으악!"

"왜 그래?"

"무서워요…"

"뭐가?"

"연꽃이요. 저 구멍이 숭숭 뚫린 게…"

"이게 뭐가 무서워?"

"연꽃 무서워하는 사람들 많아요."

"뭔 소리야…"

2010년 7월 경남 함안박물관은 700년 전 고려시대의 연꽃 씨앗(엄밀히는 열매)이 발아해 꽃을 피웠다는 경사스런 소식을 알렸다. 당시 월간지 〈과학동아〉의 기자로 일하던 필자는 '기자가 아니면 일부러 보러 가겠나'라는 심정으로 1박2일 일정으로 취재를 갔다. 여관에서 선잠을 자다 새벽 4시에 일어나 현장에서 연꽃이 열릴 때까지 기다리던 기억이 지금도 생생하다. 700년 된 씨앗이 꽃피운 연꽃은 향기도 우아했고 꽃잎의 분홍빛이 무척 신비로웠다. 당시 필자는 꽃잎 몇 장에서 테두리가 약간 일그러진 걸 보고 '오랜 세월 있다 보니 유전자에 결함이 생긴 결과인가'라고 근거없는 추측을 하기도 했다.

아무튼 이렇게 취재해온 연꽃 사진을 정리하는 걸 후배 기자가 본 것이다. 연꽃에서 무서운 건 하늘거리는 꽃잎이 아니라 꽃 가운데 있는 꽃받침통이다. 꼭 샤워꼭지처럼 생긴 연꽃의 꽃받침통은 구멍이 20여 개 뚫려있는데 각 구멍에는 암술이 들어 있다. 꽃을 찾은 벌의 수고로 수분이 되고 꽃잎이 떨어지면 꽃받침통만 남는데 구멍 안에 박혀 있는 열매가 여물면서 색이 짙어지고 따라서 구멍은 눈에 더 잘 띈다. 이때 꽃받침통의 모습이 가장 무서워 보인다는 것. 아무튼 당시 필자는 후배의 반응에 전혀 공감할 수 없었다.

여성은 열에 둘이 환공포증?

그런데 학술지 〈심리과학〉 2013년 10월호에 희한한 제목의 논문이 실렸다. 'Fear of Holes' 즉 '구멍에 대한 두려움'이라는 말인데, 번역할 때 어색해서 복수형을 반영하지 않았지만 여기서 구멍이 여러 개라는 게 중요한

적지 않은 사람들이 구멍 여러 개가 숭숭 뚫려있는 이미지를 보면 공포를 느낀다고 한다. 이런 무서움을 일으키는 대표적인 이미지가 연꽃 꽃받침통이다. (제공 〈심리과학〉)

지난 2010년 7월 경남 함안박물관에서는 700년 전 연꽃 씨앗이 발아해 꽃을 피웠다. (제공 강석기)

다. 즉 구멍이 하나 있을 때 무서운 게 아니라 여러 개가 몰려 있는 대상을 볼 때 느껴지는 두려움이라는 것. 대표적인 예가 바로 연꽃이란다!

수년 전 후배 기자에게 건성으로 대한 걸 약간 미안해하면서 논문을 읽어봤다. 알고 보니 이런 두려움을 칭하는 trypophobia라는 용어도 있다. 번역하면 환[環]공포증이다. 작은 구멍 여러 개가 몰려 있는 이미지를 보면 무서움이나 혐오감이 느껴지는 현상이다.

영국 에식스대 뇌과학센터 아놀드 윌킨스 교수는 인터넷에 환공포증에 대한 말이 많음에도 이에 대한 연구가 전무하다는데에 의아함을 느끼고 연구를 시작했다고 한다.

먼저 얼마나 많은 사람들이 환공포증을 보이는지 알아봤는데 놀랍게도 남자는 11%(91명 가운데 10명), 여자는 18%(195명에서 36명)가 연꽃 꽃받침통 이미지를 보면 "불편하거나 고통스럽다"고 답했다. 윌킨스 교수는 오래 전부터 자연이나 예술작품에서 거부감을 일으키는 이미지의 특징을 추출하는 연구를 해왔는데, 이에 따르면 밝기의 대조가 두드러진 패턴이 일정한 범위의 간격으로 반복될 때 혐오감을 느끼게 한다는 사실을 발견했다.

연구자들은 환공포증도 이런 패턴과 관계가 있는지 알아봤다. 먼저 환공포증 웹사이트(www.trypophobia.com)에서 환공포증을 일으킨다고 올려놓은 이미지 가운데 순서대로(편견을 배제하기 위해) 76개를 골랐다.[1]

---

1 필자는 환공포증이 없다고 생각했는데, 이 사이트에서 이미지를 몇 개 보다 보니 속이 메슥거리기 시작했다. 환공포증인 독자를 고려해 이들 이미지는 싣지 않았다. 궁금한 독자는 사이트를 방문해 직접 확인하기 바란다.

이와 비교하기 위한 이미지로는 인터넷에서 'images of holes'이라는 검색어를 쳤을 때 뜨는 이미지에서 순서대로 76개를 뽑았다. 연구자들은 두 그룹의 이미지를 푸리에 변환 등 데이터 처리 기법을 써서 분석했고 그 결과 환공포증을 유발하는 이미지들 역시 밝기의 대조가 두드러진 패턴이 일정한 범위의 간격으로 반복된다는 걸 확인했다.

그렇다면 환공포증이 없는 사람들은 어떨까. 이런 사람들 20명을 대상으로 두 그룹의 이미지를 보고 −5(아주 불편함)에서 5(아주 편안함)까지 점수를 매기게 했더니 환공포증 유발 이미지는 −0.42, 대조군 이미지는 0.53으로 나왔다. 즉 환공포증인 사람뿐 아니라 그런 증상이 없는 사람들도 환공포증 유발 이미지를 불편하게 생각한다는 말이다. 필자가 사이트 이미지를 보고 비위가 상한 것도 그래서였을까.

10대 유독 동물 명단을 살펴보니

그나저나 환공포증인 사람들은 왜 연꽃처럼 전혀 해가 안 되는 대상의 특정 패턴만 보고도 두려움에 떠는 것일까. 연구자들은 환공포증인 사람들과 면담을 한 결과 이들이 푸른고리문어 같은 동물들도 두려워한다는 걸 발견했다. 푸른고리문어는 몸 표면에 50~60개의 선명한 푸른 고리 무늬가 있는데 맹독을 지니고 있기 때문에 잘못 건드리면 목숨을 잃을 수도 있다.

이 문어의 푸른 고리 패턴과 연꽃 꽃받침통의 구멍 패턴이 뭔가 관계가 있을 거라는 생각이 떠오른 연구자들은 인터넷에서 'the 10 most poisonous animals(10대 유독 동물)'을 검색했다. 여기에는 푸른고리문어와 함께 상자해파리, 브라질방황거미, 데스스토커전갈, 인랜드타이펜(독사), 킹코브라(독사), 대리석원뿔달팽이, 독화살개구리, 복어, 스톤피쉬가 이름을 올렸다.

이들 동물의 이미지를 분석한 결과 예상대로 환공포증 유발 이미지와 비슷한 패턴이 나왔다. 결국 환공포증은 적어도 부분적으로는 위험한 동물이 갖는 시각적 특성을 공유하는 이미지에 대한 반응이라고 설명할 수 있

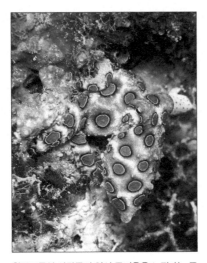

다는 말이다. 연구자들은 "환공포증은 구멍에 대한 두려움이라고 알려져 있지만, 우리 데이터는 이런 반응을 일으키는 한 가지 결정적인 특징이 특정한 시각 패턴임을 보여준다"고 설명했다. 한편 환공포증은 보통 사람들도 반응하는 이미지에 그런경향이 좀 더 과장돼 나타난 결과라고 해석할 수도 있다.

환공포증인 사람들이 역시 두려움을 느낀다는 푸른고리문어의 모습. 선명한 고리 수십 개가 몸을 덮고 있는 이미지를 시각적으로 처리하면 환공포증을 일으키는 이미지의 처리 결과와 비슷한 패턴이 나와 서로 관련성이 있음을 시사하고 있다. (제공 위키피디아)

그럼에도 왜 어떤 사람은 환공포증을 보이고 어떤 사람은 그렇지 않은가에 대한 이유는 아직 모르고 있다. 사실 이건 다른 수많은 공포증도 마찬가지다. 가던 길 앞에 비둘기가 날아와 내리면 깜짝 놀라 어쩔 줄 모르는 사람들을 가끔 보는데(다 여자였던 것 같다), 유난스럽다 싶다가도 진짜 무서워하는 것 같아 안 됐기도 하다. 이를 조류공포증ornithophobia이라고 부른다. 사실 필자도 공포증이 하나 있는데 바로 개공포증cynophobia이다. 혼자 길을 가다가 돌아다니는 개를 마주치면 겁이 덜컥 나는데, 개 덩치가 클수록 그 정도가 심해진다.

공포증은 진화상 유리한 현상인가?

이런 공포증은 이성으로는 불합리하다고 생각하면서도 막상 그 상황에 마주치면 어찌해볼 도리가 없는 게 특징이다. 그래도 요즘은 진화심리학자들이 이런 공포증을 좋게 해석해 약간 위안을 주기도 한다. 즉 상황을 좀 더 과장되게 인식함으로써 낮은 확률의 위험조차 피하게 하는 장치라는 것[2]. 그럼에도 과유불급이라고, 너무 겁이 없는 것도 생존에 불리하게 작용하겠지만, 너무 겁이 많은 것도 결코 유리하지는 않을 것 같다는 생각이 든다.

10여 년 전쯤 어느 날, 앞산에 올랐다가 내려오는 중이었다. 문득 고개를 들어보니 한 30미터 앞에 허연 진돗개 한 마리가 있는 게 아닌가. 녀석도 올라오다가 필자를 보고 멈춰선 것 같았다. 마침 커브길이라 개 뒤쪽 길이 보이지 않아 개주인이 있는지는 모르겠다. 한 10초를 대치하고 있는데 주인은 안 나타나고 진땀이 났다. '어떻게 하지…' 고민을 하다 '다시 산을 올라가 (100미터 쯤 떨어져 있는) 정자로 일단 피신하자'고 결심하고 어깨를 돌리는 순간 갑자기 개가 필자를 향해 달려오기 시작했다. 맹수 앞에서는 절대 등을 보이지 말라는 얘기도 있지 않은가! 기겁을 한 필자는 도망치기 시작했지만 20미터, 10미터, 거리는 점점 좁혀졌다.

"으어어어어…"

필자의 입에서는 사람의 소리라고 할 수 없는 괴성이 튀어나왔고(공포에 질린 한 마리 짐승이었다!), 녀석이 거의 5미터 앞까지 육박했을 때 필자도 모르게 다시 몸을 돌렸다. 녀석도 놀랐는지 순간 멈췄는데 이때 어디선가 "아무개야~"하는 소리가 들렸다. 소리 나는 방향을 보니 한 남자가 서 있다. 개도 그 사람을 보더니 꼬리를 흔들며 내려간다.

"이런 개를 목줄도 안 매고 풀어놓으면 어떻게 합니까?"

"우리 개는 사람 안 물어요. 허허."

'이 사람이 지금 웃음이 나오나'라고 속으로 분개하며 후들거리는 다리로 산을 내려왔다. 개 주인이 추격전을 봤는지는 모르겠다. 그런데 지금 생각해보면 필자가 개공포증이 없었다면 그때 그냥 내려오면서 "녀석 참 잘 생겼다!"라고 한 마디 했을 것이고, 개도 모른 척 지나갔을 것이다. 필자의 지나친 공포와 그에 따른 어설픈 행동이 개의 늑대 본능을 일깨운 건 아닐까.

---

[2] 진화론으로 설명하는 다른 공포증의 예는 『사이언스 소믈리에』 252쪽 '두려움은 공간도 휘어지게 한다' 참조.

아무튼 그 일 이후로 필자는 TV에서 자연다큐멘터리를 보다가 사냥 장면이 나오면 채널을 돌린다. 맹수에게 쫓기는 초식동물의 절망적인 심정을 살 떨리게 체험했기에….

참고문헌

Cole, G. G. & Wilkins, A. J. *Psychological Science* **24**, 1980-1985 (2013)

사람의 유전자는 특허의 대상인가

생명의 지시문(유전자)은 의회나 법원의 변덕에 따라 허용되는
법적 독점권에 의해 통제되어서는 안 된다.

- 제임스 왓슨, 1953년 DNA이중나선 발견자

"어머니는 유방암으로 10년 가까이 투병하다가 56세에 타계했다. 어머니는 첫 손주를 보고 품 안에 데리고 다닐 때까지는 살았지만, 내 다른 아이들은 외할머니의 사랑과 자애로움을 체험할 기회를 갖지 못했다."

2013년 5월 14일자 미국 〈뉴욕타임스〉 여론면에 실린, 세계적인 영화배우 앤절리나 졸리의 기고문 '나의 의학적 선택My Medical Choice'은 이렇게 시작한다. 어머니를 유방암으로 잃은 졸리는 유방암 관련 유전자 검사를 했고, 그 결과 자신도 브라카1BRCA1이라는 유전자가 변이형이어서 일생동안 유방암에 걸릴 확률이 87%, 난소암에 걸릴 확률이 50%라는 진단을 받았다는 것. 결국 고민 끝에 졸리는 여성의 상징이라고 할 수 있는 유방을 들어

앤절리나 졸리(제공 위키피디아)

내기로 결심했고 수술을 받았다. '예방적 유방절제술preventive mastectomy'을 받은 졸리는 유방암에 걸릴 위험성이 87%에서 5% 미만으로 떨어졌다고 한다. 그런데 졸리의 기고문을 보면 흥미로운 구절이 나온다.

"세계보건기구WHO에 따르면 유방암으로 매년 45만 8000명이 목숨을 잃는데 주로 중진국, 후진국 사람들이다. 재산이나 배경이 어떻든, 사는 곳이 어디이든, 더 많은 여성들이 유전자검사를 받을 수 있어야 하고 생명을 구할 수 있는 예방적 치료를 받아야 한다. 하지만 많은 여성들에게 브라카1과 브라카2 검사비용(미국에서는 3000달러〈약 300만 원〉 이상)은 장벽으로 남아 있다."

브라카2는 유방암과 관련된 또 다른 유전자다. 23앤드미23andMe처럼 1000달러도 안 되는 돈을 받고 개인의 게놈을 분석해주는 서비스를 제공하는 회사도 있는데, 고작 유방암 유전자 두 개를 검사하는데 왜 이렇게 많은 돈이 들까? 놀랍게도 비싼 시약 같은 비용 문제가 아니라 유방암 검사를 한 회사가 독점하고 있기 때문이다.

그렇다고 이 회사만 유방암 유전자 분석에 꼭 필요한 아주 까다로운 기술을 갖고 있는 것도 아니다. 웬만한 대학 실험실에서도 마음만 먹으면 검사를 할 수 있다. 그렇게 하지 못하는 건 법이 금지하기 때문이다. 즉 유방암 유전자를 처음 발견한 회사 미리어드 지네틱스Myriad Genetics는 이 유전자에 대한 특허를 갖고 있기 때문에 다른 누군가가 유전자 검사를 시도하면 특허를 위반하는 범법행위가 된다. 그런데 사람의 유전자가 특허의 대상이 될 수 있을까?

1994년 유전자 발견

여기서 잠깐 유방암 유전자가 발견된 과정을 살펴보자. 과학자와 의사들은 오래전부터 일부 암의 경우 가족력이 있다는 사실을 알고 있었다. 특히 유방암과 난소암, 대장암 등에서 이런 경향이 두드러졌다. 따라서 연구자

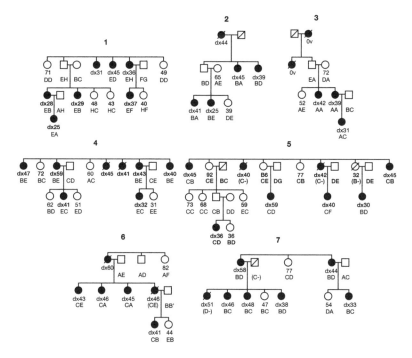

1990년 킹 교수팀은 유방암 내력이 있는 가계 23곳을 조사해 17번 염색체의 한 영역에 돌연변이가 있다는 결론을 얻었다. 조사한 가계 가운데 7곳의 가계도로 동그라미는 여성 네모는 남성이고, 속이 빈 경우는 정상, 검은 경우는 유방암이 발병한 사람이다. dx 뒤의 숫자는 처음 발병했을 때 나이이고 빗금은 조사 당시 이미 사망한 경우다. (제공 〈사이언스〉)

들은 특정 유전자의 돌연변이가 원인일 것으로 추정했다. 즉 변이 유전자를 물려받으면 특정 암에 걸릴 가능성이 높아진다는 것.

미국 UC 버클리의 메리-클레어 킹 교수는 유방암 환자들의 가계도를 바탕으로 게놈을 분석한 결과 17번 염색체에 관련 유전자가 있을 것이라는 연구결과를 1990년 학술지 〈사이언스〉에 발표했다. 그러자 세계 곳곳에서 많은 연구자들이 유방암 유전자 사냥에 뛰어들었고 1994년 마침내 미국 유타대의 마크 스콜닉 교수팀이 유전자를 발견하는데 성공했다. 이들은 이 유전자에 BRCA1(Breast cancer 1, early onset의 줄임말로 '브라카원'이라고 발음한다), 즉 유방암 제1유전자라는 이름을 붙였다. 그리고 이듬해 또 다른

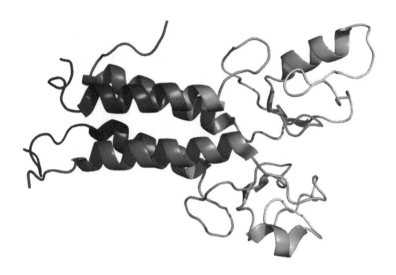

손상된 DNA의 복구에 관여하는 것으로 알려진 브라카2 단백질의 3차원 구조. 유전자에 돌연변이가 생겨 단백질이 만들어지지 못하거나 비정상적인 단백질이 만들어지면 기능을 못하면서 정상세포가 암세포로 바뀐다. (제공 위키피디아)

유방암 환자 가계를 조사해 새로운 유방암 유전자를 발견하는데 성공했고 브라카2BRCA2라고 명명했다. 이렇게 해서 1990년대 중반 유방암 유전자 2개가 발견됐고 곧바로 대중에게도 익숙한 이름이 됐다.

당시 스콜닉 교수는 생명과학회사 '미리어드 지네틱스'를 만들고 이 두 유전자에 대해 특허를 신청했다. 수년 뒤 미국 정부는 특허를 내줬다. 그리고 지금까지 이 회사는 두 유전자에 대한 진단 시약을 고가에 독점 판매하고 있다. 따라서 이에 대해 비난이 없을 수가 없다. 2000년 미국 셀레라에서 인간게놈 해독을 이끈 크레이그 벤터는 저서 『게놈의 기적』에서 미 국립보건원NIH의 관료주의로 브라카 유전자를 먼저 발견할 기회를 놓쳐 미리어드만 좋은 일을 시켰다며 "전 세계 연구소들은 유방암 진단 시약을 쓰고 싶어 했지만 미리어드 지네틱스는 이를 상업적으로 활용하지 못하게 막았다"고 비판했다. 참고로 2000년 인간게놈 초안을 발표할 때 연구자들은 데이터를 공개해 사람 유전자가 더 이상 특허의 대상이 되지 못하게 했다.

실제로 특허가 난 직후인 1999년 미국 뉴욕대의 유전학자 해리 오스트러(현 알버트아인슈타인의대 교수)는 브라카 유전자 서열을 분석하려다가 미리어드로부터 경고를 받고 포기해야 했다. 미리어드는 브라카 유전자 분석을 시도하는 곳에 대한 정보를 입수할 때마다 소송을 진행했고 결국 아무도 감히 위법행위를 할 수 없게 됐다. 이런 독점 덕분에 미리어드는 유전자 분석으로 매년 4억 5000만 달러(약 4500억원)의 매출을 올리고 있다.

미리어드는 브라카 유전자에 대해 특허를 받았지만 과연 사람의 유전자가 특허의 대상이 될 수 있을까. 이런 근본적인 물음에서 출발한 몇몇 연구자와 의사, 미국시민자유연맹ACLU 등은 대표자를 뽑아 2009년 5월 두 유전자에 대한 특허가 무효라는 소송을 시작했다. 1999년 미리어드의 경고를 받은 오스트러 교수도 원고 20명 가운데 한 명으로 소송에 참여했다. 2010년 뉴욕연방법원은 특허가 무효라는 판결을 내렸지만 2011년 연방순회항소법원은 원심을 파기하고 사건을 돌려보냈다. 결국 소송은 대법원까지 올라갔다. 어차피 2014년부터는 브라카 유전자의 특허만료가 시작되는데 굳이 지금 법적분쟁을 할 필요가 있을까?

자연의 산물은 특허 대상이 아냐

미국 듀크대 게놈과학정책연구소 로버트 쿡-디건 교수는 2012년 11월 9일자 학술지 〈사이언스〉에 기고한 글에서 "이건 보통 특허 분쟁이 아니다. 즉 특허기술로 만든 제품으로 돈을 벌기 위해 한 회사가 다른 회사에게 소송을 거는 게 아니다. 이 소송의 목적은 유전자가 특허의 대상이 될 수 있는가 여부를 법적으로 명확히 규정하는 데 있다"라고 썼다.

이 재판에 대해 도널드 베릴리 미 법무차관은 "과거에는 유전자 특허를 인정했지만 지금은 미리어드의 경우처럼 게놈에서 분리한 DNA로는 특허를 받을 수 없을 것"이라며 "인체에 존재하는 상태 그대로의 DNA를 추출한 것이기 때문"이라고 입장을 밝혔다. 즉 합성게놈처럼 자연에 존재하지 않는 DNA서열을 합성했다면 특허를 줄 수 있지만 자연이 만든 유전자를 먼저 발견했다고 해서 특허를 줄 수는 없다는 말이다.

2013년 6월 13일 마침내 최종 판결이 나왔다. 뜻밖에도 판사 9명 전원이 특허는 무효라는데 손을 들었다. 이로서 1998년부터 15년 동안 이어져온 유방암 유전자 검사에 대한 미리어드의 독점권은 끝이 났다. 이번 판결에 대한 반응은 엇갈리고 있다. 먼저 생명공학 업계는 우려를 표시하고 있다. 미국 생명공학산업기구 짐 그린우드 대표는 "수십 년 동안 유지되어 온 DNA분자에 대한 특허권이 사라지면서 생명공학 발명의 산업성에 대한 불확실성이 생겼다"고 평했다. 그럼에도 대다수는 이번 판결을 환영하고 있다. 특히 집안에 유방암 환자가 있어 검사를 받고 싶어 하는 여성들이나 의사들, 기초연구를 하는 과학자들이 반겼다. 다음은 이번 판결을 내린 판사 9명 가운데 한 명인 클라렌스 토머스 판사가 기술한 의견이다.

"미리어드는 아무것도 창조하지 않았다. 확실히 미리어드는 중요하고 쓸모 있는 유전자를 발견했지만, 주위 유전물질(게놈)에서 유전자를 분리한 게 발명 행위는 되지 못한다."

참고문헌

Hall, J.M et al. *Science* **250**, 1684-1689 (1990)
Marshall, E. *Science* **340**, 1387-1388 (2013)

조류인플루엔자바이러스,
H5N8과 H7N9의 경우

2010~2011년 겨울은 우리나라 가축과 가금류에게 최악의 시기였다. 구제역이 걷잡을 수 없이 퍼지면서 무려 350만 마리의 소와 돼지가 살처분됐고, 조류인플루엔자AI도 발생해 가금류 647만 마리가 생매장됐다. 당시 AI는 네 번째 발생한 것으로, 2003~2004년 겨울 처음 AI가 유행했을 때는 가금류 528만 마리, 2006~2007년 겨울 두 번째 발생했을 때는 280만 마리, 2008년 봄 세 번째 발생했을 때는 무려 1020만 마리를 살처분했다.

그런데 2013~2014년 겨울이 절반 정도 지난 시점에서 다섯 번째 AI가 한반도를 덮쳤다. 2014년 1월 16일 전북 고창의 한 농장에서 AI로 오리 2만여 마리가 살처분된 뒤 부안의 농장에서도 폐사한 오리들이 AI에 걸린 것으로 확인됐다. 한편 고창 오리 농장에서 10킬로미터 떨어진 동림저수지에서 가창오리 천여 마리가 떼죽음한 게 발견됐고, 사인을 분석한 결과 역시 AI바이러스가 발견됐다.

이는 이번 AI의 감염경로가 철새임을 시사하는 것일 뿐 아니라 이 바이러스가 야생 조류도 집단 폐사시킬 정도로 강력한 병원성을 갖고 있음을 뜻한다. 인플루엔자바이러스의 요람이라고 할 수 있는 야생조류는 오랜 진화를 겪으며 바이러스와 서로 적응이 된 상태이기 때문에 이처럼 인플루엔자로 떼죽음에 이르는 건 이례적인 일이다.

이번 AI의 또 다른 특징은 기존 네 차례가 H5N1형이었던 것과는 달리

철새는 AI 확산의 주된 매개체다. 2014년 겨울 한반도를 강타한 AI의 경우 철새에서도 고병원성을 보였다. (제공 위키피디아)

H5N8이라는 새로운 유형이라는 점이다. H5N8형은 낯선 인플루엔자바이러스로 1983년 아일랜드의 칠면조 농장에서 처음 보고됐고 그 뒤 30여 년 동안 자취를 감췄다가 지난 2010년 중국에서 야생오리에서 감염된 사례가 보고된 게 기록의 전부다. 당시 아일랜드에서는 칠면조 8000마리, 닭 2만 8000마리, 오리 27만 마리를 살처분했다. 훗날 바이러스의 병원성을 조사한 결과 칠면조가 특히 취약한 것으로 나타났다.

여기서 잠깐 인플루엔자바이러스의 종류에 대해 알아보자. 인플루엔자바이러스의 분류는 좀 복잡한데 크게 A형, B형, C형이 있다. B형은 사람과 물개만 감염되고 C형은 사람과 돼지만 감염되는데 둘 다 드물다. 따라서 우리의 관심을 끄는 인플루엔자바이러스는 주로 A형이다. A형은 종류에 따라 사람과 돼지, 조류를 감염시킬 수 있다. A형 바이러스 표면에 있는 두 단백질의 구조에 따라 추가로 분류할 수 있는데, H는 헤마글루티닌이라는 단백질의 첫 글자로 모두 18가지 유형이 있다. N은 뉴라미니다제라는 단백질의 첫 글자로 모두 11가지 유형이 있다. 따라서 이론적으로 모두 198가지 조합이 나올 수 있다.

첫 발병이 보고되고 네 달 가까이 지난 5월 12일 현재 1374만 마리의 오리와 닭이 살처분됐다. 또 다섯 달이 지난 6월 17일 전남 무안의 오리농장에서 AI가 발생해 살처분 수와 발생기간 모두 기록을 갈아치우고 있다. 2003년 처음 AI가 발생했을 때 정도는 아니지만 가금류의 소비량도 많이 줄었다고 한다. 그나마 다행스러운 건 아직까지 H5N8형이 사람에게 감염된 사례가 없다는 것. 물론 변이야 언제든지 일어날 수 있기 때문에 안심할 수는 없다.

우리나라에서는 사람이 감염된 사례가 보고되지 않았지만 H5N1형의 경우 2003년 첫 인간 감염 사례가 보고된 뒤 최근까지 동남아시아와 북아프리카에서 648명의 감염사례가 보고됐고 이 가운데 348명이 사망해 무려 59%의 치사율을 보였다. 통상적인 계절성 독감의 사망률이 0.1% 미만인 걸 감안하면 엄청난 고병원성이다.

그렇다면 H5N8과 H5N1형은 어떤 관계가 있을까. 아직 게놈분석 결과가 나오지 않아 단정하기는 어렵지만, H5N1형과 H?N8형에 이중으로 감염된 야생조류에서 게놈 재조합이 일어나면서 H5N8형이 나왔을 것이라는 시나리오도 가능하다. 독감바이러스는 게놈이 8개 조각으로 나뉘어 있어 이중 감염이 일어났을 때 세포 안에서 이것들이 멋대로 뒤섞일 수 있다. 아무튼 야생 조류도 떼죽음을 당했다는 건 H5N8형이 이제 막 등장한, 조류들에 맞춰 아직 충분히 진화하지 못한(지나친 고병원성은 바이러스의 입장에서도 불리하다) '따끈따끈한' 변이종일 가능성이 높다는 뜻이다.

조류독감바이러스와 인간독감바이러스의 사이

우리나라에서는 별로 관심의 대상이 되지 않았지만 중국에서는 2013년 봄 새로운 조류인플루엔자바이러스가 등장해 문제가 되고 있다. 바로 H7N9형 바이러스다. 이 바이러스는 사람도 감염되는데 지난 해 3월 첫 환자가 보고된 뒤 여름에 수그러질 때까지 135명의 환자가 보고됐고 이 가운

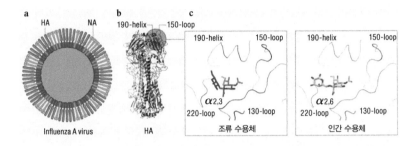

인플루엔자바이러스 표면의 헤마글루티닌HA 단백질의 한 영역(분자구조(왼쪽에서 두 번째 그림)에서
오른쪽 위 회색 원)이 숙주 세포 표면 당단백질의 시알산과 갈락토스 결합을 인식한다. 조류인플루
엔자바이러스의 경우 알파2,3-결합을 인식해 달라붙고(오른쪽에서 두 번째), 인간인플루엔자바이러
스의 경우 알파2,6-결합을 인식해 달라붙는다(맨 오른쪽). 중국에서 사람도 감염시키는 H7N9 조류
인플루엔자바이러스의 경우, 헤마글루티닌에 변이가 일어나 알파2,3-결합뿐 아니라 알파2,6-결합도
인식한다는 사실이 밝혀졌다. (제공 <네이처>)

데 45명이 사망해 33%라는, H5N1형에 육박하는 매우 높은 사망률을 보
였다. 그런데 2013년 10월부터 다시 환자가 보고되기 시작했고, 2014년 들
어서도 신규 환자가 계속 보고돼 4월 11일 현재 H7N9 누적 환자수가 419
명이고 이 가운데 127명이 사망했다.

H7N9형 바이러스는 특이하게도 조류에서는 병원성을 보이지 않는다고
한다. 사실 이건 심각한 문제인데, 가금류가 멀쩡하니 어떤 개체가 감염됐
는지 알 수가 없기 때문이다. 결국 환자가 발생한 지역 주변의 가금류를 잡
아다 감염여부를 조사하고 있는데, 극소수에서만 양성반응이 나왔다고 한
다. 그렇다고 가금류를 죄다 살처분할 수도 없어 중국 당국으로서는 당혹
스러운 상황이다. H7N9형의 사례는 조류에서 비병원성이라도 사람에서는
고병원성이 될 수 있음을 보여주고 있다. 물론 이는 조류에서 고병원성이라
도 사람에서 반드시 고병원성인 건 아니라는 의미이기도 하다.

H7N9형은 나온 지가 꽤 됐기 때문에 집중적인 연구를 통해 많은 사실
이 알려졌는데, 특히 숙주에 따른 감염성 차이에 대한 분자 차원에서의 연
구결과가 눈길을 끈다. 즉 원래는 조류를 감염시키는 인플루엔자바이러스
가 어떻게 사람에 감염할 수 있는 능력을 획득하는가를 보여주고 있기 때

문이다. 이는 H5N8형의 인간 감염 잠재력을 판단하는 기준이 될 수도 있다.

먼저 조류인플루엔자바이러스와 인간인플루엔자바이러스의 차이를 보자. 조류인플루엔자바이러스의 헤마글루티닌은 조류 소화관 세포 표면에 있는 당단백질 말단의 시알산과 갈락토스의 알파2,3-결합을 인식해 달라붙는다. 세포표면에 바이러스가 붙으면 세포막이 안으로 말리면서 바이러스가 세포 안으로 침투한다. 반면 인간인플루엔자바이러스의 헤마글루티닌은 상기도 세포 표면에 있는 당단백질 말단의 시알산과 갈락토스의 알파2,6-결합을 인식해 달라붙는다. 역시 세포표면에 바이러스가 붙으면 세포막이 안으로 말리면서 바이러스가 세포 안으로 침투한다. 두 분자 사이의 사소한 결합방식 차이가 특정 바이러스의 침투여부를 결정하는 것이다.

학술지 〈네이처〉 2013년 7월 25일자에 발표된 논문을 보면 조류인플루엔자바이러스에 감염돼 사망한 사람의 몸에서 분리한 H7N9형의 게놈을 조사한 결과 헤마글루티닌의 아미노산 서열 가운데 하나가 바뀌면서(228번 글루타민이 류신으로 바뀌었다), 기존 알파2,3-결합을 인식하는데 더해 알파2,6-결합에도 달라붙는 능력을 획득했다는 사실이 밝혀졌다. 즉 H7N9형은 조류인플루엔자바이러스와 인간인플루엔자바이러스의 과도기적 형태인 셈이다.

그럼에도 사람에게 전염될 확률은 여전히 낮은데 그 이유는 알파2,3-결합에 달라붙는 조류인플루엔자바이러스로서의 특성을 유지하고 있기 때문이다. 흥미롭게도 사람의 기도를 덮고 있는 점막층에 있는 뮤신 단백질에는 시알산과 갈락토스가 알파2,3-결합으로 연결돼 있기 때문에 H7N9형 바이러스가 들어와도 대부분 여기에 붙잡힌다. 따라서 가금류와 살다시피 해서 엄청난 숫자의 바이러스에 노출되거나 아주 불운하게 상피세포까지 바이러스가 도달하는 경우를 제외하면 설사 조류인플루엔자바이러스가 알파2,6-결합을 인식하는 능력을 획득하더라도 사람이 감염되는 경우는 드물다. 아직까지 H7N9형 감염자가 수백 명 이내인 이유다.

그러나 안심할 수는 없다. 228번 아미노산 변이에 또 다른 변이가 더해져 바이러스가 알파2,3-결합을 인식하는 능력을 상실하는 순간, 즉 조류바이러스에서 인간바이러스로 변신하게 되면 감염력이 높아지는 건 물론 사람 사이에서도 전염력을 획득할 수 있다. 이 경우 바이러스 자체가 낯선 유형이기 때문에 사람에게 고병원성일 가능성이 높고 따라서 팬데믹pandemic으로 이어질 수도 있다.

실제 지난 세기 인류를 공포로 떨게 했던 몇 차례 독감 팬데믹은 조류인플루엔자바이러스가 인간인플루엔자바이러스로 막 변신한 결과로 일어났다. 이들은 모두 228번 아미노산이 류신이다. 무려 5000만 명이 사망해 역사상 최악의 독감 팬데믹으로 기록된 1918년 스페인독감의 경우도 수십 년이 지난 뒤 한 연구팀이 알래스카 육군묘지에 묻힌, 당시 독감으로 죽은 군인의 사체에서 바이러스 시료를 얻어 분석한 결과 H1N1 조류인플루엔자바이러스가 사람 간 감염성을 획득해 일어난 것이라는 사실을 2005년 밝혔다. 1957년 유행해 70만 명이 사망한 아시아독감도 H1N1 인간인플루엔자바이러스와 H2N2 조류인플루엔자바이러스가 돼지에 동시감염 돼 게놈이 섞이면서 인체에 감염성이 있는 H2N2 바이러스가 나온 것으로 추정된다. 1968년 100만 명이 사망한 홍콩독감도 H2N2 인간바이러스에 H3 조류바이러스가 합쳐져 나온 H3N2바이러스가 일으켰다.

현재 중국보건당국은 H7N9이 추가 변이를 일으켜 조류인플루엔자바이러스의 특징을 잃고 인간인플루엔자바이러스로 변신하지 않을까 전전긍긍하고 있다고 한다. 이번에 우리나라에서 발견된 H5N8형 바이러스의 헤마글루티닌의 228번 아미노산이 여전히 글루타민이어서 원천적으로 사람 상기도 세포의 시알산 알파2,6-결합을 인식하지 못하기를 간절히 바란다.

참고문헌

Steinhauer, D. A. *Nature* **499**, 412-413 (2013)

가습기살균제, 좋은 의도가
악몽으로 이어진 비극

지난 수십 년 동안 합성 화합물 수만 가지가 발명돼 쓰이면서
일상생활이 편해졌다. 그런데 이 가운데 일부가 인체에 해로울 가능성이
있는 것으로 나타났다. 앞으로 안전성에 대한 평가가
충분히 이루어질 필요가 있다.

- 홍수종, 울산대 서울아산병원 소아청소년 호흡기알레르기과 교수

한 겨울 차가운 바람을 맞으며 걷다보면 문득 30여 년 전 중학생 시절 교실이 떠오른다. 당시 교실에는 별다른 난방시설이 없었기 때문에 겨울이 오면 교실 한가운데 커다란 난로를 놓고 장작을 땠다. 난로 바로 옆에 자리한 학생들은 더워서 못살겠다고 난리지만 사실 학생 대다수는 추위에 떨어야 했다. 보통 난로 위에는 커다란 주전자가 놓여 있고 보리차가 끓으면 주둥이에서 김이 올라오곤 했다. 물론 4교시에는 주전자를 내려놓고 도시락 수십 개를 쌓아 밥을 데웠다.

당시에는 학교뿐 아니라 집이나 사무

초음파 가습기는 물을 끓이지 않아도 되지만 대신 세균이나 곰팡이가 자랄 수 있어 감염의 우려가 있다. (제공 위키피디아)

실 건물도 단열재가 없다시피 했고 난방도 부실해 대체로 난로가 있었고 그 위에는 주전자가 있기 마련이었다. 지금 생각해보면 당시 난로 위에 주전자로 물을 끓인 건 꼭 따뜻한 보리차를 마시기 위해서 뿐 아니라 건조한 실내에 수분을 공급하는 목적도 있었던 것 같다.

그런데 건물들이 단열재와 가스보일러로 무장하고 전열기가 널리 퍼지면서 이제 연통을 거추장스럽게 달고 있는 난로는 추억의 대상이 됐다. 물론 실내습도 조절도 '가습기'라는, 차가운 수증기를 뿜어내는 가전제품이 널리 퍼지면서 주전자를 밀어냈다. 특히 아파트가 주거형태의 대세가 되면서 겨울철에도 반팔로 있어도 될 정도로 실내가 따뜻해지면서 공기가 더 건조해져 웬만한 집에는 가습기가 있기 마련이다.

우리나라 사람 3분의 1이 가습기 사용

가습기로 실내 습도를 높이면 쾌적해질 뿐 아니라 감기나 독감을 예방하는 효과도 있다. 공기가 너무 건조하면 호흡기 점막이 부실해져 바이러스 침입에 취약해지기 때문이다. 그런데 가습기가 널리 쓰이면서 '가습기폐질환humidifier lung'이라는 호흡기질환이 등장했다. 가습기 물통 안에서 박테리아나 곰팡이가 자라면서 초음파로 형성된 미세한 물방울, 즉 에어로졸에 실려 폐로 들어가 질환을 일으킨 것. 이런 생물체 뿐 아니라 미네랄이 침전돼 형성된 '하얀 먼지white dust'도 역시 에어로졸에 포함돼 흡입되면 문제를 일으킬 수 있다.

결국 이런 문제를 해결하기 위해 나온 제품이 바로 가습기살균제다. 새로 물을 채우기 전 매번 가습기 물통을 깨끗이 씻는 대신 가습기살균제를 넣어주기만 하면 되니 주부들로서는 일거리가 하나 줄어든 셈이었다. 가습기살균제에는 올리고(2[2-에톡시]에톡시에틸)구아니디움클로라이드PGH, 폴리헥사메틸렌구아니딘PHMG, 다이데실다이메틸암모늄클로라이드DDAC 등의 살균제가 쓰였다. 이들은 모두 샴푸나 물티슈 등의 제품에 쓰여 온 화

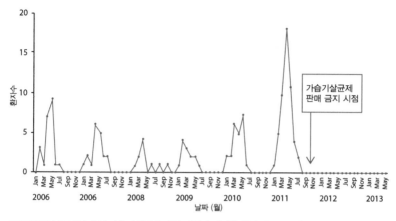

2006년에서 2013년 사이 가습기살균제 관련 어린이 폐질환 환자 발생수의 월간 분포, 2011년 11월 가습기살균제 판매가 금지된 후 새로 발생한 환자가 없음을 알 수 있다. 이 폐질환이 이름대로 '가습기살균제 관련'임을 보여주는 그래프다. (제공 <미국호흡기중환자학회지>)

합물들로 피부독성이나 먹었을 때 안전성 여부 등을 통과한, 즉 검증을 받은 물질이다. 2011년 실시된 한 조사에 따르면 우리나라의 경우 세 사람당 한 명꼴로 가습기를 사용한 적이 있고 이 가운데 절반이 가습기살균제를 써봤다고 한다. 국민의 6분의 1, 즉 800만 명이 가습기살균제에 노출된 경험이 있다는 말이다.

가습기 물통에 들어있는 박테리아나 곰팡이를 없애는 기특한 제품으로만 생각했던 가습기살균제가 공포의 대상으로 바뀐 건 지난 2011년 8월 31일 질병관리본부의 발표 직후다. 그해 봄 발생한 일련의 급성 호흡부전 임산부 환자 사망 사건을 조사한 결과 가습기살균제가 폐질환의 원인일 것으로 추정한다는 의견을 내놓은 것. 그리고 그해 11월 11일 질병관리본부는 가습기살균제 수거명령을 내린다. 그 뒤 가습기살균제가 원인으로 추정되는 급성 호흡기 질환 사망자가 수십 명에 이른다는 정황이 알려지면서 국민들은 대혼란에 빠졌고 도대체 보건당국은 뭘 하고 있었냐는 원성의 목소리가 높았다.

가습기살균제 판매 금지된 뒤 환자 '0'명

학술지 〈미국호흡기중환자학회지AJRCCM〉 2014년 1월호에는 울산대 서울아산병원 홍수종 교수팀 등 국내 공동연구팀의 가습기살균제 관련 어린이 폐질환 역학조사 결과가 발표돼 주목을 끌었다. 2006년부터 최근까지 전국 84개 병원의 케이스를 조사결과로 결론은 명확하다. 2011년 11월 가습기살균제 수거명령 전까지 입원환자 138명 가운데 80명이 사망했지만 그 이후에는 환자가 한 명도 발생하지 않았다는 것. 이는 가습기살균제가 폐질환 발생과 사망의 원인이었음을 강력히 시사하는 결과다.

우리나라에 가습기살균제가 처음 출시된 게 1995년이므로 너무 늦게 실체를 깨달았다는 아쉬움도 있지만, 2000년대 중반부터 홍 교수를 비롯한 몇몇 의사들이 특이한 폐질환 케이스에 주목해 집요하게 추적하지 않았다면 지금까지도 매년 수십 명씩 죽어나갔을 거라고 생각하니 그나마 다행이라는 생각이 들기도 한다.

논문을 읽어보면 언론에는 잘 알려지지 않은 놀라운 사실들이 나온다. 이야기는 2006년 봄으로 거슬러 올라간다. 당시 몇몇 아이들이 급성 폐질환으로 병원에 들어왔고 상태가 급격히 나빠지면서 다수가 목숨을 잃었다. 이를 이상하게 여긴 홍 교수를 비롯한 몇몇 연구자들은 이 사례를 분석한 논문을 2008년 〈한국소아과학회지〉에 발표했다. 물론 당시까지는 원인미상이었고 연구자들은 바이러스를 의심했다. 2006년 봄 수십 건이 발생한 이 '역병'을 일단 알아차리자 매년 봄 수십 건씩 비슷한 케이스가 발생한다는 게 분명해졌다.

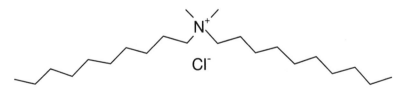

가습기살균제 성분 가운데 하나인 다이데실다이메틸암모늄클로라이드DDAC의 분자구조. 양이온 계면활성제이다. (제공 위키피디아)

그러나 사망자의 조직을 검사해도 일관되게 나오는 바이러스나 세균이 없었기 때문에 연구자들은 다른 데서 원인을 찾아야 했고 마침내 가습기가 원인일지 모른다는 결론에 이르렀다. 가습기는 주로 건조한 겨울철에 많이 사용한다. 그런데 환자들은 주로 봄에 발생했다. 사실 병이 봄에 생긴 건 아니고 입원 전 평균 21일 동안 기침 증세를 보였다. 즉 감기인줄 알고 방치했다가 상태가 급격히 나빠지자 병원을 찾은 것이다.

그런데 가습기살균제가 폐질환의 원인이라는 건 어떻게 알게 된 걸까. 놀랍게도 2010년 학술지 〈실험독성병리학〉에는 가습기살균제의 성분인 DDAC를 흡입한 생쥐에게서 흡입시켰을 때 폐에 염증과 섬유화가 나타났다는 일본연구진들의 동물실험 결과가 실렸다. 그 뒤 국내외에서 비슷한 동물실험 결과가 잇달았다.

그렇다면 피부에 발랐을 때나 먹었을 때 안전하다고 알려진 이 물질들이 왜 흡입했을 때는 문제를 일으키는 것일까. 〈미국호흡기중환자학회지〉에는 홍 교수팀의 논문에 대해 미국 콜로라도대 로빈 디터딩 교수와 칼 화이트 교수가 함께 쓴 해설도 실렸다. 이 글에서 저자들은 가습기살균제의 생화학 및 세포 수준에서의 독성 메커니즘을 추정하고 있다. 먼저 이들 화합물이 폐의 상피세포 점막층에 있는 중요한 항산화제인 글루타티온 같은 티올에 달라붙어 결과적으로 상피에 손상을 입힌다는 것. 실제 사망자의 폐조직을 검사해보면 상피세포층이 벗겨져있다고 한다.

무수한 화합물에 노출된 현대인들

이번 논문은 18세 미만 어린이를 조사대상으로 했지만 임산부를 포함한 가습기살균제로 인한 전체 사망자는 120여 명에 이른다. 물론 역학조사가 시작된 2006년 이전 10여 년 동안에도 가습기살균제가 쓰였으므로 실제 사망자는 더 많을 것이다. 우리는 광우병이나 방사능누출처럼 심리적인 공포에는 극도로 민감하게 반응하지만, 정작 무대 뒤에서 조용히 사람들의 목숨을 앗아가는 이런 문제에는 대체로 둔감한 편이다.

물론 이런 제품들을 생산했던 제조사들의 입장에서는 억울함도 있을 것이다. 정부에서 허가한 원료를 써서 제품을 만들어 판 것뿐인데 자신들에게 쏟아지는 비난이 너무 가혹하다고 느낄 수도 있다. 사실 가습기살균제 사건 같은 경우는 세계적으로도 유례를 찾아보기 힘든 경우라는 생각이 들기도 한다. 1950년대 후반에서 1960년대 초 임산부가 복용해 수많은 기형아가 나온 진정제 탈리도마이드 사건이 떠오르기도 한다. 탈리도마이드도 동물실험이나 임상시험에서 아무런 문제가 없었기 때문에 임신 초기 여성이 복용할 경우 이런 문제가 생길 줄을 꿈에도 몰랐던 것이다.

현대인들은 일상생활을 하면서 불가피하게 자연에 존재하지 않았던, 즉 화학자들이 디자인한 수많은 화합물에 노출되기 마련이다. 이들 대다수는 이미 수십 년 동안 별 문제없이 쓰이고 있지만 일부는 유해성 논란에 휩싸여 있는 게 사실이다. 물론 많은 경우 별 것 아닌데 사람들이 지나치게 민감하게 반응했을 수도 있지만, 이번 가습기살균제 사건에서 볼 수 있듯이 정말 위험한 물질일 수도 있다는 가능성을 열어둔 채 사태를 파악해야 한다. 자연은 인간 상상력의 범위를 벗어난 현상을 늘 연출해왔으므로.

참고문헌

Deterding, R. R. & White, C. W. *Am J Respir Crit Care Med* **189**, 10-12 (2014)
Kim, K. et al. *Am J Respir Crit Care Med* **189**, 48-56 (2014)

Cheers Science

Science Cafe 3

PART 02

Cheers Science

건강/의학

이제는 약물도 재활용하는 시대!

지금도 여전히 심각한 질환이지만 1980년대 에이즈AIDS,후천성면역결핍증는 그야말로 공포의 대상이었다. 1981년 미국 LA와 샌프란시스코의 남성 동성애자들에게서 발생한, 급격한 면역저하를 보이다 사망에 이르는 괴질에 붙여진 에이즈라는 이름의 신종질환은 원인불명이었는데, 1983년 바이러스가 일으키는 질병이라는 사실이 밝혀졌다.

이름도 섬뜩한 HIV인간면역결핍바이러스가 수년 동안 잠복해 있다가 인체의 면역계를 극복한 순간 급격히 증식하고, 결국 에이즈 환자는 면역계가 망가지면서 온 몸이 곰팡이로 덮인 채 죽음을 맞는다. 1985년 전설적인 영화배우 록 허드슨이 에이즈로 사망하면서 사람들의 공포는 극에 달했다.

'20세기 흑사병'의 엄습에 당황한 미국 정부는 에이즈 치료약을 개발하기 위해 총력을 기울였고 수천 가지 화합물을 조사하다가 간신히 효과적인 약물을 찾아 1986년 서둘러 시판을 승인했다. 최초의 에이즈 치료약 AZTazidothymidine는 이렇게 탄생했다. 그 뒤 몇 가지 약물이 더 개발됐고 이들을 섞어 복용하는 '칵테일

최초의 에이즈 치료제 AZT를 합성한 제롬 호르비츠 교수가 2012년 93세로 타계했다. (제공 웨인주립대)

요법'이 효과를 발휘하면서 이제 에이즈는 (적어도 선진국에서는) 만성질환처럼 여겨지기에 이르렀다.

2012년 9월 6일 AZT를 합성한 미국의 화학자 제롬 호르비츠Jerome Horwitz 박사가 93세를 일기로 타계했다. 〈뉴욕타임스〉는 9월 20일자 부고기사에서 "호르비츠 박사가 개발한 약물 3종, 즉 AZT와 디다노신didanosine, 스타부딘stavudine이 헤아릴 수 없을 정도로 많은 사람들의 목숨을 구했다"는 미국 매사추세츠병원의 에이즈 연구자인 나탈리아 홀츠의 말을 인용했다.

그런데 흥미롭게도 호르비츠 박사가 AZT를 합성한 건 1964년의 일이다. 에이즈라는 병명이 나오기도 한참 전인 이 시기에 그는 도대체 어디서 영감을 얻어 에이즈 치료제를 개발하게 됐을까.

암세포의 DNA 복제 방해 약물로 설계

1919년 디트로이트에서 태어난 호르비츠는 1948년 미시건대학에서 박사학위를 받은 화학자다. 일리노이공대에서 로켓연료를 연구하다 1950년대 중반 미시건암재단으로 자리를 옮겨 암연구자의 길을 걷기 시작했다. 그는 화학자였기에 떠올릴 수 있었던 기발한 아이디어로 항암제 분자를 설계했다.

즉 암조직에서는 세포분열이 활발하게 일어나므로 DNA복제를 방해하는 분자를 만들기로 한 것. 1964년 호르비츠는 DNA염기 4가지 가운데 하나인 티민thymine과 구조가 비슷한 분자인 AZT를 만들었다. 암세포의 효소는 이를 티민으로 착각해 재료로 쓸 것이고 DNA복제는 결국 엉망이 될 것이다. 그러나 뜻밖에도 암세포는 속지 않았고 결국 AZT는 실험실 선반 위에서 먼지를 뒤집어쓴 채 20여 년을 방치돼 있었다.

1980년대 중반 에이즈 치료약을 찾아 헤매던 제약회사 버로스웰컴(1995년 합병돼 글락소웰컴이 됐고, 2000년 또 한 번의 합병으로 글락소스미스클라인 GSK이 됐다)은 AZT를 테스트해보기로 했고 결과는 대성공이었다. 에이즈바이러스는 RNA게놈을 갖고 있는데 생활사가 좀 복잡하다. 즉 숙주세포에 감염해서 RNA게놈을 바탕으로 DNA가닥을 합성한 뒤 이 DNA가닥이 세포핵 안으로 이동해 숙주의 게놈에 끼어들어간다. 그런데 RNA에서 DNA를 합성하는 바이러스의 효소가 AZT에 속아 넘어간 것.

실패한 항암제였던 AZT가 20세기 흑사병에서 인류를 구한 항바이러스제로 운명이 극적으로 바뀌면서, 호르비츠 박사도 무명의 화학자

AZT의 분자구조. 바이러스의 효소는 이 분자를 DNA 염기 가운데 하나인 티민으로 착각해 쓰다가 증식에 실패한다. 이 약물은 1964년 항암제로 개발됐으나 기대했던 약효가 나오지 않아 방치돼 있다가 1986년에야 에이즈 치료제로 화려하게 부활했다.

에서 '이 주의 인물'이 될 정도로 유명인사가 됐다. 다만 호르비츠는 AZT에 대한 권리를 전혀 갖지 못했고 버로스웰컴이 감사의 표시로 연구소에 '겨우' 10만 달러(약 1억 원)를 내놓자 한동안 분을 삼키지 못했지만.

약물 재활용 연구 붐

그런데 최근 영국과 미국에서 제2의 AZT를 찾는 연구가 정부의 지원 아래 진행되고 있다고 한다. 〈미국립과학원회보〉 2013년 2월 12일자에 실린 기사에 따르면 영국의 의학연구위원회MRC는 제약회사 아스트라제네카와 함께 약물의 재활용 가능성을 찾는 프로젝트를 진행하고 있다. 아스트라제네카가 내놓은 실패작 20종에 대해 재활용 아이디어를 공모해 이 가운데 15개 팀을 선정해 지원하기로 한 것.

예를 들어 이 회사가 전립선암 치료제로 개발했던 지보텐탄zibotentan이란 화합물은 임상 결과 실망스럽게도 별 효과가 없었는데, 영국 브리스톨

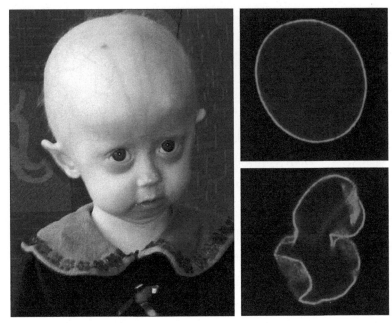

희귀질환인 조로증에 걸린 어린이와 이들의 비정상적인 세포 모양(오른쪽 아래). 실패한 항암제 로나파닙이 조로증 진행을 늦춘다는 연구결과가 2012년 발표됐다. (제공 <PLoS biology>)

대의 신경병리학자인 세스 러브 교수가 알츠하이머병 치료제로서의 가능성을 보고 동물실험을 한 결과 정말 효과가 있었다. 이 약물은 혈관을 좁게 하는데 관여하는 수용체를 차단한다. 따라서 러브 교수는 알츠하이머병 환자가 지보텐탄을 복용하면 혈관을 정상으로 되돌릴 수 있다고 추측했다. 러브 교수팀을 포함한 15개 팀에는 3년간 총 120억 원이 지원될 예정이다.

　미국의 국립병진과학진흥센터NCATS는 제약회사 8곳에서 잠자고 있는 약물 58종을 의뢰받아 새로운 용도를 찾는 프로젝트를 진행하고 있다. 2013년 6월 NCATS는 160여 건의 연구제안서를 검토한 끝에 9개 팀을 선정해 1270만 달러(약 130억 원)를 지원하기로 했다고 발표했다. 이처럼 국가 차원에서 약물 재활용을 지원하는 이유는 맨땅에서 출발하는 신약개발은 시간과 비용이 너무 들기 때문이다. 신약 하나가 나오려면 대략 15년이 걸리고 1조원을 투자해야 한다. 그런데 제약사들이 이미 안전성 임상을 마친 약물은 새로운 용도를 찾기만 하면, 신약으로 출시되는 데 걸리는 시간과 비용을 크게 줄일 수 있다. 현재 제약업계는 이런 실패작 약물을 3만여 가지나 갖고 있는 것으로 추정된다.

약물 재활용에 기대를 거는 또 하나의 분야는 희귀질환이다. 환자는 고통스럽지만 치료제를 개발하기에는 부담이 너무 크다. 성공해도 돈이 안 되기 때문이다. 예를 들어 조로증progeria은 신생아 400만 명 가운데 한 명이 걸리는 희귀질환으로 전 세계 환자가 200여명으로 추정된다. 2012년 〈미국립과학원회보〉(10월 9일자)에는 로나파닙lonafarnib이라는 약물이 조로증에 효과가 있다는 논문이 실렸다.

노화가 급속하게 진행돼 평균 13세에 사망하는 이 병의 원인이 밝혀진 건 2003년으로, LMNA라는 유전자의 염기 하나가 바뀌면서 비정상 단백질이 만들어진 결과다. 미국 하버드대 의대 연구진들은 제약회사 머크가 과거 항암제로 개발했다가 별 효과가 없어서 포기한 약물인 로나파닙의 작동 메커니즘이 조로증을 유발하는 비정상 단백질의 작용을 방해할 수 있다는 가능성을 보고 임상을 시작한 것. 2007년 당시 공식 등록 환자의 75%인 25명에 대해 2년에 걸쳐 투약한 결과 심혈관계와 근골격계의 노화를 늦춘다는 사실이 확인됐다.

물론 실패한 약물만 재활용되는 건 아니다. 〈네이처 의학〉 2013년 3월호에는 천식과 알레르기비염 치료제인 암렉사녹스amlexanox가 비만과 관련된 대사질환에도 효과가 있다는 논문이 실렸다. 미국 미시건대 앨런 살티엘 교수팀은 이 약물의 항염증 메커니즘을 규명한 결과, 같은 경로가 관여하는 것으로 여겨지는 비만과 인슐린저항성에도 효과가 있는지 알아본 것. 참고로 비만이 되면 간과 지방조직에서 정도는 약하지만 염증 상태가 만성화되고 그 결과 세포가 호르몬의 조절작용을 잘 따르지 않게 돼 증상이 악화된다. 연구자들은 논문에서 "암렉사녹스는 오래 사용된 비교적 안전한 약물"이라며 "비만과 당뇨 치료제로 재활용될 좋은 기회"라고 언급했다.

수많은 사람들의 노력과 상당한 자금이 투입된 약물이 안전성 시험까지 통과한 뒤(여기까지 확률이 10%도 안 된다) 최종 임상에서 약효가 기대에 못 미쳐 탈락하는 건 안타까운 일이다. 최근 생명과학의 눈부신 발전으로 많은 질병의 메커니즘이 밝혀지면서 아까운 탈락자들 가운데서 '흙 속의 진주'를 발견할 가능성이 점점 커지고 있다.

문득 능력을 100% 발휘할 수 있는 적재적소를 찾지 못해 인정받지 못하고 묻히는 건 사물이나 사람 모두 마찬가지라는 생각이 들면서, 알고 있는 몇 개 안 되는 시 가운데 하나가 떠오른다.

내가 그의 이름을 불러 주기 전에는

그는 다만

하나의 몸짓에 지나지 않았다.

내가 그의 이름을 불러 주었을 때

그는 나에게로 와서

꽃이 되었다.

…

- 김춘수, 〈꽃〉

참고문헌

Nair, P. *PNAS* **110**, 2430-2432 (2013)

필라델피아 염색체를 아십니까?

"이 약물이 나를 돕지 못할지라도, 언젠가는 누군가를 도울 수 있을 거라는
느낌을 늘 지니고 있었습니다."

- 버드 로민, 1998년 6월 첫 글리벡 임상에 참여한 만성골수성백혈병 환자.

학술지 〈사이언스〉 2013년 6월 21일자의 목차를 훑어보다가 서평란에
서 『The Philadelphia Chromosome』이라는 제목의 책이 눈에 띄었다. '필
라델피아 염색체가 뭐지?' 호기심에 서평을 좀 읽어봤는데, 1960년 만성
골수성백혈병chronic myeloid leukemia
환자의 백혈구에서 발견된 비정상
염색체를 부르는 이름이다. 당시 필
라델피아대의 피터 노웰 교수와 대
학원생 데이비드 헝어퍼드가 이 발
견을 학술지 〈사이언스〉에 보고했
는데 불과 세 문단, 300단어 분량
이었다. 그 뒤 관련 연구자들이 대
학의 이름을 빌려 이 비정상 염색
체를 '필라델피아 염색체'라고 부르
기 시작했다.

1960년은 DNA이중나선이 발견
되고 7년이 지난 시점이었지만 염

1960년 만성골수성백혈병 환자의 세포에서
염색체 이상(필라델피아 염색체)을 발견한 피
터 노웰(왼쪽)과 데이비드 헝어퍼드. 암이 유
전자 질환이라는 첫 증거로 평가된다. (제공
필라델피아대)

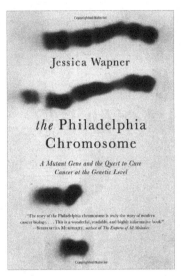

Jessica Wapner

the Philadelphia Chromosome

A Mutant Gene and the Quest to Cure Cancer at the Genetic Level

"The story of the Philadelphia chromosome is truly the story of modern cancer biology.... This is a wonderful, readable, and highly informative book."
—SIDDHARTHA MUKHERJEE, author of The Emperor of All Maladies

필라델피아 염색체 발견에서 글리벡 개발과 최근 현황까지 50년 역사를 다룬 책 『The Philadelphia Chromosome』이 2013년 출간됐다. 책 표지 사진은 만성골수성백혈병 환자의 세포에 있는 9번 염색체와 22번 염색체 쌍으로, 하나는 정상이지만(각 쌍에서 위) 다른 하나는 전좌가 일어나 9번 염색체는 약간 더 길어졌고(위에서 두 번째) 22번 염색체는 짧아졌다(맨 아래). 짧아진 22번 염색체가 필라델피아 염색체다. (제공 Amazon.com)

색체 연구는 시작단계였다. 사람의 염색체가 46개(23쌍)로 이뤄져 있다는 게 확증된 게 1956년이다. 현미경으로 염색체를 비교한 연구자들은 필라델피아 염색체를, 일부가 떨어져나간 21번 염색체라고 추정했다. 아무튼 이 발견은 암세포(백혈병은 혈액암이다)가 유전자의 이상으로 생길 수 있음을 시사하는 첫 결과였다.

흥미로운 발견이었지만 마땅한 연구방법이 없던 당시 필라델피아 염색체는 사람들의 관심에서 멀어져갔는데 1970년대 들어 '염색체 띠 기법'이 개발되면서 상황이 바뀌기 시작했다. 즉 염색체에 형광염료를 처리하면 염색체에 따라 독특한 띠 패턴이 나타난다는 사실이 밝혀진 것이다. 염색체 위치에 따라 DNA와 단백질이 뭉쳐진 정도가 다르기 때문에 일어나는 현상이다.

미국 시카고대의 유전학자 자넷 롤리 교수는 이 기법을 써서 1973년 필라델피아 염색체의 실체를 밝혀내는 데 성공했다.[3] 노웰 교수팀의 추정과는 달리 필라델피아 염색체는, 말단이 9번 염색체 말단과 바꿔치기 된 22번 염색체라는 사실이 밝혀졌다. 즉 22번 염색체의 말단이 그보다 크기가 작은 9번 염색체 말단과 바꿔치기 되면서 크기가 작아진 것이다. 그 결과 9번 염색체는 약간 더 커졌지만 그 자체가 워낙 커서 노웰 교수팀은 알아차

3　자넷 롤리 교수의 삶과 업적에 대해서는 357쪽 참조.

리지 못한 것. 이렇게 다른 염색체 사이에 교환이 일어나는 현상을 '전좌translocation'라고 부른다.

'재미있는 책이겠네…' 창을 닫고 다시 목차를 보다가 뜻밖의 발견을 했다. 자넷 롤리 교수가 쓴 해설논문이 있었던 것이다. 그러고 보니 2013년은 롤리 교수가 필라델피아 염색체가 전좌의 결과임을 밝힌 지 40년 되는 해다. 아마도 이를 기념해 〈사이언스〉가 관련 분야의 전개과정을 회고한 글을 부탁했고 서평과 같은 호에 신기로 한 것 같다. 읽어보니 꽤 재미가 있어 다시 서평으로 돌아가 마저 읽어보고 결국 책을 샀다. 과학저술가 제시카 와프너가 쓴 『The Philadelphia Chromosome』은 손에서 책을 놓을 수 없을 정도로 흥미진진했다. 롤리 교수의 글을 틀로 하고 와프너의 책 내용으로 살을 붙여 필라델피아 염색체 발견에서 기적의 항암제 글리벡의 탄생까지 40년에 걸친 이야기를 소개한다.

변이 인산화효소가 암세포 만들어

1960년 만성골수성백혈병 환자의 세포에서 필라델피아 염색체를 발견했고, 1973년 이 현상이 9번 염색체와 22번 염색체 사이에 일어난 전좌의 결과임이 밝혀졌지만 구체적으로 어떤 일이 일어났기에 정상세포가 암세포로 바뀌었는지는 여전히 미스터리였다.

한편 1970년대 들어 암과 관련된 유전자들이 하나둘 밝혀지기 시작했는데, 1978년 바이러스에 의해 유발되는 암세포에서 과잉 발현되는 변이 src 단백질이 인산화효소kinase라는 사실이 확인됐다. 인산화효소는 표적이 되는 단백질에 인산기를 붙여 그 단백질을 활성화시킨다. 즉 평소에는 활동을 하지 않고 있던 단백질이 인산기가 붙으면서 구조가 바뀌어 활성을 띠고 그 결과 일련의 생체반응이 일어난다. 인산화효소가 개입하는 세포 내 반응으로 세포의 성장과 분열이 조절되는 것이다. 그런데 이 인산화효소에서 변이가 일어나면 과도한 생체반응이 계속돼 세포가 분열을 멈추지 않게 된

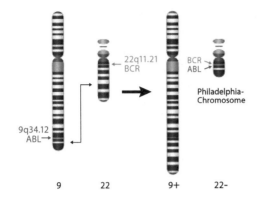

22q11.21
BCR

BCR
ABL

Philadelphia-
Chromosome

9q34.12
ABL

9   22   9+   22-

1983년 MIT의 데이비드 볼티모어 교수팀은 필라델피아 염색체의 전 좌가 일어난 지점에서 유전자 융합이 일어나 Bcr/Abl 단백질이 만들어진다는 사실을 발견했다. (제공 위키피디아)

다. 즉 암세포로 바뀌는 것이다.

1980년대 초 미국 MIT의 데이비드 볼티모어 교수팀은 필라델피아 염색체에서 전좌가 일어난 부분이 bcr 유전자가 있는 자리라는 사실을 발견했다. 즉 전좌가 일어나면서 이 유전자가 9번 염색체에서 온 abl이라는 유전자와 합쳐지면서 Bcr/Abl이라는 변이 단백질이 만들어진 것이다. 그런데 알고 보니 Abl도 인산화효소였고 Bcr/Abl는 활동 과잉이 된 변이 단백질이라는 사실이 밝혀졌다. 즉 만성골수성백혈병은 전좌로 인해 만들어진 변이 인산화효소의 작용으로 세포 분열이 통제를 벗어난 결과였던 것이다.

연구자로 전향한 임상의 두 사람

프랑스 파리에 있는 제약회사 셰링플라우의 항암제개발 팀장 알렉스 매터는 원래 종양학을 전공한 임상의였다. 그러나 암환자를 치료하는 과정에서 그는 점점 회의감에 빠져들었다. 그의 환자였던, 세 아이를 둔 젊은 여성이 난소암으로 죽는 걸 보면서도 해줄 게 없다는 데 좌절한 그는 결국 '있는 치료법을 갖고 환자를 돌보는 것보다 더 나은 약을 만드는 게 낫겠다'는 생각에 1970년대 병원을 떠나 제약업계에 투신했다.

매터는 암과 인산화효소 사이의 관련성이 점점 확실해지고 있는 상황을

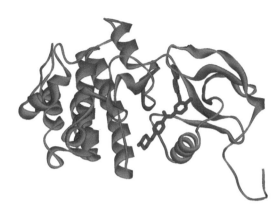

글리벡 분자(빨간색)는 암세포의 Bcr/Abl 단백질(녹색)에 달라붙어 인산화효소 작용을 방해한다. (제공 위키피디아)

파악하고 1980년대 초 자신의 뜻을 펼칠 수 있는 곳인 스위스 제약회사 시바게이지로 옮겨 1984년 인산화효소 억제 항암제 개발 프로젝트를 시작했다. 그는 전 직장의 동료인 생물학자 니콜라스 라이든을 불러들였고 화학자 유르그 짐머만도 합류시켰다. 이들은 암세포에서 활동하는 인산화효소만을 억제하는 약물을 개발한다는 목표를 세웠다. 약물이 모든 인산화효소를 다 방해하면 생명체가 유지될 수 없기 때문이다.

화학자들은 열심히 화합물을 합성했고 생물학자들은 이를 암 모델 동물에 적용해 약효와 부작용을 조사했다. 5년여에 걸쳐 만든 화합물 가운데 CGP-57148B라는 일련번호를 붙인 약물이 가장 효과가 좋았는데, 이 약물은 만성골수성백혈병을 일으키는 Bcr/Abl 인산화효소에 달라붙어 작용을 억제했다. 그런데 회사로서는 실망스럽게도 만성골수성백혈병은 희귀질환으로 미국에서 연간 5000명의 신규환자가 보고되는 수준이었다. 그럼에도 매터는 특정 분자를 표적으로 한 최초의 항암제 개발이라는 데 의미를 두자며 임상을 시작하자고 간부들을 설득했다.

한편 대서양 건너 미국에서도 매터와 비슷한 경험과 결심을 한 의사가 있었다. 1955년생인 브라이언 드러커는 학부에서 화학을 전공한 뒤 의학대학원에 들어가 임상의가 돼 1981년부터 바네스병원에서 암환자를 돌보고 있었다. 그 역시 죽어가는 환자들에게 해줄 게 없다는 걸 절감했고, 1984년

글리벡의 임상 필요성을 설득하고 임상을 진행한 오리건보건과학대 브라이언 드러커 교수. 만성골수성백혈병 환자들의 영웅이다. (제공 브라이언 드러커)

다나파버암연구소로 자리를 옮겨 기초연구를 시작했다. 그는 자신의 암환자가 죽으면 유족들에게 편지를 써 위로해줬는데, 아래는 그가 병원을 떠날 때 쓴 편지다.

"저는 이제 연구실로 갑니다. 전 지금 여러분들에게 해줄 수 있는 것보다 더 나은 걸 만들기 전까지는 병원으로 돌아오지 않을 것입니다."

암연구소로 자리를 옮긴 드러커는 Abl 인산화효소의 작용으로 인산화가 되는 단백질을 항원으로 인식하는 항체를 개발하는 연구를 했고 오랜 고생 끝에 항체를 개발하는데 성공했다. 그런데 마침 시바게이지가 다나파버암연구소와 협력관계였고 매터가 항체에 관심을 보이면서(항체로 인산화효소 억제제의 효과를 평가할 수 있으므로) 드러커와 알게 됐고, 드러커는 만성골수성백혈병 치료제 개발에 깊숙이 발을 들여놓게 된다.

한편 시바게이지에서는 실험동물을 대상으로 CGP-57148B의 독성실험이 진행되고 있었는데 개 일부에서 간 손상이 확인됐다. 그러자 기다렸다는 듯이 약물개발을 중단하자는 목소리가 높아졌다. 이런 와중에 1996년 회사는 라이벌 제약회사인 산도즈와 합병해 노바티스라는 거대 제약회사가 탄생했다. 동물실험을 핑계로 임상이 지연되면서 폭발 직전에 있던 매터는 새로운 경영진을 찾아가 담판을 벌였고 마침내 임상을 하겠다는 약속을 받아낸다.

이 과정에서 오리건보건과학대로 자리를 옮긴 브라이언 드러커가 큰 역할을 했고, 1998년 마침내 이곳을 포함한 세 곳에서 임상1상이 시작됐다. 원래 임상1상의 목적은 약물의 부작용 여부와 적정 복용량을 찾는 것인데,

얼마 지나지 않아 놀라운 일들이 벌어지기 시작한다. 즉 약을 복용한 환자들의 상태가 급속히 좋아졌던 것. 게다가 기존의 항암제와는 달리 부작용도 크지 않았다. 더 놀라운 사실은 골수를 채취해 검사하자 필라델피아 염색체를 지닌 세포의 비율이 눈에 띄게 줄어들었던 것.

사람들은 깜짝 놀랐고 곧 임상2상이 시작됐는데 소문을 들은 환자 수백 명이 임상에 참여하겠다고 뛰어드는 초유의 사태가 일어났다. 그런데 이 약물은 여러 단계를 거쳐 합성하기 때문에 충분한 양을 만들 수 없었던 노바티스는 임상자 수를 제한할 수밖에 없었다. 그러자 임상을 기다리던 수전 맥나마라라는 여성이 인터넷을 통해 청원서 서명을 받았고, 3000여 명의 서명을 담은 청원서를 노바티스에 보내기에 이르렀다. 결국 노바티스는 24시간 비상가동체계로 약물을 만들었고 임상 참여자수를 늘릴 수 있었다.

보통은 약효를 보는 임상2상이 끝나고 더 많은 환자를 대상으로 기존 약물과 비교를 하는 임상3상을 마친 뒤 미국 식품의약국FDA에 신약 신청을 한다. 그런데 이 약물은 워낙 약효가 탁월하다보니 임상2상까지 데이터로 신청하고 임상3상 데이터는 추후 제출하라는 예외규정이 적용됐다. 노바티스는 2001년 2월 트럭 한 대 분량의 서류를 제출했고 FDA는 초스피드로 처리를 끝내고 5월 판매를 승인했다. 보통 이 과정이 12~15개월이 걸리는 걸 감안하면 얼마나 파격적인 결정인지 알 수 있다. 게다가 병행한 임상3상은 1년 만에 중단됐다. 대조군인 환자들에게 약효는 떨어지고 부작용은 큰 기존의 약물(인터페론)을 투여하는 게 비윤리적이라고 판단했기 때문이다.

제품명 '글리벡Gleevec'인 신개념 항암제의 등장으로 만성골수성백혈병 환자의 생존율은 14%에서 95%로 극적으로 올라갔다. 게다가 기존의 약물이 끔찍한 부작용을 수반하는 것과는 달리 글리벡의 부작용은 상대적으로 미미한 수준이다. 그 뒤 글리벡은 만성골수성백혈병 뿐 아니라 다른 암에도 효과가 있다는 사실이 밝혀졌고 회사의 우려와는 달리 오늘날 연매출액이 3조 원에 이르는 블록버스터가 됐다. 그리고 글리벡처럼 인산화 효소를 표적으로 하는 항암제가 여럿 개발됐다.

저자 와프너는 책에서 도저히 일어나지 않을 것 같은 일이 강한 집념을 가진 소수의 노력으로 이뤄져 가는 과정을 실감있게 묘사하고 있다. 평소 개인의 노력은 시스템을 바꿀 수 없다는 비관론에 젖어있는 필자가 책을 읽으며 감동한 이유다.

"지금 해줄 수 있는 것보다 더 나은 걸 만들기 전까지는 병원으로 돌아오지 않겠다"던 드러커는 보기 좋게 약속을 지켰고, 지금은 오리건보건과학대학 부설 나이트암연구소의 소장으로 있다. 이 연구소의 이름 나이트 Knight는 글리벡 임상과정에 깊은 감명을 받은 나이키의 창립자 필 나이트가 2008년 드러커를 찾아가 연구개발에 써달라며 1억 달러(약 1000억 원)를 기부해 그를 기려 붙인 것이다. 아래는 나이트가 드러커를 만나 기부를 약속하며 한 말이다.

"당신의 비전에 투자하고 싶습니다I want to invest in your vision."

참고문헌

Nadkarni, A. *Science* **340**, 1407-1408 (2013)
Jessica Wapner *The Philadelphia Chromosome* (The Experiment, 2013)
Rowley, J. D. *Science* **340**, 1412-1413 (2013)

박테리아로 박테리아 제압한다

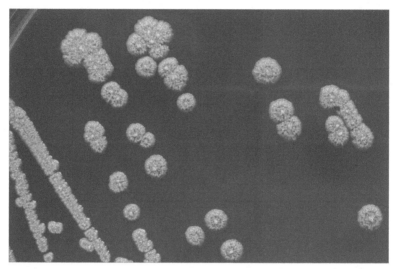

배양된 유비저균 콜로니. 원래 토양이나 하천에 사는 환경 미생물인 유비저균 입장에서도 사람과 만나는 건 일종의 사고다. 서로 진화적으로 적응이 안 됐기 때문에 감염된 사람을 죽게 할 수도 있지만 결국 자신도 죽기 때문이다. (제공 위키피디아)

　탤런트 박용식 씨가 갑작스럽게 별세했다는 뉴스에 많은 사람들이 안타까워했다. 박 씨는 2013년 5월 영화 촬영차 캄보디아에서 3주 정도 머물렀는데 이때 유비저균에 감염됐고 귀국 후 증상이 나타나 치료를 받다가 결국 패혈증으로 사망했다. 유비저균(학명은 부르콜데리아 슈도말라이*Burkholderia pseudomallei*)은 열대지방의 흙이나 물에 살고 있는 박테리아로 호흡기나 상처난 피부를 통해 감염해 수일에서 수년에 걸친 잠복기에 들어간다. 그리고 본격적으로 활동을 개시하면 코에 고름이 생기는 것 같은 증상이 나타나는데 이 질환을 '유비저類鼻疽, melioidosis'라고 부른다(비저균*Psedomonas mallei*에 감염됐을 때 증상과 비슷하다고 해서). 일단 활동을 시작하면 유비저 균은 빠른 속도로 전신으로 퍼져나가 결국 폐렴이나 패혈증 같은 심각한 증상을 일으킬 수 있어 치사율이 40%나 된다.

2012년 연말에는 '신바람' 황수관 박사가 역시 패혈증으로 사망했다. 호흡기 감염이 악화돼 패혈증으로 진행됐다. 두 사람 모두 평소에 건강하고 쾌활해 보였기 때문에 이런 갑작스런 죽음은 정말 뜻밖이다. 그런데 적지 않은 사람들이 패혈증으로 사망하는 것 같다. 필자 주변을 봐도 지난 1~2년 사이 친척 한 분(호흡기 감염)과 지인의 아버님(수술 중 감염)이 패혈증으로 유명을 달리했다. 입원하고 불과 1주일여 만에 사망했기 때문에 가족들로서는 사고로 고인을 잃은 것이나 마찬가지다. 21세기를 사는 현대인들은 암이나 심혈관계 질환으로 죽을까봐 걱정하지만 이처럼 병원균에 감염돼 급작스럽게 죽을 수도 있는 게 엄연한 현실이다.

병원균은 죽이지만 사람세포에는 영향 없어

사실 감염으로 사망할 가능성은 점점 더 커지고 있다고 볼 수도 있는데, 바로 항생제내성병원균이 급증하고 있기 때문이다. 2013년 8월 4일 국내 13개 병원에서 신종 슈퍼박테리아에 감염된 환자 63명을 확인했다는 발표가 있었다. 소위 '마이신'으로 불리는 항생제를 먹으면 웬만한 감염성 질환은 치료가 되지만, 이런 저런 항생제를 써도 듣지 않는 경우가 점차 늘고 있다는 게 문제다. 특히 만성질환이나 과로, 고령 등으로 면역력이 취약한 사람들은 항생제내성병원균에 감염될 경우 속수무책으로 당할 수 있다. 박용식 씨나 황수관 박사도 적지 않은 나이(두 사람 다 67세)에 과로가 겹쳐 면역력이 떨어진 게 병원균의 증식을 막지 못해 패혈증으로까지 진행된 원인 가운데 하나로 보인다.

기존 항생제에 내성을 보이는 병원균들이 늘어나면서 제약사들은 새로운 항생제를 개발하라는 압력에 시달리고 있지만 이게 여의치가 않다. 신약이 하나 나오려면 수많은 시험을 통과해야 하는데, 십여 년의 시간과 수천억 원의 개발비가 들어간다. 이렇게 어렵게 만들어 현장에 투입해도 얼마 가지 않아 내성을 지니는 병원균이 또 나타나는 게 현실이다. 한마디로 화학자로서 박테리아는 사람보다 한 수 위인 셈이다.

이런 위기 상황에서 과학자들은 새로운 길을 모색하고 있는데, 그 가운데 하나가 박테리아로 박테리아를 무찌르는 전략이다. '오랑캐로 오랑캐를 제압한다'는 뜻의 사자성어 '이이제이以夷制夷'가 글자 그대로 적용되는 방법이다. 미국 뉴저지의대·치의대 구강생물학과 다니엘 카두리 교수팀은 박테리아를 공격하는 박테리아 용병 두 종으로 병원균을 퇴치할 수 있는 가능성을 보여주는 연구논문 두 편을 2013년 5월과 6월 학술지 〈플로스 원〉에 잇달아 발표했다. 연구자들은 다른 박테리아의 세포 안에 침입해 파괴하는 박테리아인 델로비브리오 박테리오보루스*Bdellovibrio bacteriovorus* 2가지 균주와 다른 박테리아의 세포 표면에 달라붙어 죽이는 박테리아인 마이카비브리오 에루기노사보루스*Micavibrio aeruginosavorus*가 인체에 감염하는 항생제내성병원균을 얼마나 효과적으로 퇴치하는지 조사했다.

즉 폐렴이나 패혈증, 장질환 등 심각한 병을 일으키는 아시네토박터균*Acinetobacter baumannii* (2가지 균주), 대장균*Escherichia coli* (5가지 균주), 폐렴간균*Klebsiella pneumoniae* (5가지 균주), 녹농균*Pseudomonas aeruginosa*, 슈도모나스 푸티다*Pseudomonas putida* 등 5종 14가지 균주의 배양액에 위의 박테리아 용병을 투입한 뒤 병원균의 변화를 관찰했다. 참고로 유비저균은 이전에는 슈도모나스속屬으로 분류되기도 했다.

실험 결과 델로비브리오의 한 균주(HD100)는 14가지 병원균 모두에 대해 100분의 1~1만분의 1 수준으로 세포수를 줄이는 효과를 보였다. 델로비브리오 109J 균주도 13가지에 대해 효과를 보였다. 마이카비브리오의 경우 폐렴간균 5가지 균주와 슈도모나스 두 종에 대해서만 테스트를 했는데 5가지에 대해 효과가 있었다. 연구자들은 이 결과를 5월호에 실었다. 그

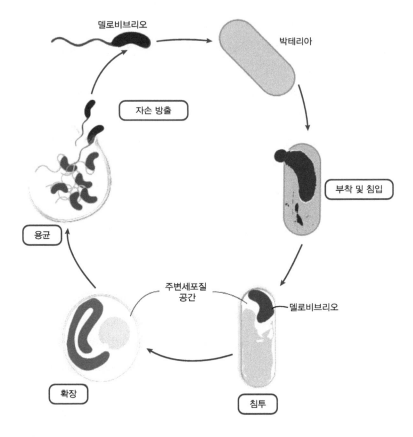

델로비브리오

박테리아

자손 방출

부착 및 침입

델로비브리오

용균

주변세포질
공간

확장

침투

박테리아를 희생 제물로 삼아 증식하는 박테리아인 델로비브리오의 생활사. 박테리아 세포 안으로 침입해 증식한 뒤 박테리아를 깨고 나온다. 이 과정은 4시간이 채 걸리지 않는다. (제공 위키피디아)

런데 박테리아 용병이 병원균만 죽이고 인체에는 무해하다고 어떻게 장담할 수 있을까.

이 의문에 답하기 위해 연구자들은 먼저 인체각막윤부상피세포 배양액에 박테리아 용병을 넣고 관찰했다. 이 세포를 대상으로 삼은 건 세균성 각막염 같은 눈질환을 치료하는데 박테리아 용병을 쓰는 상황을 가정했기 때문이다. 그 결과 이들 박테리아는 사람 세포를 이용해 증식하지 못했고 염증반응을 유발하지도 않았다. 다음으로 박테리아 병원성을 확인하는 모델 동물인 꿀벌부채명나방 애벌레에 박테리아 용병을 대량 투입했는데 역시 별다른 피해를 주지 않았다. 결국 용병들은 진핵생물은 공격하지 않는다고 6월호 논문에서 결론을 내렸다. 아직 사람을 대상으로 본격적인 임상을 시작하지는 않았지만 박테리아 용병은 항생제내성병원균을 통제하는 중요한 수단이 될 가능성이 있다.

성공률 90%에 이르는 분변이식

학술지 〈네이처〉 2013년 6월 13일자에는 박테리아를 이용하는 또 다른 치료법에 대한 흥미로운 뉴스가 실렸다. 미국 식품의약국FDA이 '분변이식 faecal transplant'에 대한 표준화 방법을 논의하기 위한 세미나를 했다는 소식인데, 콩팥이식, 간이식은 들어봤어도 분변이식, 즉 다른 사람의 똥을 환자 장에 넣어주는 게 치료라니 말이 되는가.

다소 황당하게 들리겠지만 사실 분변이식에서 진짜 옮기고자 하는 건 분변에 섞여 있는 장내미생물이다. 즉 정상인의 장내미생물을 용병으로 들여와 장에 문제를 일으키고 있는 병원균을 무찌른다는 것. 미국의 경우 여러 병원에서 항생제내성이 있는 클로스트리디움 디퍼실리Clostridium difficile라는 세균을 통제하기 위한 마지막 방법으로 분변이식을 시행하고 있다고 한다.

클로스트리디움은 건강한 사람의 장에서도 발견되는 장내미생물의 하나로, 평소에는 다른 미생물에 눌려 조용히 지내지만 병이나 수술로 고강도 항생제 처방을 받아 장내미생물 균형이 무너지면 기지개를 켠다. 그 결과 장내 면역계를 교란해 염증을 유발하고 설사, 발열, 식욕부진, 구토 등 다양한 증상을 일으킨다. 클로스트리디움에 대한 유일한 해결책은 반코마이신 같은 정말 독한 항생제를 쓰는 것인데, 약을 쓸 때만 잠잠해지고 약을 끊으면 바로 재발하는 경우가 많다. 결국 환자는 기진맥진이 되고 그 결과 미국에서만 매년 수만 명이 이 병원균 때문에 목숨을 잃는다.

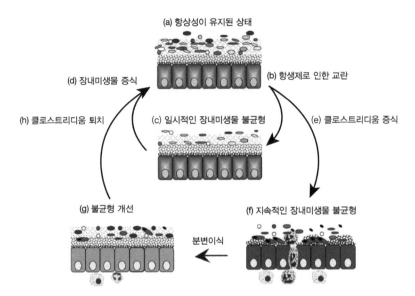

(a) 항상성이 유지된 상태

(d) 장내미생물 증식

(b) 항생제로 인한 교란

(h) 클로스트리디움 퇴치

(c) 일시적인 장내미생물 불균형

(e) 클로스트리디움 증식

(g) 불균형 개선

분변이식

(f) 지속적인 장내미생물 불균형

클로스트리디움으로 인한 장내미생물 불균형을 분변이식으로 회복하는 메커니즘. 항생제를 복용하면 다양한 장내미생물이 균형을 이루고 있는 상태(a)가 일시적으로 교란되지만(c) 회복된다. 하지만 병원성 클로스트리디움이 우점하면 장내미생물 불균형 상태가 지속되면서 심각한 병증이 생긴다(f). 이때 분변을 넣어 클로스트리디움의 우점을 무너뜨려 장의 항상성을 회복한다. (제공 <플로스 병원체>)

　　그런데 이렇게 고생하는 환자들에게 분변이식을 하면 놀랍게도 열에 아홉은 병에서 완전히 회복된다. 그러다보니 FDA가 나서서 분변요법의 표준화 방안까지 논의하게 된 것이다. 기사를 보면 여러 병원에서 시행한 임상 결과가 표로 정리돼 있는데 방법이 조금씩 다르다. 예를 들어 메이요클리닉에서는 대장내시경을 이용해 세상에 나온 지 6시간이 안 된 '신선한' 똥 50그램을 환자의 장에 넣어주는데, 40여명 가운데 90~95%의 성공률을 보였다. 캐나다 토머스루이의원은 '똥캡슐'을 만들어 환자 33명에게 복용시켰는데 100% 회복됐다고 한다.

　　그러나 이식에 앞서 매번 건강한 사람의 분변을 받는 것도 문제이고 또 만에 하나 분변 속에 다른 병원균이 있을지도 모르기 때문에 사실 이 방법으로 분변요법의 표준화를 이루기는 어려워 보인다. 그래서인지 기사에서도

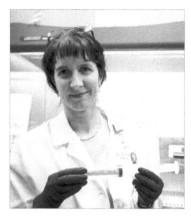

건강한 사람의 분변에서 분리한 장내미생물 33종을 배양해 혼합한 합성분변 리푸플레이트를 개발한 캐나다 퀸즈대 엘레인 페트로프 박사. (제공 <네이처>)

좀 더 가능성이 있어보이는 캐나다 퀸즈대 엘레인 페트로프 박사팀의 연구를 사진과 함께 부각시켰다. 이들은 분변 자체를 쓰는 대신 건강한 사람의 분변에서 얻은 장내미생물 33종을 각각 배양해 혼합한 합성분변 '리푸플레이트RePOOPulate'를 개발했다. 클로스트리디움 감염으로 위독해진 환자 두 명에게 합성분변을 넣어 회복시킨 결과를 2013년 1월 학술지 〈마이크로바이옴〉에 발표했고, 현재 30명을 대상으로 임상시험을 진행할 계획이라고 한다.

시장에 나와 있는 수많은 항균제품을 보면 지금도 여전히 '우리 주변에서 미생물을 완전히 없애버리는 게 건강한 삶을 유지하는 길'이라고 믿는 사고방식이 주류인 것 같다. 그러나 이런 전략에 35억 년 역사를 갖는 박테리아가 항복할 가능성은 없어 보인다. 인체는 미생물들이 거주하는 생태계라는 관점이 오히려 제대로 된 해결책을 찾는 출발이 아닐까. 여우가 사라지고 토끼가 들끓어 황폐해진 숲을 회복시키겠다고 토끼사냥에 나서느니 여우를 들여와 알아서 생태계 균형을 맞춰가게 하는 게 고생을 덜 하는 고수의 전략으로 보인다.

참고문헌

Kadouri, D. E. et al. *PLOS ONE* **8**, e63397 (2013)
Shanks, R. M. Q. et al. *PLOS ONE* **8**, e66723 (2013)
Mole, B. *Nature* **498**, 147-148 (2013)
Lawley, T. D. et al. *PLOS Pathogens* **8**, e1002995 (2012)

헬리코박터의 두 얼굴

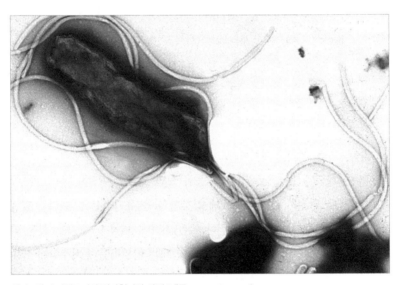

헬리코박터 파일로리의 전자현미경 사진 (제공 Yutaka Tsutsumi)

생존해 있는 노벨상 수상자 가운데 우리나라 사람들에게 가장 익숙한 과학자는 아마도 배리 마셜 서호주대 교수일 것이다. 헬리코박터 파일로리 *Helicobacter pylori*라는 박테리아가 위궤양을 일으킨다는 사실을 발견해 2005년 노벨생리의학상을 받은 마셜 교수는 '위의 건강까지 생각한다'는 국내한 요거트의 광고모델로 나오기도 했다. 사실 마셜 교수가 노벨상을 받기까지의 과정은 한 편의 드라마라고 할 만하다.

1984년 호주의 한 병원에서 일하고 있던 33세의 내과 의사 배리 마셜 박사는 위점막에서 발견한, 나선형으로 생긴 한 박테리아에 매료됐다. 난치성 질환이었던 위궤양이나 십이지장궤양 환자 대부분이 헬리코박터 파일로리라고 불리는 이 박테리아에 감염돼 있다는 걸 발견한 그는 헬리코박터가 궤양을 일으킨다는 가정을 세우고 이를 입증하기 위해 연구에 매진했다.

박테리아 배양액 마셔 위궤양 걸려

위세포가 분비하는 강산(주로 염산) 때문에 강한 산성 환경인 위 안에서는 박테리아가 살 수 없다고 믿고 있었던 당시 주류 의학계는 위 안에 박테리아가 살 뿐 아니라 여기에 한술 더 떠 이 박테리아가 궤양을 일으킨다는 마셜 박사의 주장을 일축했다. 따라서 그의 논문은 게재가 거부되기 일쑤였다. 설상가상으로 자신의 가설을 입증하기 위해 실험동물을 감염시켜 위궤양을 일으키려는 실험은 잘 되지 않았다.

이래저래 마음이 갑갑해진 마셜 박사는 어느 날 자신이 직접 헬리코박터가 우글거리는 배양액을 마셔보기로 했다. 동물실험 결과도 있고 해서 별로 기대하지 않았는데 다행히도(?) 그는 곧 위궤양 증세를 보였다. 위내시경으로 충분한 '증거'(벌겋게 충혈된 위점막)를 확인한 그는 곧바로 항생제를 먹었고 2주 만에 궤양이 나았다.

마셜 박사는 이 경험을 그에게 처음 헬리코박터 연구를 해보라고 제안했던 로빈 워런 박사에게 얘기했고, 다음날 워런 박사는 우연히 통화를 하게 된 미국의 선정적 신문인 〈스타〉의 기자에게 이 얘기를 "마셜 박사가 죽다 살아났다"는 식으로 과장해서 들려줬다.

다음날 이 스토리는 '기니피그(실험동물) 의사가 위궤양의 새로운 치료법과 원인을 밝혀냈다'는 제목으로 대서특필됐다. 이 보도 이후 헬리코박터와 위궤양의 관계가 대중들의 주목을 받았고 곧이어 위궤양 환자를 대상으로 한 항생제 치료의 효과를 알아보는 대규모 임상이 곳곳에서 진행됐다.

요즘은 건강검진에서 위내시경 검사를 할 때 헬리코박터가 있는지도 확인하는데, 만일 있을 경우 당사자가 원하면 2주간 항생제를 처방해 없애기도 한다. 위궤양이나 위암에 걸릴 가능성을 사전에 차단한다는 취지다. 한 의과학자의 무모하리만치 집요한 노력 덕분에 많은 사람들이 잠재적인 위험에서 벗어난 셈이다. 그런데 헬리코박터는 정말 우리 몸에서 퇴치해야 할 백해무익한 존재일까.

사실 인류는 오랜 세월 대다수가 헬리코박터에 감염된 상태였다. 그런데 20세기 들어 항생제가 만들어지고 처방되는 빈도가 높아지면서 헬리코박터에 감염된 사람의 비율이 줄어들기 시작했다. 다른 질환을 치료하려고 복용한 항생제가 헬리코박터까지 죽인 것이다. 물론 최근에는 앞에서 얘기했듯이 헬리코박터를 없애려고 항생제를 복용하기도 한다. 아무튼 그 결과 오늘날 헬리코박터 감염률은 세계 인구의 절반 수준으로 떨어졌고 특히 선진국일수록 감염자 비율이 낮아 아이들의 경우 6%도 안 된다고 한다.

늘어나는 아토피와 비만의 배후에는…

그런데 최근 헬리코박터와 관련해서 전혀 뜻밖의 연구결과들이 발표되면서 이 박테리아의 실체가 무엇인가에 대해 과학자들이 당혹스러워하고 있다. 지난 수십 년 사이 헬리코박터 감염자 비율이 줄어드는 동안 천식이나 아토피 같은 알레르기 질환이 늘어나고 비만과 당뇨병에 걸리는 사람이 늘어나 이 둘 사이에 어떤 관계가 있을지 모른다는 정황이 포착된 것이다. 과학자들은 이를 입증하기 위해 여러 가지 실험을 했고 그 결과 이 두 현상 사이에는 정말 밀접한 관계가 있다는 사실을 발견하기에 이르렀다. 그렇다면 헬리코박터는 왜 언제는 위궤양을 일으키는 유해균이 되고 언제는 면역계와 내분비계가 정상적으로 작동하게 도와주는 유익균 역할을 할까.

지금까지 과학자들이 밝혀낸 사실에 따르면 헬리코박터는 균주에 따라 특성이 다양하다. 즉 위의 상피세포를 지나치게 자극해 궤양을 유발하는 헬리코박터는 세포독소를 만드는 유전자를 함유한 균주라는 것. 대장균

대부분은 해롭지 않지만 O157균주처럼 독소를 만들어내는 대장균은 치명적인 것과 마찬가지다. 그리고 같은 헬리코박터 균주라도 숙주(사람)의 면역계 특성에 따라 궤양을 일으킬 수도 있고 아무런 증상을 보이지 않을 수도 있다는 사실도 밝혀졌다.

그렇다면 헬리코박터는 어떻게 천식이나 아토피 같은 알레르기 질환을 억제하는 역할을 할까. 이 과정에 대해서는 아직 많은 부분이 미스터리지만 예를 들어 소아 천식의 경우 헬리코박터가 분비하는 단백질이 면역계의 T림프구 작용을 억제해 천식을 완화한다는 동물실험 결과가 있다. 헬리코박터가 비만이나 당뇨병을 억제한다는 사실도 흥미롭다. 헬리코박터는 위장 내벽의 상피세포와도 상호작용을 하지만 신경내분비세포에도 영향을 미친다. 가장 중요한 역할은 식욕호르몬인 '그렐린'을 분비하는 신경내분비세포의 작용을 억제하는 것. 실제로 항생제를 복용해 위에서 헬리코박터가 사라지면 혈중 그렐린 농도가 올라가고 식욕이 증진돼 체중이 늘어난다는 연구결과가 여럿 나왔다. 헬리코박터는 또 우리 몸의 혈당량 조절에도 관여한다. 헬리코박터가 없을 경우 혈당 신호가 제대로 전달되지 못해 당뇨병이 생길 가능성이 높아진다.

사실 오늘날에도 여전히 인류의 절반은 헬리코박터에 감염된 상태다. 그럼에도 이들 대다수는 특별한 증상이 없이 잘 살고 있다. 최근 수년 사이 과학자들은 인류가 아프리카를 떠나 대륙 곳곳으로 이동하면서 현지의 특성에 맞게 진화해 인종이라고 부를 정도로 다양한 모습을 띠게 된 과정에서 사람들의 위 속에 있는 헬리코박터도 지역과 인종에 따라 다르게 진화했다는 사실을 밝혀냈다. 그리고 이런 데이터를 해석한 결과 헬리코박터는 대략 11만 6000년 전부터 인류의 위 속에 살기 시작한 것으로 추정했다. 과학자들은 이 오랜 세월 동안 둘이 함께 진화하면서 서로 공생관계를 맺게 됐다고 설명한다. 즉 헬리코박터는 인체의 면역계와 내분비계의 조절자 역할을 하게 됐다는 것이다.

결국 진화의 맥락에서 보자면 인류와 오랜 세월 공존한 헬리코박터는 기본적으로 유익균이고 일부 변이체가 일부 사람에게 위궤양 같은 문제를 일으킬 수 있다는 게 최근의 관점이다. 따라서 요거트를 먹어 장내유익균을 보충하듯이 아이들에게 독소 유전자가 없는 온화한 헬리코박터 균주를 먹여 알레르기나 비만을 예방하자는 주장도 나오고 있다. 불과 20~30년 전 마셜 박사가 헬리코박터 배양액을 마셔 위궤양을 유발했던 것을 생각하면 놀라운 반전이다. 헬리코박터에 대한 지난 10년의 연구결과는 사람과 주변 생명체의 관계를 단순히 '친구냐 적이냐'라는 이분법적 사고로는 제대로 이해할 수 없다는 사실을 잘 보여주고 있다.

참고문헌

Blaser, M. *Nature* **476**, 393-394 (2011)
Bassaganya-Riera, J. et al. *PLOS ONE* **7**, e50069 (2012)

폐경기 생긴 건 젊은 여자만
좋아하는 남자들 때문?

(제공 istockphoto)

"이 영화 놓치면 후회하실 겁니다."

인터넷과 IPTV가 보편화되면서 한 때 주말 밤 황금시간대를 장악했던 외화 프로그램도 대부분 사라졌다. 가끔 1970년대 중후반, 아직 텔레비전이 흑백이던 시절 일요일 밤 〈명화극장〉을 예고하던 장면이 아련히 떠오른다(〈명화극장〉은 살아남아 금요일 자정에 방영되고 있다). 검은 뿔테안경을 쓴 지적인 모습의 영화평론가 고(故) 정영일 선생이 영화 장면을 배경으로 영화에 대해 이런저런 설명을 하다가 끝에 위와 같은 멘트를 덧붙인다. 정말 당시는 모처럼 텔레비전에서 틀어주는 기회를 놓치면 그 영화를 볼 기회가 한동안 없었다. 어린이였던 필자는 정작 밤늦게 하는 영화를 본 기억은 없지만 정영일 선생의 영화예고 장면은 지금도 눈에 선하다.

그런데 1980년대 〈사랑방중계〉인가 하는 프로그램에서 원종배 아나운서에게 정영일 선생이 해준 한 얘기 역시 강렬한 기억으로 남아있다. 젊은 여성들 몇 명이 있는 거리를 멋진 중년신사가 지나가고 나면 아가씨들은 이 남자를 화제에 올린단다. 그런데 청년들이 있는 거리를 멋진 중년여성이 지나가면 어떻게 될까? 청년들은 그 여성이 지나갔는지도 모른다는 것이다. 당시 정 선생이 무슨 맥락에서 이 얘기를 했는지는 기억나지 않지만 아무튼 필자는 마치 영화의 한 장면으로 본 것처럼 깊은 인상을 받았다.

단성 모형 vs 양성 모형

사람은 동물 가운데 독특한 특성을 여럿 지니고 있는데, 그 가운데 하나가 여성의 폐경기다. 물론 몇몇 고래에서 폐경기가 있다는 보고가 있고 사육하는 침팬지에서도 관찰됐지만 포유류 대다수에서는 폐경기를 볼 수 없다. 보통 50대에 폐경기가 되므로 여성들은 생식력이 없는 상태로 평균 30년은 더 사는 셈이다. 물론 요즘 세상에 50대가 넘는 남성이 자식을 보는 것도 드문 일이지만, 아이를 못 갖는 것과 안 갖는 것은 차원이 다른 얘기다. 실제로 얼마 전 인도에서는 100살에 가까운 노인이 아이 아버지가 돼 화제가 되기도 했다. 그렇다면 왜 여성만 생이 끝나기도 한참 전에 생식력을 잃게 되는 것일까?

'그거 다 밝혀진 거 아냐?'

폐경기의 기원에 대해서는 그동안 미디어에서 많이 다뤘기 때문에 이런 생각을 하는 독자도 있을 것이다. '할머니 가설grandmother hypothesis'로 알려진 설명인데, 한마디로 나이든 여성이 직접 아이를 낳는 것보다 자기 아

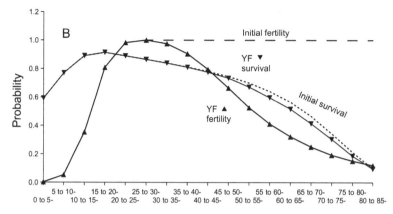

컴퓨터 시뮬레이션 결과를 나이에 따른 여성의 생존율과 생식력 변화로 나타낸 그래프. 초기 조건(initial fertility, 긴 점선)은 죽을 때까지 생식력이 유지되는 것이지만, 남성이 젊은 여성을 선호하게 되면서 나이에 따라 생식력이 있는 비율이 급감한다(YF fertility, ▲이 있는 실선). 반면 생존율은 별 차이가 없다(intial survival(짧은 점선), YF survival(▼이 있는 실선)). (제공 <플로스 계산생물학>)

이의 아이, 즉 손주를 돌보는 게 결과적으로 유전자를 더 많이 남기기 때문에 폐경기가 진화했다는 것. 맞벌이 부부가 자녀를 부모님께 맡길 때 좋은 명분이 되기도 하지만, 냉정한 계산이 횡횡하는 진화생물학에서 할머니 가설은 약간의 훈훈함마저 느껴지기도 한다(물론 이것 역시 계산의 결과 생식력의 관점에서 더 나은 걸로 나와서 제안된 가설이지만).

학술지 <플로스 계산생물학> 2013년 6월호에는 폐경기의 기원을 다른 관점에서 분석한 논문이 실렸다. 캐나다 맥마스터대 생물학과 조너선 스톤 교수팀은 컴퓨터 시뮬레이션 결과 폐경기는 손주를 돌보려는 여성의 의지에 따른 결과가 아니라 젊은 여자를 선호하는 남성의 취향에 따른 결과라는 별로 아름답지 않은 결론에 이르렀다.

연구자들은 논문에서 폐경기의 기원이 여전히 미스터리라며 지금까지 나온 가설을 표로 만들어 소개했는데 무려 10가지나 된다. 할머니 가설은 그 가운데 하나다. 이 가설들은 크게 두 가지 타입으로 구분되는데, 하나는 '단성 모형one-sex model'이고 다른 하나는 '양성 모형two-sex model'이다. 할머니 가설은 진화의 과정에서 폐경의 당사자인 여성만이 관여하므로 단성 모형이다. 폐경기라는 여성의 진화에 남성도 영향을 미친다는 게 양성 모형으로, 저자들은 이번 논문에서 양성 모형에 속하게 될 배우자 선택의 취향이 중요한 변수임을 밝혔다.

연구자들은 여성이 평생 생식력을 갖고 있다는 초기 조건에서 출발했다. 그리고 남성들도 여성의 나이에 따른 선호도의 차이가 없었다. 그런데 어느 순간부터 남성들이 젊은 여성들을 선호하게 된다. 한편 돌연변이는 임의로 발생하는데 수명에 영향을 미치는 것도 있고 남녀 각각의 생식력에 영향을 미치는 것도 있다. 만일 어떤 돌연변이가 결과적으로 자손 수를 줄이게 된다면 자연도태될 것이고 그렇지 않다면 게놈에 남아있을 것이다.

시뮬레이션 결과 남성들이 여성 나이에 차이를 두지 않을 때 여성 생식력을 손상시키는 돌연변이는 제거됐다. 그런데 남성들이 젊은 여성을 선호하면서부터 이런 돌연변이 가운데 일부가 축적되기 시작했다. 즉 젊은 나이에 발현돼 생식력을 손상시키는 돌연변이는 제거되지만, 중년 이후에 발현돼 생식력을 잃게 하는 돌연변이는 남아있었던 것. 이런 돌연변이가 있건 없건 어차피 이 나이면 남성의 선택을 받지 못하기 때문이다. 그 결과 폐경기가 나타났다.

연구자들은 논문을 마무리하며 "나이든 남성과 여성이 다른 사람(자식이나 친척)의 생식에 도움을 준다는 건 직관적으로는 명쾌하지만, 이게 폐경기의 진화론적 기원을 설명하는데 꼭 필요한 건 아니다"라고 결론짓고 있다. 정영일 선생이 살아있었다면 이 논문에 대해 다음과 같이 반응하지 않았을까.

"당연한 얘길 갖고 뭘 논문까지 쓰고 그러시나. 시간 있으면 영화나 한 편 더 보세요."

참고문헌

Morton, R. A. et al. *PLOS Computational Biology* **9**, e1003092 (2013)

PA **03** RT

영양과학

엄마도 몰랐던 모유의 진실

　지난 2013년 2월 환경부와 국립환경과학원은 산모 1700여 명과 생후 12개월까지 영아를 대상으로 모유와 분유의 차이를 밝힌 결과를 발표해 화제를 불러일으켰다. 2006년부터 2012년까지 6년에 걸쳐 실시된 조사에서, 태어나서 1년 동안 모유만 먹은 아이는 분유만 먹은 아이에 비해 인지력 점수를 7% 가까이 더 받았을 뿐 아니라 아토피 피부염 발생률도 절반 수준이라는 사실이 밝혀졌기 때문이다. 모유가 좋다는 말은 예전부터 들어왔지만 이렇게 구체적인 결과를 보고 꼭 모유 수유를 하겠다고 결심하는 예비 엄마들도 많았을 것이다.

(제공 istockpoto)

　이 뉴스를 보면서 필자는 문득 수년 전 〈네이처〉에 실린 한 기사가 떠올랐다. 주간과학저널인 〈네이처〉에는 대략 한 달에 한 번 꼴로 어떤 주제에 대해 집중적으로 다루는데('Outlook조망'이라는 타이틀로) 특이하게도 기업체가 후원을 한다. 주로 생명과학이나 의학, 생활과학을 다룬다. 2010년 12월 23/30일자 아웃룩은 '영양유전체학nutrigenomics'이 주제였고, 당시 스폰서는 스위스의 세계적인 식품회사 네슬레였다.

22쪽에 걸쳐 10꼭지의 글이 실렸는데, 그 가운데 하나가 모유에 대한 최신 연구결과를 소개한 기사였다. 분유를 만드는 식품회사가 모유가 왜 좋은지 입증한 연구들을 알리는 글이 저명한 학술지에 실리게 지원했으니, 경영자의 마인드가 이런 이해관계를 초월한 건지 아니면 자신들이 지원한 특집에 이런 글이 실릴 걸 예상하지 못한 건지(영양유전체학이 주제였으므로) 모르겠다.

상황이 어찌되었건 그 기사에는 놀라운 내용이 많았다. 모유는 분유보다 아기가 필요로 하는 영양을 더 적절하게 공급해주고(같은 종이므로 당연하겠지만) 특히 출산 직후 모유에는 아기의 면역력을 높여주는 성분이 많아 꼭 먹여야 한다는 정도만 알고 있던 필자로서는 지난 10여 년 동안 밝혀진 모유의 과학에 감탄했다.

모유로 장내미생물 선별

먼저 모유는 시기별로 크게 3가지로 나눌 수 있는데 출산 뒤 3일까지 나오는 젖을 '초유colostrum'라고 부른다. 초유에는 지방이나 카제인 단백질 함량은 낮은 반면 다양한 항체와 면역조절 역할을 하는 인터류킨-10같은 성분이 많이 들어있고 특이하게도 '모유올리고당human milk oligosaccharide, (HMO)'이라는 영양분도 풍부하다. 초유의 가장 중요한 역할은 역시 아기의 면역력을 높이는 데 있다.

출산 뒤 3~7일 사이의 모유는 과도기적 성격으로 초유에 비해 영양분인 지방과 카제인 단백질, 젖당의 함량이 높아지고 면역성분이나 모유올리고당은 줄어든다. 출산 2주 이후에 나오는 젖은 전형적인 모유로 아기의 성장에 최적화된 조성이다. 그런데 기사는 두 번째 단계의 모유 조성을 '유익균이 특히 좋아한다'고 쓰고 있다. 즉 이 시기의 모유는 아기가 아니라 박테리아의 입맛에 최적화돼 있다는 말이다.

출산 초기 모유에 많이 들어 있는 모유올리고당은 아기를 위해 만들어내

젖이 가득 찼을 때 처음 나오는 젖은 유지방이 적어 묽지만(왼쪽) 나중에는 유지방이 풍부한 조성이 된다(오른쪽). 덕분에 아기는 젖을 먹을 때 처음에는 갈증을 덜고 나중에는 배고픔을 달래게 된다. 사진은 한 여성에게서 한 번에 얻은 모유다. (제공 위키피디아)

는 게 아니다. 아기의 장에 정착할 박테리아(유익균)가 좋아하는 먹이라는 것. 즉 엄마는 아기의 장 안에 유익균이 제대로 자리잡게 도와주기 위해 모유에 이런 성분까지 넣어준 셈이다. 신생아의 장에는 박테리아가 없으므로 먼저 깃발을 꽂는 놈이 임자인데, 만일 유해균이 선점하면 평생 장 건강이 안 좋을 수 있기 때문이다.

2000년대 초중반 행해진 연구에 따르면 보통 모유에는 모유올리고당이 100여 가지나 존재하고, 유익균의 대명사인 비피도박테리아*Bifidobacterium infantis*가 모유올리고당을 잘 먹는다는 사실이 밝혀졌다. 비피도박테리아는 설사를 일으키는 유해균이 장에 자리잡는 걸 방해하는 우군이다. 모유올리고당은 반대로 박테리아성 설사의 주범인 캄파일로박터*Campylobacter jejuni*가 장점막에 달라붙는 걸 막는다는 사실도 밝혀졌다.

뿐만 아니라 모유를 통해 유산균이 엄마에서 아기로 이동하기도 한다. 즉 유산균이 백혈구 속에 들어가 혈관을 타고 젖샘까지 이동하고 젖에 섞여 아기의 입을 통해 장에 도달하는 것으로 추측된다. 유산균은 과산화수소와 항균성단백질인 박테리오신을 분비해 병원성 박테리아의 정착을 방해한다.

한편 모유를 먹이면 아이가 똑똑해진다는 사실은 외국의 연구에서도 확인돼 2008년 논문이 발표된 적이 있다. 6살 때 IQ검사를 하자 모유를 먹은 아이들이 평균 5.9 더 높았다고. 이는 우리나라 인지능력 결과와 비슷한 수치다. 캐나대 맥길대 마이클 크래머 교수팀을 비롯한 공동연구팀이 벨라루시아의 아이 1만 3889명을 대상으로 모유와 분유의 차이를 조사한 프로젝트인 'PROBIT'을 진행했는데 모유 예찬론자들에게는 다소 실망스런 결과를 냈다. 즉 생후 1년까지는 모유를 먹는 게 여러 면에서 더 좋은 걸로 나왔지만 6살 때 조사하자 모유를 먹었던 아이나 분유를 먹었던 아이나 별 차이가 없었다고. 그런데 유일한 예외가 바로 인지능력이었다! 즉 아이가 똑똑해진다는 게 모유의 가장 확실한 효과인 셈이다.

지난 2007년 〈미국립과학원회보〉에 실린 논문에는 모유가 아이의 인지력을 높여주는 메커니즘이 제안돼 있다. 즉 모유에 들어있는 불포화지방산인 도코사헥사에노익산DHA과 아라키돈산AA이 FADS2라는 유전자를 조절해 뇌의 뉴런 발달에 영향을 미쳤을 것이라는 가설이다.

모유와 아이 지능은 인과관계가 아니라 상관관계?

이처럼 모유예찬이 쏟아지는 가운데 모유의 장점이 과장됐다는 '이단적인' 연구결과가 2014년 3월 학술지 〈사회과학과 의학〉에 실렸다. 미국 오하이오주립대 사회학과 신시아 콜렌 교수는 모유가 아이의 건강과 지능에 장기적으로 긍정적인 영향을 미친다는 기존의 연구결과들은 '선택 편향selection bias'의 결과라고 주장했다. 즉 모유를 먹은 아이들이 분유를 먹은 아이들보다 더 건강하고 똑똑한 건 사실이지만, 모유가 원인은 아니라는 말이다.

대체적으로 모유를 먹일 수 있는 여성은 경제적으로나 시간적으로 여유가 있는 경우가 많다는 것. 따라서 아이에게 모유 수유를 할 수 있을 뿐 아니라 육아와 교육, 식품, 주거환경 등 여러 측면에서 더 낳은 조건을 제공

할 수 있다는 말이다. 연구자들은 이 가설을 입증하기 위해 기존 대규모 조사결과를 다시 분석했다. 즉 모유 수유 여부의 효과를 중장기적으로 조사한, 4세에서 14세 사이의 아동 8237명을 대상으로 한 데이터로, 이 자체는 모유를 먹은 아이들이 분유를 먹은 아이들보다 더 건강하고 똑똑한 것으로 나온다.

그런데 이 가운데 665가구에서 조사한 1773명은 형제자매 가운데 모유 수유와 분유 수유가 혼재한 경우였다. 즉 어떤 사정으로 엄마가 자녀 일부는 모유로 키웠고 일부는 분유로 키운 것이다. 따라서 수유를 제외한 성장환경이 비슷한 조건이다. 이들 1773명을 대상으로 비만도, 과잉행동 여부, 어휘력, 수리능력 등 11가지 조사항목을 다시 분석하자 모유 수유와 분유 수유 사이에 보였던 차이가 사라지거나 크게 줄어들었다. 결국 모유 수유 여부는 중장기적으로 아이의 건강이나 지능에 별 영향이 없다는 것.

콜렌 교수는 "난 모유가 좋은 게 아니라는 걸 얘기하려는 게 아니다"라며 "다만 여건이 안 되는 엄마들에게 모유의 중요성만 강조해 스트레스를 배가시키는 대신 아이가 더 나은 환경에서 자랄 수 있도록 사회인프라를 구축하는데 더 신경을 써야 한다는 취지"라고 말했다.

6개월 넘는 모유 수유는 생각해봐야?

지난 2012년 출간된 미국 컬럼니스트 플로렌스 윌리엄스의 책『Breasts 젖가슴』(국내 미번역)는 화학물질이 젖가슴에 미치는 영향을 다뤄 큰 반향을 불러일으켰다. 화학물질로 인한 생태계 파괴를 경고한 레이첼 카슨의 명저 『침묵의 봄』 출간 50주년을 맞아 젖가슴 버전을 낸 셈이다.

책에서 저자는 뜻밖에도 모유 수유에 대해 뜨뜻미지근한 관점을 보이는데, 바로 모유에 포함된 화학물질 때문이다. 즉 다이옥신을 비롯해 많은 화학물질은 기름에 잘 녹는 성분으로 음식이나 호흡을 통해 인체에 축적돼 있는데, 출산으로 젖을 생산하면서 유지방으로 녹아들어간다는 것. 즉 엄

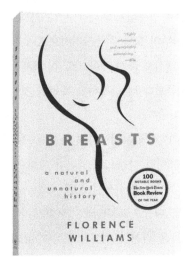

『Breasts』 표지 (강석기 제공)

마의 젖은 이런 화학물질들로 오염돼 있을 가능성이 높다는 말이다.

저자 자신이 두 아이의 엄마였고 각각 18개월씩 모유를 먹였다는데, 훗날 저자가 전문가에게 의뢰해 자신의 몸에 축적된 화학물질을 분석한 결과 여러 성분들이 꽤 높은 농도로 검출되자 글 중간에 "얘들아 미안해Sorry, Kids!"라는 멘트를 넣기도 했다. 저자에 따르면 모유 수유는 어쨌든 엄마에게는 좋은데, 젖을 통해 몸에 축적된 화학물질들이 빠져나가기 때문이다. 즉 다이옥신의 경우 모유 수유 한 달이면 14%가 빠져나가고 폴리염화비페닐PCB은 8%가 줄어든다는 것. 따라서 미국의 일부 주에서는 산모에게 젖을 분석할 것을 권하고 있지만 모유 수유를 권장하는 단체에서 반대하고 있다고 한다. 책에서 저자는 노르웨이공중보건연구소 캐서린 톰센 박사의 말을 인용하고 있다.

"난 개인적으로 이런 사실이 신생아일 때 모유 수유를 권하는 현재 트렌드를 변화시킬 정도는 아니라고 본다. 하지만 6개월 이후에도 과연 모유 수유가 바람직한 건지에 대해서는 정밀한 연구가 필요하다."

즉 초유를 비롯해 정상적인 아기 면역계 형성에 필요한 처음 수개월 동안의 모유는 설사 화학물질이 좀 들어있더라도 이익이 더 크지만, 아이의 영양과 성장에 최적화돼 있는 그 이후의 모유의 경우는 차라리 청정지역에서 사는 소의 젖으로 만든 분유로 대체하는 게 더 나을 지도 모른다는 말이다.

모유는 아들 딸 구분한다

한편 또 다른 측면에서 모유의 실체에 대해 약간 마음에 걸리는 연구결과가 있다. 2010년 〈미국 인간생물학저널〉에 실린 논문으로, 아기가 아들이냐 딸이냐에 따라 모유의 영양분 조성이 다르다는 내용이다.

아기가 2~5개월인 미국 보스턴의 중산층 산모 25명의 모유를 얻어 분석한 결과로, 남아 엄마 젖이 여아 엄마의 젖보다 지방과 단백질이 더 많아 칼로리가 25%나 더 높았다고. 도대체 왜 이런 현상이 일어날까. 흥미롭게도 이들의 연구결과는 1973년 〈사이언스〉에 실린 한 논문이 제시한 가정이 사람에서도 일어난다는 사실을 증명한 것이다.

저명한 진화생물학자인 미국 하버드대의 로버트 트리버스(현재는 럿거스대 교수)와 같은 대학 수학과의 댄 윌라드가 함께 쓴 이 논문은 냉정한 진화론의 관점에서 부모가 자식을 돌보는 건 결국 자신의 유전자를 더 많이 퍼뜨리기 위함이라고 가정하며 그렇다면 부모가 여유가 있을 때와 없을 때 자식을 돌보는(자식에 투자하는) 방식을 달리해야 하지 않을까라는 질문을 던진다.

오늘날 '트리버스-윌라드 가설'로 불리는 이들의 주장에 따르면 여유가 있을 때는 아들에, 어려울 때는 딸에 더 투자해야 더 많은 자손을 볼 수 있다. 즉 일부다처제 동물에서는(사람도 결혼이라는 제도가 정착하기 전에는 여기에 속했다) 강한 수컷이 더 많은 암컷을 차지할 수 있기 때문에, 새끼를 강한 수컷으로 키울 수 있는 여력이 있다면 투자를 아끼지 말아야 한다. 반면 암컷은 어차피 낳을 수 있는 새끼가 제한돼 있으므로 투자대비 효율이 떨어진다.

한편 상황이 안 좋을 때는 수컷 새끼보다 암컷 새끼에 더 투자를 해야 한다. 부실하게 자란 수컷은 어차피 암컷을 차지하는 경쟁에서 밀릴 것이므로 포기를 하고 대신 암컷 새끼가 짝짓기를 할 수 있는 몸상태를 만들어주면 자손을 이어 나갈 수 있기 때문이다. 트리버스-윌라드 가설을 증명하는 방법이 여러 가지 제안됐는데 그 가운데 하나가 바로 모유의 성분이다.

한 번에 새끼 한 마리만 낳을 경우 새끼의 성별에 따라 모유의 조성이 다를 수 있지 않을까. 즉 어미가 여유가 있으면 수컷 새끼일 때 젖의 영양분이 더 풍부할 것이고 어미가 힘들게 살면 그나마 암컷 새끼일 때 젖의 영양분이 더 나을 것이기 때문이다. 2010년 모유 비교 논문은 사람을 대상으로 풍족한 환경에서 트리버스-윌라드 가설이 입증됨을 처음으로 보인 사례다.

미국 미시건대 인류학과 마사코 푸지타 교수팀은 2012년 9월 〈미국 자연인류학저널〉에 실린 논문에서 아프리카 케냐의 농업목축을 하는 아리알 Ariaal 부족의 여성들을 대상으로 경제적 지위와 자녀 성별에 따른 모유의 성분을 분석한 결과 트리버스-윌라드 가설이 성립한다고 밝혔다. 즉 부유할 경우 아들을 둔 엄마의 젖은 유지방 함량이 평균 2.8%로 딸인 경우의 0.6%보다 훨씬 높았다. 반면 어려운 가정의 경우 아들인 경우는 2.3%, 딸인 경우는 2.6%로 오히려 역전이 됐다. 이 연구 결과는 부유한 집안의 딸일 경우 모유의 유지방 함량이 너무 낮은 걸 제대로 설명하지 못했지만, 아무튼 전체적인 패턴은 트리버스-윌라드 가설을 따르고 있다.

엄마가 의도적으로 모유의 성분을 조절할 수는 없는 노릇이니 이런 현상은 의식 너머에서 생리적으로(즉 자동적으로) 일어나는 일이겠지만, 모유에서조차 가장 많은 자손을 보기 위한 자연의 '수학'이 작동하고 있다는 사실이 왠지 좀 서글프다.

참고문헌

Petherick, A. *Nature* **468**, S5-S7 (2010)
Colen, C. G. et al. *Social Science & Medicine* in press (2014)
Florence Williams *Breasts* (Norton, 2012)
Trivers, R. L. & Willard, D. E. *Science* **179**, 90-92 (1973)
Fujita, M. et al. *Am J Phys Anthropol* **149**, 52-59 (2012)

오메가3지방산이 몸에 좋은 이유

2012년 연말 과학저널 〈네이처〉(12월 13일자)의 '세계관World View'이라는 칼럼란에 재미있는 글이 실렸다. 과학기자를 하다가 지금은 과학저술가로 활약하고 있는 게리 토브스라는 분이 쓴 칼럼으로 '비만은 물리학이 아닌 생리학으로 봐야 한다Treat obesity as physiology, not physics'는 알쏭달쏭한 제목이다. 토브스는 필자가 이 글 맨 앞에 인용한 19세기 프랑스 생리학자 클로드 베르나르의 말로 칼럼을 시작한다.

20세기 초 비만의 호르몬 가설을 제안한 독일의 의학자 구스타프 폰 베르그만. 오랫동안 잊혔던 그의 가설이 최근 재조명되고 있다.

토브스는 2차 세계대전 전까지만 해도 과학자들이 비만을 호르몬이나 조절계의 이상에서 비롯하는 문제로 생각했다고 소개한다. 저명한 독일의 의학자 구스타프 폰 베르그만이 20세기 초에 내놓은 가설이었다는 것. 그런데 전쟁으로 과학의 공용어가 독일

에너지 밸런스의 실패에서 비만의 원인을 찾은 미국 미시건대 루이스 뉴버그 교수. 오늘날 비만에 대한 해결책은 대부분 그의 관점에서 출발하고 있다. (제공 미시건대)

어에서 영어로 바뀌면서 비만의 호르몬 가설은 사라지고 대신 미국 미시건대 루이스 뉴버그 교수의 가설이 득세했다. 즉 비만은 섭취한 칼로리가 몸이 필요로 하는 칼로리보다 많기 때문에 일어나는 현상으로, 뉴버그는 "모든 비만인 사람들이 근본적으로 공유하는 측면은 글자 그대로 너무 많이 먹는다는 것"이라고 단언했다. 즉 과식으로 에너지 균형이 깨진 결과가 비만이라는 말이다.

필자 역시 뉴버그 교수의 관점, 즉 '비만의 열역학'을 당연한 것으로 여기면서 "난 그렇게 많이 먹지도 않는데 왜 살이 찌지?"라는 말을 들으면 속으로 '하루에 먹은 걸 꼼꼼하게 적으면 그렇게 말하지 못할 텐데'라며 무시했다. 물론 최근 장내미생물의 조성이 비만에 영향을 미친다는 연구결과도 나왔지만 아무튼 주된 변수는, 섭취한 칼로리와 체중은 비례한다는 물리법칙이라고 생각했다. 사실 오늘날 영양학의 관점 역시 식단을 짤 때 주 영양소(탄수화물, 지방, 단백질)의 밸런스와 총 칼로리에 집중하고 있다.

대사 신호경로에 영향 미쳐

그런데 최근 비만이 호르몬과 조절 장애의 결과라는 관점이 다시 떠오르고 있다. 단순히 칼로리 과잉이 비만으로 이어지는 게 아니라 탄수화물의 양과 질이 중요하다는 것. 즉 인슐린이 지방축적을 조절하는데, 혈액내 인슐린 수치가 섭취하는 탄수화물에 따라 결정된다는 사실이 밝혀졌다. 소화 흡수가 쉬운 과당이나 설탕 같은 단당류, 이당류를 많이 먹으면 혈액 내 인슐린 수치가 높아져 지방축적도 늘어나는 결과로 이어진다. 쉽게 말해 탄수화물(녹말) 덩어리인 고구마 500그램을 먹는 경우와 이와 같은 칼로리의 설탕을 먹는 경우 섭취한 에너지는 같지만 결과는 전혀 다른 현상을 설명하는 가설이다.

토브스는 "오늘날 비만의 만연은 적어도 부분적으로는 연구자들이 비만의 본질을 이해하는데 실패했고 식품회사들이 이를 이용했기 때문"이라고 주장했다. 토브스는 〈로라와 존 아놀드 재단〉의 지원 아래 내과의사 피터 아티아와 함께 비영리기구인 〈영양과학계획Nutrition Science Initiative, NuSI〉을 설립해 이 문제를 연구하고 있다고 한다. 그가 2010년 펴낸 책 『Why We Get Fat왜 살이 찌나』(국내 미번역)은 베스트셀러가 됐고 여전히 스테디셀러다(아마존 사이트를 보면 독자리뷰가 무려 1000건이 넘게 올라와 있다!).

'앞으로 비만에 대해 글을 쓸 때는 조심해야겠구나.' 토브스의 칼럼을 읽고 '과학은 넓고 읽을 건 많다'는 걸 또 다시 절감한 필자는 약간 의기소침해졌는데, 과학저널 〈사이언스〉 2013년 2월 22일자에 좀 더 노골적인 제목의 글이 한 편 실렸다. '호르몬으로서의 식품Food as a Hormone'이라는 해설논문으로 식품의 영양성분이 세포내 신호전달경로를 활성화시켜 대사건강을 조절한다는 최근 연구결과들을 소개하고 있다. 앞서 토브스 칼럼의 확장판인 셈이다.

미국 신시내티대 대사질환연구소의 캐런 리안과 랜디 실리 교수는 이 글에서, 음식에 들어 있는 성분이 우리 몸을 순환하면서 세포 표면의 수용체에 달라붙어 신호전달경로를 활성화한다는 사실로부터, 음식이 궁극적으로는 '호르몬 칵테일'로 간주될 수 있다고 주장했다. 참고로 호르몬이란 한 장기에서 만들어져 혈관을 타고 몸의 다른 부분으로 이동해 특정 세포에 자극을 주는 조절 물질이다. 표적이 되는 세포 표면에는 호르몬이 달라붙는 수용체가 있다.

같은 오메가3지방산이라도…

해설에서 호르몬 역할을 하는 식품 속 성분의 대표적인 예로 든 게 바로 오메가3지방산이다. 등푸른 생선에 많이 들어있는 DHA나 EPA 같은 오메가3지방산이 몸에 좋다는 건 대중매체를 통해 너무나 잘 알려져 있지만 사실 오메가3지방산이 왜 염증을 완화하고 다이어트에 도움이 되는지(지방이라는 고칼로리 성분임에도 불구하고)는 이해하기 어려웠다.

보통 포화지방산은 몸에 해롭고 불포화지방산은 몸에 좋다고 알려져 있고 오메가3지방산은 불포화도가 높기 때문에(이중 결합이 여러 개 있다) 특히 더 좋다고 생각하기 쉽지만, 사실은 그렇게 간단하지가 않다. 물리과학의 관점에서 지방산의 불포화도가 높을수록 녹는점이 낮은데(따라서 포화지방산이 많은 소고기의 지방은 상온에서 고체이고 불포화지방산이 많은 식물 기름은 액체다), 몸속에서 지방이 굳지 않아 불포화지방산이 좋다고 해석하기에는 무리가 있다. 게다가 칼로리는 포화도에 따라 별로 차이가 없다.

더 당혹스러운 건 같은 불포화지방산이라도 오메가6지방산이나 오메가9지방산은 오메가3지방산의 특징이 없고 같은 오메가3지방산이라도 분자 길이가 긴 DHA(탄소수 22개)가 EPA(20개)나 ALA(18개)보다 효과가 월등하다는 것. 참고로 오메가 뒤의 숫자는 지방산의 카르복시기(−COOH)에서 가장 멀리 떨어진(그리스 알파벳의 마지막이 오메가$_\omega$다) 탄소를 1로 해서 순서대로 번호를 붙였을 때 처음 이중결합이 나오는 탄소의 위치다.

이 미스터리에 대한 첫 번째 중요한 실마리를 푼 연구결과가 2010년 생물학저널 〈셀〉에 실렸다. 즉 항염증 효과는 오메가3지방산이 염증반응을 일

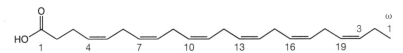

대표적인 오메가3지방산인 DHA의 분자구조. DHA가 오메가3지방산 가운데서도 가장 항염증, 항고혈압 효과가 큰 이유는 해당 대사경로를 촉발하는 수용체에 가장 잘 달라붙기 때문이라는 사실이 밝혀졌다.

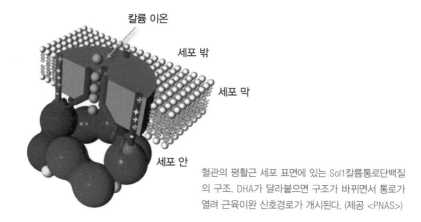

칼륨 이온

세포 밖

세포 막

세포 안

혈관의 평활근 세포 표면에 있는 Sol1칼륨통로단백질의 구조. DHA가 달라붙으면 구조가 바뀌면서 통로가 열려 근육이완 신호경로가 개시된다. (제공 <PNAS>)

으키는 대식세포나 성숙한 지방세포 표면에 존재하는 GRP120이라는 수용체에 달라붙어 염증반응을 억제하는 경로를 활성화하기 때문이라는 것. 또 인슐린 민감성도 올라가 당뇨병을 억제하는 효과도 있다.

과학저널 〈미국립과학원회보PNAS〉 2013년 3월 19일자에는 오메가3지방산의 또 다른 효과인 항고혈압 작용에 대한 메커니즘을 밝힌 연구결과가 실렸다. 혈압이 높은 사람들이 오메가3지방산을 섭취하면 혈압이 떨어진다는 임상결과를 설명하는 연구로, DHA가 혈관의 평활근 세포 표면에 있는 Sol1칼륨통로단백질에 달라붙어 통로를 엶으로써 근육을 이완하라는 신호를 촉발한다고. 즉 통로단백질이 DHA의 수용체인 셈이다.

앞서 토브스가 언급한 탄수화물의 양과 질에 대한 대사반응의 차이에 대한 미스터리도 풀리고 있다. 고구마에 들어 있는, 위나 소장에서 소화가 안 되는 복잡한 탄수화물, 즉 식이섬유는 대장에서 특정 장내미생물의 먹이가 되는데 이 녀석들은 식이섬유를 소화하면서 부산물로 아세테이트와 부티레이트 같은 '짧은 사슬 지방산SCFA'을 내놓는다. SCFA는 숙주(사람) 세포표면의 FFAR2와 FFAR3 같은 수용체에 달라붙어 일련의 대사반응을 촉발하는데, 그 가운데 하나로 지방세포가 식욕억제 호르몬인 렙틴을 더 많이 분비하게 된다.

랜디 실리 교수는 "호르몬의 관점으로 식품을 보면 건강을 증진하거나 병을 치료하기 위한 권장 식단을 설계할 때 큰 영감을 얻을 수 있다"고 주장했다. 즉 단순히 영양 밸런스가 맞는 메뉴가 아니라 대사질환과 관련된 신호전달에 영향을 줄 수 있는 식단을 디자인할 수 있다는 것. 앞으로도 생명과학의 발견이 영양학의 패러다임을 바꾸는데 어떤 역할을 할지 지켜볼 일이다.

참고문헌

Taubes, G. *Nature* **492**, 155 (2012)
Ryan, K. & Seeley, R. J. *Science* **339**, 918-919 (2013)
Oh, D. et al. *Cell* **142**, 687-698 (2010)
Hoshi, T. et al. *PNAS* **110**, 4816-4821 (2013)
Hoshi, T. et al. *PNAS* **110**, 4822-4827 (2013)

맛이 좋은 커피, 몸에 좋은 커피

최고의 원두가 있다고 말할 수 없는 것처럼, 커피를 만드는 최고의 방법은 없다.
- 코비 쿰머, 『The Joy of Coffee』

(제공 강석기)

"저 이건 저희가 새로 만드는 더치커피인데요. 맛보시고 평가 좀 해주세요."

한 달 전쯤 우연히 들렀다가 지금은 출근도장을 찍다시피 하는 동네 카페가 있다. 이곳에는 원산지별로 10여 종의 원두가 있어 한 가지를 선택하면 핸드드립으로 커피를 내놓는데 평소 향을 중요시하는 필자로서는 아침에 마시는 핸드드립커피 한 잔이 소소한 즐거움이 됐다.

에스프레소의 생명은 갈색의 미세한 거품인 크레마로, 고압 추출로 나온 단백질이 계면활성제 역할을 해 형성된다. (제공 위키피디아)

매번 아메리카노의 두 배나 되는, 진짜 밥 한 끼 값의 핸드드립커피를 주문하니 가게에서도 필자를 커피 마니아로 생각했나보다. 언제부터인가 새로 들여온 원두라며 맛을 보라고 하더니 며칠 전에는 설치한지 얼마 안 된 더치커피기구에서 추출한 더치커피까지 갖다 준다. 그저 핸드드립커피가 아메리카노보다 맛과 향이 좀 더 좋은 것 같다는 느낌을 갖는 수준인데 커피에 조예가 깊은 사람처럼 비춰지는 것 같아 속으로 좀 뜨끔하다.

1999년 스타벅스 1호점이 이대 앞에 문을 연 이래 우리나라 카페 문화는 1960~70년대 경제개발을 능가하는 놀라운 속도로 바뀌었다. 2000년대 중반에야 회사 근처의 브랜드카페를 슬슬 드나들기 시작한 필자도 어느덧 판에 박은 에스프레소 베이스 커피에 싫증을 느끼고 이제는 개인(아마도 커피 마니아일)이 운영하는 카페를 기웃거리고 있다.

물론 그렇다고 핸드드립커피가 아메리카노보다 '객관적으로' 더 맛있는 건 아닐 것이다. 앞에 인용한, 미국의 저널리스트 쿰머의 책 『The Joy of Coffee』(국내 미번역)의 한 구절처럼 커피를 어떻게 만들어야 맛있는가는 어디까지나 개인 취향의 문제다. 같은 원두를 써도 적용하는 방법에 따라 맛과 향이 달라지는 게 커피의 또 다른 매력이 아닐까.

추출 방식에 따라 맛과 향 결정돼

오늘날 카페를 점령하고 있는 에스프레소는 곱게 분쇄한 원두를 고압의 뜨거운 물로 순간적으로 추출해 커피를 얻는다. 이 과정에서 원두 안의 지방과 단백질이 빠져나오면서 물과 뒤섞여 유화emulsion 상태가 되기 때문에 에스프레소는 약간 걸쭉한 아주 짙은 갈색의 액체로 보인다. 액체를 확대해보면 작은 기름방울이 무수히 떠 있는 상태다. 여기에 미세한 갈색 거품, 즉 크레마crema가 덮여있다.

유럽인, 특히 이탈리아 사람들은 매일 아침 진한 풍미의 에스프레소 한 잔을 마시며 하루의 에너지를 얻는다고 한다. 하지만 우리나라 사람들은 좀 부담스러운지 에스프레소를 베이스로 한 커피인 아메리카노나 카푸치노, 카페라테를 즐겨 마신다. 필자도 경험삼아 에스프레소를 몇 번 시도해봤을 뿐 주로 아메리카노다.

그런데 흥미롭게도 쿰머는 에스프레소를 다룬 6장에서 아메리카노 얘기는 꺼내지도 않는다. 에스프레소와 카푸치노, 카페라테만 언급한다. 생각해보면 이탈리아 커피인 에스프레소에 뜨거운 물을 타 희석한 걸 왜 스페인어인 아메리카노라고 부르는지 이상하긴 하다. 알아보니 1970년대 라틴 아메리카에서 스페인어를 쓰는 사람들이 에스프레소에 뜨거운 물을 탄 커피를 Caffè Americano카페 아메리카노 라고 부르기 시작했다고 한다.

미국 영화나 드라마에서 보면 미국 사람들은 가정이나 사무실에 커피메이커를 두고 커피를 내려 마시는 것 같은데 이런 드립커피의 맛은 아메리카노와 꽤 다르다. 브랜드카페에서는 대개 '오늘의 커피'로 불린다. 요즘 필자가 빠져있는 핸드드립커피는 커피메이커 대신 사람이 내리는 것이다. 드립커피의 노하우 역시 방대한 세계라서 똑같은 원두를 갖고도 누가 내렸는가에 따라 풍미에 큰 차이를 보인다고 한다.

깔때기 모양의 필터 위에 분쇄한 원두를 넣고 주둥이가 얇은 주전자로 뜨거운 물을 살살 부어내리는 핸드드립 방식은 커피향이 풍부하면서도 맛이 깔끔하다. 다만 이런 맛은 단점일 수도 있는데, 종이 필터에 기름 성분이 걸러진 결과이기 때문이다. 즉 나에게는 깔끔한 맛이 누군가에게는 빈약한 맛으로 느껴진다는 말이다.

스타벅스의 하워드 슐츠 회장은 수년 전 한 인터뷰에서 가장 좋아하는 커피가 뭐냐는 기자의 질문에 뜻밖에도 '프렌치프레스French press'로 우려내는 커피라고 답했다. 스타벅스 매장에서는 팔지 않는(대신 기구는 판다) 방식인 프렌치프레스는 차를 우려내는 것과 같은 원리다. 원두를 갈아서 넣고 뜨거운 물을 부은 뒤 저어주고 5분쯤 둔 뒤 아래 필터가 달린 플런저로 눌러 가루가 걸러진 커피를 얻는다.

프렌치프레스커피는 드립커피가 따라올 수 없는 풍부한 바디감이 있어 좋다고 하는 사람이 있는 반면 커피에 가루가 남아있어(종이필터에 비해 성기므로) 거슬린다는 사람도 있다. 쿰머도 책에서 "필터 드립 애호가와 우려내는 방식 애호가 사이는 종종 말이 통하지 않는다"고 쓰고 있다. 필자도 몇 번 마셔봤는데, '커피를 만드는 최고의 방법'이라는 슐츠 회장의 말 때문인지 맛과 향이 꽤 풍부한 것 같기도 하다.

최근 커피마니아들 사이에서 인기가 있는 더치커피는 차가운 물로 오랜 시간 천천히 커피를 추출하는 방법이다. 더치커피 기구를 보면 화학실험실의 액체크로마토그래피 장치가 연상된다. 찬 물이 한 방울씩 분쇄한 원두가 가득 들어있는 유리통 안으로 떨어지면 물이 포화되면서 아래로 한 방울씩 떨어져 커피액이 얻어진다. 한번 추출에 보통 12시간 정도 걸린다고 한다.

스타벅스 하워드 슐츠 회장이 한 인터뷰에서 '커피를 만드는 최고의 방법'이라고 말해 화제가 된 프렌치프레스. (제공 위키피디아)

더치커피는 부드러우면서도 깊은 맛이 나는데 향은 좀 부족하다는 생각이 든다. 향기 성분은 대부분 소수성(물을 싫어하는 성질)이기 때문에 찬 물로는 원두의 향기 성분을 온전히 끌어오는데 한계가 있을 것이기 때문이다. 물론 오랜 시간 동안 추출하므로 수용성 성분은 더 많이 빠져나올 것이다. 아무튼 이런 효과들이 합쳐져

최근 커피마니아들 사이에서 인기를 얻고 있는 더치커피를 막 추출하기 시작한 장면. 찬 물이 한 방울씩 분쇄한 원두가 가득 들어 있는 유리통 안으로 떨어지면 커피성분이 녹아들어간 물이 포화되면서 아래로 한 방울씩 떨어진다. (제공 강석기)

드립커피나 에스프레소와는 전혀 다른 풍미의 커피가 얻어진다.

더치커피의 또 다른 중요한 특징은 카페인 함량이 낮다는 것. 역시 차가운 물에는 카페인이 잘 안 녹기 때문이다. 문헌을 보면 카페인의 용해도는 상온(25도)에서 물 100밀리리터에 2.17그램인 반면, 80도에서는 18그램이고 100도에는 67그램이나 된다. 참고로 드립커피가 카페인 함량이 가장 높다.

'죽는 것을 잊은 섬' 주민들이 마시는 커피는?

우리나라는 오랫동안 인스턴트커피가 주류여서였는지 커피가 건강에 별로 좋지 않다는 인식이 많았는데, 최근에는 하루 커피 두세 잔은 몸에도 좋다는 얘기가 많이 들린다. 커피와 건강에 관한 연구논문은 셀 수 없을 정도로 많은데, 긍정적인 내용도 많지만 모순적인 결과도 많다. 커피 원두는 식물의 씨앗으로 그 안에 수백 가지 분자들이 들어 있는데, 여기에는 카페인 뿐 아니라 항산화 효과를 내는 물질을 비롯해 다양한 유효성분이 들어

최근 그리스의 장수촌 주민들의 건강비결로 알려진 그리스식 커피. 이브릭이라고 부르는 용기에 원두분말과 설탕, 물을 넣고 끓이다 거품이 일면 잔에 따라 가루를 가라앉힌 뒤 마신다. (제공위키피디아)

있다. 만일 커피가 수천 년 전부터 동아시아에서 알려졌다면 분명히 한약재로 쓰였을 것이다.

학술지 〈혈관의학〉 2013년 4월호에는 유럽의 장수촌인 그리스 이카리아섬Ikaria 주민들의 무병장수의 비결 가운데 하나가 커피를 마시는 것이라는 연구결과가 실렸다. '죽는 것을 잊은 섬'이라고 불리는 이카리아섬의 주민들은 90세 이상 장수하는 비율이 유럽 평균의 10배에 이른다. 이카리아섬 주민들은 장수와 더불어 특히 심혈관계 질환이 다른 유럽인에 비해 적은 것으로도 유명하다.

연구자들은 66~91세인 이카리아섬 주민 142명을 대상으로 혈관의 안쪽 세포인 내피의 상태를 알 수 있는 지표인 '혈류매개 혈관확장반응'을 측정했다. 지혈대로 피의 흐름을 막았다가 풀었을 때 혈관내막의 이완성을 보는 방법으로, 반응값이 클수록 혈관 건강이 좋다는 뜻이다. 측정결과 커피를 많이 마시는 사람일수록 반응값도 크게 나왔는데, 흥미로운 사실은 이런 효과가 그리스식 커피를 마신 사람들에게만 나타났다는 것. 참여자 가운데 87%가 그리스식 커피를 마신다고 한다.

그리스식 커피Greek coffee는 원두를 곱게 갈아 이브릭ibrik이라는 용기에 넣고 물을 붓고 저으면서 끓이다가 거품이 일어날 때 잔에 따라 가루를 가라앉힌 뒤 마시는 방식이다. 그리스식 커피는 맛과 향이 상당히 강하다고 한다. 여담이지만 쿰머는 책에서 이 커피의 이름을 부를 때 조심하라며, 터키에서는 터키식 커피Turkish coffee라고 해야 한다고 조언한다. 지중해 동부

여러 나라에서 전통적으로 즐겨 마시는 타입이라는 말이다.

그리스식 커피가 이처럼 혈관 건강에 좋은 건 원두의 유용한 성분이 다른 방식으로 만든 커피보다 훨씬 많이 들어있기 때문이다. 즉 그리스식 커피에는 항염증, 항산화 효과를 갖는 성분인 카페스톨과 카월이 각각 100밀리리터에 0.3~6.7밀리그램, 0.1~7.1밀리그램 농도로 들어있는데 반해 드립커피에는 각각 0~0.1밀리그램만 들어있다고. 이 분자들은 덩치가 좀 크기 때문에 곱게 간 원두 가루를 뜨거운 물속에서 휘저어야 어느 정도 녹아나오는 것으로 보인다. 그리스식 커피를 파는 카페가 어디 있다면 찾아가서 한 번 맛보고 싶다.

참고문헌

Corby Kummer, *The Joy of Coffee* (Houghton Mifflin, 1995)

Siasos, G. et al. *Vascular Medicine* **18**, 55-62 (2013)

화이트 푸드를 아시나요?

식재료의 풍부한 색이 식탁에서 미적 즐거움을 줄 수는 있지만,
그 자체가 건강식품임을 나타내는 건 아니다.
예를 들어 건강 유지에 필수성분인 비타민 대다수는 색이 없다.
컬러 푸드에 비타민이 들어있을 수는 있지만,
색 자체가 그 존재를 보증하는 건 아니다.

- 스티븐 바네스

진짜 같은 가짜를 보면 속았다는 느낌에 기분이 별로 안 좋지만, 가짜 같은 진짜를 봐도 이상하기는 마찬가지다. 요즘 들어 가끔 먹는 파프리카가 그런 예인데 노랑, 주황, 빨강, 초록 이렇게 색이 뚜렷이 구분되는 열매를 보면 색감은 물론 질감까지 정말 플라스틱으로 만든 것 같다.

최근 컬러 푸드를 대표하며 인기가 높은 파프리카. 색깔별로 효능이 다르다고 알려져 있지만 다소 과장일 수도 있다. (제공 위키피디아)

보수적인 필자의 집 식탁에까지 파프리카가 오르는 건 요즘 파프리카 같은 컬러 푸드가 몸에 좋다는 이야기가 워낙 많이 들리기 때문이다. 파프리카는 색깔별로 효과가 다르다는데, 노랑색은 피부미용에 좋고 주황색은 노화억제 기능이 있고 빨간색은 항암효과가 탁월하고 초록색은 비만에

비타민C의 분자구조(왼쪽). 자외선을 흡수하고 가시광선 영역의 빛을 흡수하지 않기 때문에 무색이다. 반면 노란색 파프리카의 색을 부여하는 루테인 분자(위)는 파란빛을 흡수하므로 그 보색인 노란색을 띤다. 탄소 원자들 사이에 단일결합과 이중결합이 교차해 반복되면 흡수하는 빛의 파장이 길어진다. 분자의 색은 본질적으로 구조의 문제이지 영양의 문제가 아니라는 말이다. (제공 위키피디아)

효과가 있다는 식이다.

이미 수년 전부터 컬러 푸드 바람이 불었기 때문에 사실 지금은 컬러 푸드가 몸에 좋다는 게 상식이 됐다. 그래서인지 10년 전에는 이름도 들어보지 못한 블루베리나 크랜베리 같은 열매로 만든 주스도 맛볼 수 있다. 심지어 껍질에 색소가 너무 많아 검게 보이는 검은콩 같은 블랙 푸드도 인기다. 필자처럼 머리가 반백이 된 사람은 지금부터라도 블랙 푸드를 열심히 먹으면 다시 검은 머리가 난다는 얘기도 있다.[4]

채소나 과일, 씨앗의 색을 부여하는 식물성 색소는 크게 세 가지로 나눌 수 있다. 하나는 카로티노이드로 분자에 따라 노란색(루테인)에서 주황색(베타카로틴), 빨간색(리코펜)을 띤다. 노랑, 주황, 빨강 파프리카는 각각 위의 색소분자가 주성분이다. 다음은 안토시아닌으로 분자구조와 수소이온농도pH에 따라 빨강에서 자주색, 남색에 이른다. 검은콩의 짙은 남색도 안토시아닌 때문이다. 끝으로 녹색을 띠는 클로로필엽록소이 있다. 컬러 푸드에서 색의 효과를 말할 때는 카로티노이드와 안토시아닌의 항산화 작용을 강조한다.

---

4 물론 식물의 검은(짙은 남색) 색소는 동물의 검은(짙은 갈색) 색소인 멜라닌과는 전혀 다른 종류이므로 근거가 없는 말이다.

논문에서 화이트 푸드의 대명사로 집중 소개된 감자. 다양한 영양분이 풍부하게 들어있으면서도 가격이 저렴한 식품이다. (제공 강석기)

비타민C는 노란색?

　미국영양학회에서 발행하는 학술지 〈영양 진보Advances in Nutrition〉 2013년 5월호에 부록으로 84쪽에 걸쳐 논문 10편이 실렸다. 부록의 제목은 '백색 채소: 잊고 있던 영양원'. 여기서 백색 채소white vegetables, 즉 화이트 푸드는 감자, 콜리플라워꽃양배추, 순무, 양파, 옥수수 같은 색이 옅은 채소다. 화이트 푸드 역시 즐겨 먹는 식품이지만 컬러 푸드만큼 귀한 대접을 받고 있지는 않다. 심지어 감자 같은 경우는 성인병의 주요 원인으로 지목받기도 한다.

　미국영양학회가 학술지에 상당한 분량을 할애해 이런 기획을 하게 된 건 컬러 푸드에 대한 편애가 지나쳐 사람들이 식품의 영양을 오판하게 하는 지경에 이르렀다고 판단했기 때문이다. 즉 식품에 들어있는 영양분 대다수는 색이 없는데 컬러 푸드가 강조되면서 '색이 선명해야 영양분이 풍부하다'고 믿게 만들었다는 것. 사실 우리나라를 봐도 대중뿐 아니라 언론인, 심지어 의사들까지 컬러 푸드가 몸에 좋다는 걸 상식으로 받아들이고 있는 것 같다.

　논문 10편 가운데 첫 번째는 개괄논문이고 나머지 9편이 각론이다. 필자는 첫 논문과 두 번째 논문을 읽어봤는데 둘 다 꽤 재미있다. 이야기 전개상 미국 앨라배마대 약학·독성학과 스티븐 바네스 교수와 동료들이 쓴 두 번째 논문을 먼저 소개하는 게 좋겠다. '영양의 관점에서 우리는 몸에 좋은 걸 '볼' 수 있나?'라는 논문 제목이 시사하듯이, 식품의 색깔은 영양분에 대한 믿을만한 정보가 못 된다는 얘기를 하고 있다. 즉 색이라는 건 본질적으로 어떤 분자가 가시광선 일부를 흡수하고 나머지 파장의 빛이 반사될 때 망막의 시신경이 지각한 정보일 뿐이기 때문이다.

실제로 많은 영양소들, 즉 비타민C를 비롯한 다양한 비타민과 칼륨, 칼슘 같은 미네랄, 식이섬유는 가시광선을 흡수하지 않기 때문에 자체에 색이 없다. 비타민C 분말이 노란 건 비타민C가 많이 들어있는 레몬이 노란색이라서 그걸 연상하라고 분말에 노란색 색소를 탔기 때문이지 비타민C 자체는 투명한(빛이 산란돼 희게 보이는) 가루다. 비타민C 분자는 자외선 영역인 파장 245~265nm(나노미터, 1nm는 10억분의 1m)의 빛을 흡수하므로, 이 영역을 보는 생물체가 있다면 비타민C의 존재여부가 색으로 뚜렷하게 나타날 것이다.

블루베리에 많이 들어있다는 안토시아닌은 더 넓게 보면 플라보노이드의 일종이다. 그런데 플라보노이드 대다수는 색이 없다. 그렇다고 색이 있는 플라보노이드인 안토시아닌은 건강에 좋고 색이 없는 플라보노이드는 있으나마나 한 거냐 하면 전혀 그렇지 않다. 색을 띠지 않는 플라보노이드 가운데 우리 몸에 좋다고 알려진 대표적인 분자가 콩에 많이 들어있는 이소플라보노이드다.

감자, 가격대비 효과 만점

이제 부록 논문 9편의 내용을 요약하고 있는 개괄논문으로 돌아와서 화이트 푸드에 대해 얘기해보자. 이 프로젝트에 참여한 과학자들이 화이트 푸드에 주목한 건 무엇보다도 가격 대비 효과가 좋은 식품이기 때문이다. 그 대표적인 예가 바로 감자다. 물론 감자 껍질은 흰색이 아니지만 얇은 껍질을 벗겨내면 하얀(옅은 베이지색) 속살이 드러난다.

감자는 탄수화물 덩어리로 밀보다도 몸에 안 좋다는 얘기도 있지만, 실은 다른 식품에서 얻기 쉽지 않은 여러 영양소가 꽤 들어있다. 특히 현대인들이 결핍되기 쉬운 식이섬유, 칼륨, 마그네슘이 풍부하다. 한 조사에 따르면 14~18세인 미국 청소년은 감자에서 전체 칼로리 섭취량의 11%를 충당하지만 식이섬유는 23%, 칼륨은 19~20%를 얻는다고 한다. 그런데 이들

영양소는 현대인들(한국인도 해당하는지는 잘 모르겠다)이 만성적으로 결핍돼 있다고. 즉 미국인 가운데 불과 2~3%만이 권고치의 칼륨을 섭취하고 있고 마그네슘도 60%는 섭취가 부족하다.

칼륨이 결핍되면 고혈압과 골밀도 감소로 이어진다. 몸속에서 300가지가 넘는 대사반응에 관여하는 마그네슘이 결핍되면 고혈압, 알츠하이머병, 심혈관계질환, 당뇨병 등 다양한 만성질환에 걸릴 가능성을 높인다고 알려져 있다. 그런데 이런 영양소가 풍부한 감자가 몸에 해롭다고 알려지자 오히려 섭취량이 줄어들면서 영양불균형이 심화되고 있다고. 물론 프렌치프라이처럼 기름과 소금이 잔뜩 들어간 형태로 감자를 섭취하면 득보다 실이 클 수 있는 것도 사실이다.

미국 미네소타대 식품과학·영양학과 조앤 슬라빈 교수는 "화이트 채소 섭취를 줄이려는 잘못된 노력이 안 그래도 우리 식단에서 부족한 식이섬유와 저항성 녹말, 영양분의 섭취를 더 떨어뜨리게 될 것"이라고 걱정했다. 참고로 저항성 녹말resistant starch이란 식이섬유가 포함된 녹말로, 소장에서는 소화되지 않고 대장에서 장내미생물의 먹이가 돼 건강에 도움을 준다고 알려져 있다. 감자와 옥수수, 콩에 저항성 녹말이 많이 들어있다.

현재 미국인들의 과일과 채소 하루 섭취량은 각각 평균 0.2리터와 0.3리터로 권고치인 0.5리터와 0.6리터의 절반에도 채 못 미치는 수준이다. 그런데 영양당국의 가이드라인을 보면 "하루에 녹색 채소 한 번, 주황색 채소 한 번을 먹어라"는 식으로 범위를 컬러 푸드로 제한해 표현하고 있다. 믿을 만한 기준이 아닌 색깔에 매몰돼 상대적으로 가격이 저렴하면서도 영양분이 풍부한 화이트 푸드에 대한 차별을 더 이상 계속해서는 안 된다는 이들 과학자들의 주장에 고개를 끄덕이게 된다. 문득 팍팍한 찐 감자가 먹고 싶다.

참고문헌

Weaver, C. & Marr, E. T. *Advances in Nutrition* **4**, 318S-326S (2013)
Barnes, S. et al. *Advances in Nutrition* **4**, 327S-334S (2013)

아침 거르는 습관이 비만 부른다

"학교 다녀오겠습니다."

"얘, 아침 먹고 가야지?"

"시간 없어요. 입맛도 없고요."

"그러게 좀 일찍 일어나라니까."

"…"

중고등학생이 있는 여느 집에서나 아침에 볼 수 있는 광경이다. 처음엔 밥도 안 먹고 등교하는 아이가 안타깝다가도 반복되면 결국 그런가보다 하게 되기 마련이다. 그 결과 우리나라 중고생 4명 가운데 한 명이 아예 아침을 먹지 않는다고 한다. 이런 생활습관은 대학교, 직장으로 이어져 직장인 10명 가운데 4명이 아침을 거른다고 한다.

아침을 건너뛰는 사람들의 비율이 점차 늘어나는 건 우리나라만의 현상은 아닌 듯하다. 이웃나라 일본 역시 아침을 거르는 직장인이 30%가 넘는다고 하는데 이는 10년 전보다 10%가까이 늘어난 수치라고 한다. 인터넷에 스마트폰에 사람들이 신경 쓸 일이 점점 더 많아지면서 이제 밥 먹을 시간도 줄여야 하는 걸까.

사실 아침 먹을 시간이 없을 정도로 바쁜 건 늦게 자고 늦게 일어나는 생활패턴 때문이다. 나는 올빼미족이라 어쩔 수 없다고 아무리 강변해도 등교나 출근 시간 같은 사회 시스템은 종달새족에 맞춰 있으므로 '불이익'을 감수해야 한다. 물론 시간이 있는데도 아침을 거르는 사람들도 있는데, 대부분 다이어트 때문이다. 한 끼라도 줄이면 몸매 관리에 도움이 되지 않겠는가.

그런데 최근 수년 사이 과학자들은 이런 상식적인 생각대로 우리 몸이 따라주지 않는다는 사실을 발견했다. 즉 똑같은 칼로리라도 하루 어느 시점에 먹느냐에 따라 체중에 미치는 영향이 다르다는 연구결과가 잇달아 나오고 있기 때문이다. 최근의 한 연구 결과는 그런 경향을 극적으로 보여주고 있다.

배는 덜 고픈데 다이어트 효과는 커

이스라엘 텔아비브대 연구진들은 과체중 또는 비만인 여성 93명을 대상으로 12주짜리 다이어트 프로그램을 운영하면서 흥미로운 실험을 한 결과를 학술지 〈Obesity비만〉 2013년 12월호에 발표했다. 연구자들은 하루에 섭취하는 칼로리를 성인 여성 기준인 2000칼로리의 70% 수준인 1400칼로리로 제한하면서 참가자를 두 그룹으로 나눠 아침, 점심, 저녁 칼로리를 다르게 한 뒤 그 효과를 봤다. 즉 BF(breakfast)그룹인 46명은 아침을 700칼로리로 든든

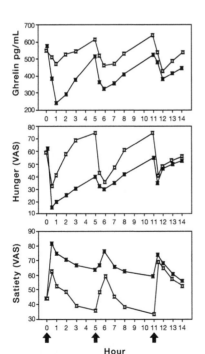

섭취 칼로리를 70% 수준으로 제한하는 다이어트를 하더라도 아침은 든든하게 먹어야 효과도 크고 덜 힘들다는 연구결과가 나왔다. 아침을 든든하게 먹으면(검은 동그라미) 저녁을 잘 먹은 경우(흰 동그라미)에 비해 식욕촉진호르몬인 그렐린수치가 낮다(위 그래프). 따라서 허기는 덜 느끼고(가운데 그래프) 포만감은 더 높다(아래 그래프). 가로축 숫자는 아침식사 시간을 0으로 한 시간이다. 화살표는 아침, 점심, 저녁식사 시간이다. (제공 〈Obesity〉)

하게 먹고, 점심에는 500칼로리, 저녁에는 겨우 200칼로리를 섭취하게 했다. 반면 D(dinner)그룹인 47명은 아침에 200칼로리로 가볍게 시작해서, 점심에 500칼로리, 저녁은 700칼로리로 든든하게 먹었다.

고사성어 '조삼모사朝三暮四'가 떠오르는, 장난처럼 보이는 실험이지만 결과는 충격적이었다. 즉 아침을 든든하게 먹은 그룹은 12주 뒤 몸무게가 평균 8.7킬로그램이나 준 반면, 저녁을 잘 먹은 그룹은 평균 3.6킬로그램이 빠지는데 그쳤다. 칼로리를 섭취하는 시간대를 달리했을 뿐인데 체중감소 정도가 2.5배나 차이가 난 것이다. 아무리 실험이라지만 D그룹으로 참여한 여성들은 무척 속이 상했을 것이다.

최근 비만 연구는 단순히 체중보다는 복부비만 정도를 알려주는 허리둘레가 오히려 건강상태와 더 밀접한 관계가 있다는 사실을 보여주고 있다. 따라서 연구자들은 참가자들의 허리둘레 변화도 측정했는데, BF그룹은 평균 8.5센티미터 준 반면 D그룹은 평균 3.9센티미터 주는 데 그쳐 체중변화와 비슷한 패턴을 보였다. 두 그룹은 몸의 건강 상태를 알려주는 지표에서도 차이를 보였다. BF그룹은 지나치면 몸에 해로운 중성지방의 혈중 농도가 33.6%나 줄어든 반면, D그룹은 오히려 14.6% 늘어났다. 그렇다면 도대체 왜 똑같이 1400칼로리를 섭취했는데 다이어트 효과는 이렇게 차이가 날까.

음식섭취와 대사, 일주리듬

연구자들은 이런 차이가 우리 몸의 생리적 활성이 24시간 주기성을 보이기 때문이라고 설명했다. 즉 지구에 살고 있는 생명체는 해가 뜨고 지는 하루의 변화를 따르는 '일주리듬circadian rhythm'을 보인다. 예를 들어 사람은 정온동물이지만 체온이 늘 일정한 건 아니어서 새벽에 가장 낮고 저녁에 가장 높다(물론 편차는 1도 이내). 혈압의 경우 아침에 급상승한다. 노인들이 겨울 아침 외출하다 쓰러지는 일이 일어나는 이유다.

그렐린ghrelin 같은 칼로리 대사 관련 호르몬도 일주리듬의 영향을 받는다는 사실이 밝혀졌다. 즉 식욕촉진호르몬인 그렐린 수치는 아침식사에 더 민감하게 반응한다. 위의 실험의 경우도 아침을 충분히 먹은 BF그룹은 저녁을 잘 먹은 D그룹에 비해 하루 종일 그렐린의 수치가 더 낮은 것으로 나타났다. 그 결과 공복감은 D그룹이 더 높았다. 결국 D그룹은 임상기간 내내 배고픔은 더 느끼는 고통스런 다이어트를 했으면서도 효과는 제대로 못 본 셈이다.

그러나 그렐린으로는 두 그룹의 체중감소의 차이를 설명하지 못한다. 위의 결과는 아침을 거르는 사람들이 점심이나 저녁 때 과식할 가능성이 큼을 보여주지만, 이번 실험은 어쨌든 전체 섭취 칼로리를 같은 수준으로 통제했기 때문이다. 연구자들은 체중감소 차이의 주요 원인으로 '식사가 유발하는 열생성'을 꼽았다. 즉 우리 몸은 체온을 유지하기 위해 체지방을 태워 열을 내는데(이를 열생성thermogenesis이라고 부른다[5]), 아침을 먹은 직후 열생성이 점심이나 저녁을 먹은 직후보다 더 왕성하게 일어난다는 사실이 알려져 있다. 즉 열생성 정도도 일주리듬을 따른다는 말이다. 또 지방세포가 혈중포도당을 흡수해 지방으로 만든 뒤 저장하는 작업을 저녁에 더 왕성하게 한다는 연구결과도 있다. 저녁식사나 야식은 지방으로 몸에 쌓일 가능성이 크다는 말이다.

아침 먹기 운동 펼칠 때

결국 체중 변화는 단순히 섭취한 칼로리만 관여하는 게 아니라 우리 몸의 일주리듬, 즉 생활패턴과도 맞물려 있다. 우리나라 사람들 다수는 잠이 부족한 편인데, 특히 최근 수 년 사이 스마트폰의 보급과 SNS의 범람으로 취침 시간이 점점 더 늦어지고 있는 것 같다. 이러다보니 생체리듬이 교란

---

5   열생성에 관한 자세한 내용은 『사이언스 소믈리에』 150쪽 '똑같이 먹었는데도 살 안 찌는 비결은 뭘까?' 참조.

돼 수면을 유도하는 호르몬인 멜라토닌 분비 시간대가 늦어지고(따라서 모처럼 마음먹고 일찌감치 잠자리에 누워도 막상 잠이 오지 않는다), 아침에 자명종 소리에 억지로 깬 뒤에도 수 시간 동안 멜라토닌의 수치가 안 떨어져 멍한 상태가 된다. 따라서 아침엔 입맛도 없다.

'야식 먹는 대신 아침을 안 먹으면 마찬가지 아닌가.' 여전히 영양학의 주류라고 할 수 있는 이런 열역학적 패러다임, 즉 전체 섭취 칼로리만 생각하는 사고방식으로는 오늘날 비만이 만연한 현상을 제대로 이해할 수 없다는 게 최근 연구의 결론이다. 흔히 우리 몸을 엔진에, 섭취하는 음식을 연료에 비유하지만, 우리 몸은 그렇게 단순하지 않다는 말이다.

결국 우리가 오랜 세월 진화를 거쳐 자연의 운행에 맞춰 온 일주리듬에 따르도록 전반적인 생활패턴을 변화시키는 게, 21세기 인류가 직면한 양대 질환 가운데 하나인 비만(나머지 하나는 우울증이라고 한다)을 막는 올바른 길로 보인다. 그리고 이런 노력은 청소년 시절부터 시작해야 한다. 물론 생활습관을 바꾸는 게 쉬운 일은 아닐 것이다.

'아침에 억지로 일어나기→아침 거르기→점심, 저녁 과식, 여기에 야식까지→자정 한참 넘겨 자기→아침에 억지로 일어나기→…' 이런 악순환의 고리를 어디에선가부터 끊어야 한다. 최근 연구결과도 있고 하니 아침을 챙겨 먹는 것부터 시작해보는 건 어떨까. 아침을 거르지 않으면 엄마의 마음도 한결 가뿐하게 해드리는 효도도 하는 셈이니 말이다.

참고문헌

Jakubowicz, D. et al. *Obesity* **21**, 2504-2512 (2013)
Fory, O. *Endocrine Reviews* **31**, 1-24 (2010)

Cheer's Science

Science Cafe 3
★

PART 04

★
Cheer's Science

생명과학

'정크 DNA'는 정말 쓰레기통에 버려야 할 개념인가?

2012년 9월 6일자 <네이처>가 엔코드 프로젝트의 연구결과를 소개하면서 정크 DNA가 폐기해야 할 용어라는 기사가 다음날 <사이언스>에 실렸다. 그러나 2013년 4월 2일 <미국립과학원회보>에는 엔코드 결과를 비판하는 글이 실려 정크 DNA를 둘러싼 논쟁이 계속되고 있다. (제공 강석기)

> 지금까지 정크(junk)라는 말은 개체의 수준에서 자연선택으로 그 존재 이유를
> 합리적으로 설명할 수 없는 DNA를 나타내기 위해 사용해왔다.
>
> - W. 포드 두리틀

중고교 시절 물리학 시간에 전류의 방향이 전자가 실제로 움직이는 방향과 반대라는 얘기를 듣고 의아해했던 기억이 난다. 그냥 전자가 흐르는

방향을 전류의 방향으로 정하면 될 텐데 굳이 반대방향으로 해서 헷갈리게 할 필요가 있었을까.

물론 나중에야 그 이유를 알게 됐다. 프랑스의 과학자 앙페르가 전류를 양전하의 흐름으로 정의하고 나서 거의 한 세기가 지나서야 전자가 발견됐기 때문이다. 그런데 하필 전자는 음전하였던 것. 50%의 확률에서 잘 못 찍은 셈이다. 물론 양전하가 시계방향으로 흐르는 걸로 보나 음전하가 시계반대방향으로 흐르는 걸로 보나 관계식에는 영향을 주지 않는다.

이처럼 어떤 현상에 대한 깊은 지식이 없는 상태에서 이름을 붙이다보면 나중에 좀 아쉽거나 곤란한 일이 생기기 마련이다. 최근 생명과학에도 비슷한 일이 있었는데 바로 정크junk DNA, 즉 쓰레기 DNA라는 용어의 운명이다.

1972년 논문에서 처음 등장

20세기 후반 게놈 분석 기술이 확립되면서 과학자들은 많은 진핵생물의 게놈에서 실제 유전자가 차지하는 부분은 얼마 되지 않는다는 사실을 발견했다. 예를 들어 사람의 게놈은 박테리아 게놈보다 대략 1000배나 더 크지만 그렇다고 유전자도 1000배가 되는 건 아니라는 말이다. 훗날 10배 정도라는 것이 밝혀졌다.

정크 DNA라는 용어는 1928년 한국에서 태어난 일본인으로 훗날 미국 시민이 된 분자진화학 분야의 거장 스스무 오노가 1972년 발표한 한 논문에서 처음 사용했다. 당시 오노는 포유류의 게놈에서 특별한 기능이 없는 부분을 표현하기 위해 이 용어를 만들었다. 그리고 1980년 과학계의 유명 인사인 레슬리 오르겔과 프랜시스 크릭이 〈네이처〉에 기고한 리뷰 논문에서 정크 DNA를 두고 "게놈 안에서 이기적인 DNA 서열이 존재하는 건 숙주의 몸속에 아주 해롭지는 않은 기생충이 들어 있는 것과 비교될 만하다"고 언급하면서 유명해졌다. 즉 우리 게놈에는 쓸데없는 기생충 같은 정크

DNA가 넘쳐난다는 말이다.

정크 DNA의 원천은 다양한데 가장 큰 부분을 차지하는 건 전이인자transposable element로 식물유전학자 바바라 매클린톡이 1940년대 처음 발견했다. 사람 게놈의 40% 이상이 전이인자로 알려져 있다. 그리고 게놈에 박혀 있는 바이러스 서열인 내인성 레트로바이러스endogenous retrovirus도 8%가 넘는다. 이런 서열들은 대부분 쓸데없는 짓을 하지 못하게 발현이 억제돼 있다.

이런 사실은 2000년 인간게놈프로젝트에서 게놈 초안이 발표되면서 확증된 내용이다. 게놈에서 유전자는 바다 위에 떠 있는 섬 또는 사막의 오아시스처럼 끊임없이 반복되는 무의미한 염기서열 가운데서 불쑥 나타나는(그것도 대부분 인트론intron이라는 무의미한 서열이 끼어들어가 조각난 상태로) 그런 반가운 존재였다. 당시 언론은 게놈에서 1.5%를 차지하는 유전자(유전정보를 담고 있는 엑손exon만 계산)를 뺀 나머지 98.5%를 정크 DNA라고 불렀고, 이 자극적인 말은 대중의 귀에도 쏙 들어와 이제는 익숙한 용어가 됐다.

유전자 발현에 광범위하게 관여

그런데 2012년 가을, 정크 DNA의 대반란이 일어났다. 과학저널 〈네이처〉 9월 6일자에 엔코드ENCODE 프로젝트의 연구결과가 무더기로 실렸는데, 이때 가장 부각시킨 점이 바로 정크 DNA의 재발견이었기 때문이다. 엔코드는 'DNA인자백과사전ENCyclopedia Of Dna Elements'의 줄임말로 유전자뿐 아니라 게놈을 이루는 전체 DNA를 분석하는 방대한 작업이다.

연구에 따르면 그동안 무의미하다고 생각했던 염기서열의 상당부분이 유전자의 발현을 조절하는 역할을 하고 또 실제 전사가 일어나 RNA가닥을 만든다는 사실이 밝혀졌다. 여러 조직에서 얻은 140여 가지 유형의 세포를 분석한 결과 유전자가 아닌 영역의 활동이 세포에 따라 달랐고 이는 곧 이들 영역의 활동유무가 각 세포의 특성에 영향을 미침을 시사했다.

연구자들은 이 결과가 시작에 불과하며 앞으로 데이터가 더 나오면 게놈에서 쓰레기라고 치부됐던, 유전자가 아닌 부분의 존재이유가 더 분명히 드러날 것으로 내다봤다. 이 결과에 대한 학계의 반응도 폭발적이어서 미국 하워드휴즈의학연구소의 조셉 엑커 박사는 당시 〈네이처〉에 기고한 글에서 "게놈의 80%가 생화학적 기능과 연관된 인자elements를 갖고 있다는 이번 연구결과는 사람 게놈이 대부분 '정크 DNA'라는, 기존에 널리 받아들여지는 관점을 전복시켰다"라고 쓰고 있다. 〈사이언스〉 9월 7일자에 엘리자베스 페니시 기자가 이 연구결과를 소개한 기사의 제목도 인상적이다. '엔코드 프로젝트, 정크 DNA에 대해 조사弔詞를 쓰다ENCOCE Project Writes Eulogy For Junk DNA.' 급기야 〈사이언스〉는 2012년 과학 10대 뉴스 가운데 하나로 엔코드 프로젝트의 연구성과를 뽑기도 했다.

수년 동안 '비유전자non-coding DNA'의 예상치 못한 기능을 밝힌 논문들을 보면서 게놈이 상상 이상으로 복잡한 대상임을 절감하고 있던 필자였지만 엔코드 연구결과에 대한 반응을 보면서는 좀 지나친 게 아닌가 하는 생각이 들었다. 물론 과거 쓰레기라고 여겼던 영역에서 기능을 갖는, 즉 세포 더 나아가 개체인 사람의 생존에 도움이 되는 역할을 하는 부분이 있다는 건 혁신적인 발견이지만 그렇다고 '게놈에서 버릴 게 없다'는 식의 해석은 수긍하기가 어려웠다. 물론 어마어마한 데이터를 바탕으로 한 논문들을 제대로 이해하지 못해서였겠지만.

필자가 생명과학의 혁명에 적극 동참하지 못하고 삐딱한 시선을 보내는 건 2000년대 중반 대학원 시절 경험 때문일 수도 있다. 차라리 아무 것도 모르면 변화를 그냥 받아들일 텐데 필자처럼 어설프게 좀 알면 그것도 지식이라고 이렇게 저항을 하게 되는 것인지도 모르겠다. 당시 필자는 애기장대라는 식물의 특정 유전자 기능을 규명하는 분자유전학 연구를 하고 있었다. 그런데 애기장대는 정말 모델식물로는 적당한 것이, 일생이 짧고(빛이나 온도 조건에 따라 한두 달에서 서너 달) 게놈 크기도 '불과' 1억2000만 염기

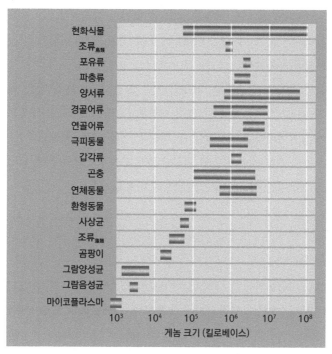

현화식물
조류鳥類
포유류
파충류
양서류
경골어류
연골어류
극피동물
갑각류
곤충
연체동물
환형동물
사상균
조류藻類
곰팡이
그람양성균
그람음성균
마이코플라스마

10^3 10^4 10^5 10^6 10^7 10^8

게놈 크기 (킬로베이스)

종에 따라 게놈 크기는 천차만별인데 정크 DNA의 양이 다르기 때문이다. 정크 DNA가 유전자 발현조절 기능을 한다고 존재 이유를 부여한다면 이런 현상을 설명하기가 어렵다. (제공 <사이언스>)

쌍으로 작기 때문이다(그래서 2000년 식물로는 처음 게놈이 해독됐다).

당시 필자는 애기장대 게놈DB를 종종 들여다봤는데 어느날 유전자를 검색하다가 문득 '사람 유전자를 연구했으면 화면이 많이 달랐겠다'는 생각을 했다. 즉 애기장대 게놈도 유전자가 띄엄띄엄 존재하지만 사람 게놈이었다면 그 빈도가 훨씬 희박했을 것이기 때문이다. 사람은 30억 염기쌍에 유전자가 2만 1000개가 채 안 돼 2만 7000여 개인 애기장대보다도 적다.

그런데 이런저런 논문들을 읽다보니 벼의 경우는 게놈크기가 4억 염기쌍이고 밀의 경우는 170억 염기쌍이라는 걸 알게 됐다. 반면 유전자 개수는 애기장대보다 약간 많은 수준이다. 즉 유전자가 아닌 DNA의 비율이 종에 따라 천차만별이라는 말이다. 그런데 이번 엔코드의 연구결과처럼 이들 DNA도 대부분 어떤 역할을 하는 것이라면, 쌍떡잎식물인 애기장대는 빼더라도 외떡잎식물에 같은 벼과科인 벼와 밀의 엄청난 게놈 크기 차이는 어떻게 설명해야 할까.

두 식물 사이에 그렇게 큰 차이가 있는 것 같지도 않는데 밀은 비유전자 DNA가 왜 그렇게나 많이 필요했던 것일까. 물론 이런 고민은 정크 DNA 가 쓰레기가 아니라고 전제했을 때 생긴다. 이에 대해 엔코드의 결과는 사람의 게놈에 대한 것이고 밀의 엄청난 정크 DNA는 진짜 쓰레기라고 생각할 수도 있겠지만 이건 맘에 안 드는 해석이다.

엔코드 프로젝트의 해석은 과장?

그런데 〈미국립과학회보PNAS〉 2013년 4월 2일자에 무척 흥미로운 글이 한 편 실렸다. 캐나다 댈하우지대 생화학·분자생물학과 포드 두리틀 교수가 기고한 비평으로 글 제목이 거의 기사 제목 수준이다(영어 말장난). '정크 DNA는 터무니없는 말인가? 엔코드 비판Is junk DNA bunk? A critique of EN-CODE'. 놀랍게도 지난 반년 동안 필자가 고민했던 바로 그 내용을 다루고 있었다. 그것도 필자의 입장에서!

읽어 보니 엔코드의 주장이 지나치다고 생각하는 생명과학자들이 꽤 되는 듯하다. 두리틀 교수는 동물의 예를 설명하면서 사람만이 정크 DNA 가 쓰레기가 아닌 예외적인 존재라는 건 '게놈 인간중심주의genomic anthropocentrism'이라고 꼬집었다. 즉 폐어의 경우 게놈 크기가 무려 1300억 염기쌍으로 사람의 40배에 이르는 반면 같은 어류인 복어는 4억 염기쌍도 되지 않는다. 즉 사람의 정크 DNA에 의미를 부여하려면 이들 생물체의 정크 DNA에도 의미를 부여해야 되는데 말이 안 된다는 것.

그는 엔코드의 발견이 놀랍다는 건 인정하면서도 그 해석은 게놈에 대한 여러 오해와 오개념에서 비롯됐다며 조목조목 반박하고 있다. 예를 들어 전이인자나 인트론 안에 유전자발현을 조절하는 부분이 들어 있다고 해서 전이인자나 인트론 전체가 기능을 갖는 건 아니라는 것. 또 정크 DNA 의 절반 이상이 RNA로 전사가 된다는 데이터 역시 그 전사체가 유전자 발현조절에 어떤 기능을 하는 걸 의미하지는 않는다고 말한다. 즉 잡음noise 일 가능성이 크다는 것. 결국 정크 DNA에서 일부분은 진핵생물 게놈의 진화에서 큰 역할을 했겠지만 그럼에도 (특히 게놈이 큰 종에서) 대부분은 그냥 그 자리에 있는, 즉 존재 이유를 설명할 수 없는 쓰레기라는 것이다.

불과 8200만 염기쌍인 통발 게놈

〈네이처〉 2013년 6월 6일자에는 식충식물인 통발의 게놈 해독에 관한 연구논문이 실렸다. 통발의 게놈은 애기장대보다도 작은데 유전자 개수는

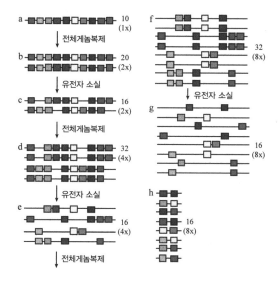

통발 게놈의 진화 과정을 도식적으로 나타낸 예. 2배체인 조상에서 유전자 10개가 있는 부분(a. 염색체는 쌍으로 있으므로 하나만 표시)에서 전체게놈복제whole-genome duplication(WGD)가 일어나 4배체가 됐고(b. 유전자 20개) 뒤이어 중복된 유전자 일부가 소실됐다(c). 두 번째 WGD가 일어나 8배체가 됐고(d. 유전자 32개) 뒤이어 중복된 유전자 일부가 소실됐다(e). 세 번째 WGD가 일어나 16배체가 됐고(f. 유전자 32개) 뒤이어 중복된 유전자 일부가 소실됐다(g). 정크 DNA가 제거되면서 게놈 크기가 작아졌다(h). (제공 <네이처>)

2만8500여 개로 오히려 약간 더 많다. 즉 통발의 게놈이 이렇게 작은 건 유전자가 적어서가 아니라 정크 DNA가 그만큼 적기 때문이라는 말이다.

연구자들은 게놈을 분석해 통발의 진화를 역추적했는데, 이에 따르면 통발은 세 차례에 걸쳐 전체 게놈의 복제가 일어났다고 한다. 즉 16배체라는 말이다. 그럼에도 게놈 크기가 커지지 않은 건 복제된 유전자 대다수가 사라졌고 이 과정에서 정크 DNA 부분도 없어지는 쪽으로 진화가 일어났기 때문이라고 한다.

연구자들은 논문 말미에서 "동물처럼 복잡한 개체에서 비유전자 DNA의 중요한 기능적 역할을 강조한 최근 논문들과는 대조적으로, 현화식물을 만드는데 필요한 게놈은 비유전자 '암흑물질dark matter'에 있는 숨은 조절인자를 많이 요구하는 것 같지 않다"고 결론짓고 있다. 이래저래 정크 DNA라는 개념을 쓰레기통에 버리기에는 아직 이르다는 생각이 든다.

참고문헌

Ecker, J. R. *Nature* **489**, 52–53 (2012)

Pennisi, E. *Science* **337**, 1159–1161 (2012)

Fedoroff, N. V. *Science* **338**, 758–767 (2012)

Doolittle, W. F. *PNAS* **110**, 5294–5300 (2013)

Ibarra-Laclette, E. et al. *Nature* **498**, 94–98 (2013)

새와 사람

2013년 출간된 책 『Birds and People』의 속표지. 매사냥꾼인 몽골 카자흐족 달 한 씨와 그의 파트너인 검독수리. 달 한 씨가 입고 있는 털옷은 검독수리가 사냥한 여우 14마리로 만든 것이라고 한다.

주간학술지 〈사이언스〉 2013년 마지막 호를 뒤적거리다 서평란에서 눈길을 끄는 책을 발견했다. 『Birds and People새와 사람』이라는 제목의 책으로 592쪽에 무게가 2.5킬로그램이나 된다고 소개돼 있고 멋진 새 사진이 400여장이나 있다고 한다. 저자 마크 코커는 조류학자이자 작가로 무려 17년 동안 81개 나라를 돌아다녔고, 사진작가 데이비드 티플링도 39개 나라에서 새들을 렌즈에 담았다고 한다.

아날로그 구세대에 속하는 필자는 소장가치가 있다고 판단하고 7만원이라는 적지 않은 가격임에도 책을 주문했다. 십여 일 뒤 집에 도착한 책을 펼치자 사길 잘 했다는 뿌듯함이 몰려왔다. 책은 203과에 1만500여 종인 조류 가운데 사람과 연관해 쓸 말이 별로 없는 59개 과를 뺀 144개 과의 새들을 과별로 소개하고 있다. 바로 필자가 원했던 구성이다.

게다가 책은 A4용지보다도 큰데 글씨가 깨알 같아(폰트크기가 6 내지 7 정도로 보인다) 한 페이지가 다 텍스트로 채워졌을 경우 보통 책 네 쪽 분량은 되는 것 같다. A5용지 정도 되는 크기에 보통 크기 폰트로 하면 책 한 권으로 만들 수 있는 분량을 작은 책에 커다란 글씨로 인쇄해 두 권으로 나누는 우리나라 출판 경향에 불만이 많은 필자로서는 감격할 따름이다.

매사냥, 새와 사람의 대등한 협력 관계

책의 표지 사진은 말에 올라탄 몽골 카자흐 유목민 네 사람이 한쪽 팔뚝에 검독수리를 앉히고 매사냥을 나가는 장면이다. 겉장을 넘기자 두 쪽에 걸쳐 있는 속표지 사진이 압권이다. 겉표지에 나온 네 명 가운데 한 사람인 달 한 씨가 양 날개를 활짝 편 자신의 파트너 검독수리를 흐뭇한 표정으로 지켜보고 있는 사진이다. 가로구도이기 때문에 이 사진을 표지에 쓰지 않았을 것이다.

검독수리는 초대형 맹금류로 날개를 활짝 폈을 경우 2미터가 넘는다. 달한 씨가 입고 있는 털옷은 매사냥으로 검독수리가 잡은 여우 14마리를 갖고 그의 아내가 만들어 준 것이라고 한다. 이 책이 매사냥을 전면에 내세운건 사진이 멋지기도 하지만 새와 사람이 맺을 수 있는 최고 수준의 관계가 바로 매사냥이기 때문이다.

목차를 훑어보니 맹금류birds of prey 장이 있다. 콘도르과, 매과, 수리과로 이뤄진 맹금류를 19쪽에 걸쳐 소개하고 있는데, 매사냥falconry을 별도의 절로 다루고 있다. 매나 독수리를 길들여 사냥 파트너로 삼는 매사냥은 삼사천 년 전 중동 또는 중앙아시아에서 시작된 것으로 추정하고 있는데, 저자는 둘을 주종관계로 볼 수도 있다고 쓰고 있다. 이 경우 사람이 시종이고 새가 주인이다. 사실 새가 딴 맘을 먹고 날아가 버리면 끝이므로 틀린 말은 아닌 것 같다. 즉 매사냥은 사람인 주인이 사로잡혀 길들여진 매(또는 독수리)를 부리는 과정이 아니라 똑같이 자유로운 사냥꾼 둘 사이의 협력작업이라는 것이다. 책에 인용된, 달 한 씨의 얘기를 들어보자.

> "어떤 녀석들은 정말 야성이 강해 훈련이 안 되기 때문에 그냥 풀어줍니다. 어떤 녀석들은 사람처럼 바보 같고 멍청하기 때문에 역시 놓아주죠. 매사냥을 하다 나이든 녀석들도 야생으로 돌려보내줍니다. 정말 좋은 독수리의 경우도 최대 열두 살, 아니면 열세 살, 열네 살이면 풀어줍니다. 독수리를 야생으로 돌려보낼 때는 높은 산꼭대기로 올라가 양을 잡고 곁에 독수리를 두고 내려옵니다. 그러면 다른 독수리들이 와 성찬을 즐기고 여기에 합류하는 것이죠."

사람 숫자보다도 많은 닭

책에서 가장 많은 페이지를 할애해서 다루는 조류는 꿩과Phasianidae로 39쪽이나 된다. 우리가 너무나 친숙한 닭이 속하는 과다. 최근 조류인플루엔자AI도 있고 해서 한 번 훑어봤는데, 적색야계red junglefowl라는 제목의 절에서 11쪽에 걸쳐 닭을 다루고 있다. 동남아 숲에 살고 있는 야생닭을 약 8000년 전 길들여 가금류로 만든 것으로 추정하기 때문이다.

이 책은 새 자체보다는 새와 사람의 관계에 초점을 맞추다 보니 이 절의 내용도 닭을 키우는 환경이나 투계 같은 문제를 부각시키고 있다. 저자에 따르면 닭은 북극권의 이누이트족을 제외한(물론 지금은 아니다) 모든 인류 집단이 키웠던 가금류로 제1의 단백질 공급원이다. 즉 닭고기는 인류가 섭취하는 육류의 절반을 차지하고 있고, 70억 사람 숫자보다도 많은 120억 마리가 현재 살고 있다고 한다. 미국에서만 매일 2400만 마리가 도살된다. 여기에 365를 곱하면 미국에서 매년 약 88억 마리가 소비되고 있다는 말이다.

AI가 유행할 때마다 나오는 얘기지만 책에서도 양계장의 비인도적인 생육조건이 소개돼 있다. 보통 육계의 경우 6주를 키워 몸무게가 2킬로그램 정도 될 때 내보내는데, 닭 한 마리가 책의 한 페이지보다도 좁은 면적에서 꼼짝하지도 못한 채 어두컴컴한 환경(공격성을 줄이기 위해)에서 시간을 보내다 죽으러 간다는 것. 알을 낳는 닭도 비슷한 운명으로 다만 명줄만 18개월 정도로 더 길 따름이다. 저자는 "알을 낳으려는 암탉을 다른 닭들과 가까이 두는 것은 닭의 기본적인 본능을 무시하는 처사로, 사람으로 치면 다른 사람이 보는 앞에서 대변을 보게 하는 것과 같다"는 독일 생물학자 콘라드 로렌츠의 말을 인용하며 오늘날 닭이 처한 처참한 현실을 이야기하고 있다. 물론 이런 비인도적인 시스템 때문에, 우리가 단돈 몇 천원이면 닭 한 마리를 살 수 있는 것 또한 엄연한 사실이다.

닭은 소규모 집단 이룰 때 가장 행복

필자는 24년째 미국의 유수한 과학월간지인 〈사이언티픽 아메리칸Scientific American〉을 구독하고 있는데, 2014년 2월호에 흥미로운 기사가 실렸다. 인지과학자인 캐럴린 스미스와 과학저술가인 사라 질린스키가 함께 쓴 글로 'Brainy Bird똑똑한 새'라는 제목이다. 그런데 이들이 말하는 똑똑한 새는 우리가 익히 알고 있는 까마귀나 앵무새가 아니라 바로 닭이다. 저자들에 따르면 사람들은 예전에 새가 멍청한 동물이라고 생각했지만 그 뒤 까마귀나 앵무새는 똑똑하다는 게 밝혀지면서 이런 선입견에서 어느 정도 벗어났다. 하지만 닭 같은 새는 여전히 멍청하다고, 즉 '새대가리'라는 말은 잘못된 표현이지만 '닭대가리'라는 표현은 여전히 유효하다고 믿고 있다는 것. 그런데 실제 닭의 행동을 면밀히 관찰한 결과 닭도 까마귀나 앵무새 못지않게 똑똑한 동물이라는 게 밝혀졌다.

예를 들어 닭의 울음소리는 24가지로 분류할 수 있는데, 이 가운데 상당수는 어떤 메시지를 담고 있다고 한다. 하늘에 맹금류가 떴을 경우 이를

FACTORY-FARMED CHICKENS, such as these hens on a farm in Fleurus, Belgium, often live in extremely crowded conditions.

과학잡지 <사이언티픽 아메리칸> 2014년 2월호에는 닭이 똑똑한 동물이라는 연구결과를 소개한 글이 실렸다. 위 사진은 벨기에 양계장의 모습으로 오늘날 전형적인 닭 사육 환경이다. (제공 강석기)

본 닭은 하이톤의 "에에에에"하는 소리를 낸다. 더 놀라운 사실은 이들이 주위 환경에 따라 반응을 달리한다는 것. 즉 맹금류를 발견한 수탉의 주변에 암탉이 있을 경우는 바로 이런 경고음을 내보내지만 다른 수탉만 있을 경우는 모른 체한다는 것. 맹금류가 수탉을 채어 가면 라이벌이 사라지는 셈이므로 암컷을 차지하는데 유리하기 때문이다. 한편 암탉도 기억력이 탁월해 어떤 수탉의 좋지 않은 면을 본 뒤에는 그 수탉이 접근할 때 피한다는 것.

저자들에 따르면 닭의 이런 능력은 야생의 생태를 고려할 때 당연한 결과라고 한다. 즉 적색야계는 우두머리 수탉과 우두머리 암탉이 이끄는, 여러 나이대의 4~13마리가 무리를 지어 생활하므로 이런 사회생활을 유지하기 위해서는 지능이 발달할 수밖에 없다는 것. 저자들 역시 글 말미에서 이런 똑똑한 동물을 비인도적인 '닭장'에서 키우는 현실에 대해서 개탄하고 있다.

"사람들 대다수가 자신이 먹는 식품이 어떻게 나오는 건지에 대해 무관심하고 닭이 얼마나 독특한 동물인가에 대해 모르는 한 이런 식의 영농은 계속될 것이다."

참고문헌

Mark Cocker, David Tipling. *Birds & People* (Jonathan Cape, 2013)
Smith, C. L. & Zielinski, S. L. *Scientific American* **310**, 46−51 (2014)

알고 싶어요, 월주리듬이
정말 있는지…

(제공 위키피디아)

인간은 시적詩的으로 지상에 거주한다.

- 횔덜린

  시야가 좁아서인지 필자는 천문학에 무관심한 편이지만 그래도 지구에서 별star로 보이지 않는 두 천체, 즉 해와 달(그래서 우리 조상들은 천체를 아울러 '해와 달과 별'이라고 불렀다)을 보면 참 신비롭다는 생각이 든다. 해의 지름은 139만 킬로미터로 달의 지름인 3476킬로미터보다 400배나 더 크지만, 지구에서의 거리는 해가 1억 4960만 킬로미터로 달의 38만 4400킬로미터보다 390배 더 멀기 때문에 결국 지구에서는 거의 같은 크기로 보인다. 우연이겠지만 참으로 미스터리한 일이다.

이렇다보니 인류는 시대와 지역을 막론하고 해와 달을 짝으로 봤는데(태양의 입장에서는 어처구니가 없겠지만), 해는 남성성과 양陽을, 달은 여성성과 음陰을 상징한다. 과학기술이 발달하면서 사람들의 힘(능력)이 많이 커졌지만 그럼에도 해의 영향력은 여전히 막강하다.

그러나 달은 이제 추석과 정월 대보름 때나 사람들의 입에 오르내리는 신세가 됐다. 타인에게 미치는 자신의 영향력을 빼앗은 대상을 미워하기 마련이므로, 달이 사람이라면 아마도 전구를 발명한 토머스 에디슨을 원망할 것이다. 인공조명의 등장으로 이제 사람들은 보름달이 떴는지 삭朔이라 밤하늘에서 모습을 볼 수 없는지도 알지 못한 채 살아가고 있다.

보름달 뜨면 수면시간 20분 짧아져

"달 밝은 밤에 그대는 누구를 생각하세요
잠이 들면 그대는 무슨 꿈 꾸시나요"

1986년 발표된 양인자 작사, 김희갑 작곡, 이선희 노래의 명곡 〈알고 싶어요〉의 첫 두 소절이다. 상당히 서정적인 가사인데, 이 상황을 필자 같은 냉정한 관찰자의 시점에서 재해석하면 '보름달 달빛에 잠이 잘 안와 이 생각 저 생각 하다가 간신히 잠들었을 텐데, 그나마 깊이 잠들지 못하고 꿈자리가 사나웠을 것이다' 정도로 볼 수 있지 않을까. 실제로 동아시아에서는 보름달을 좋게 보지만, 서구권에서는 불길한 징조로 보름달이 뜬 밤이면 잠을 제대로 이루지 못한다는 속설이 있다.

그런데 미신 또는 근거없는 믿음(혈액형 성격처럼)으로 여겨졌던 달의 주기성(차고 기욺)과 수면 사이의 관계가 정말 존재한다는 연구결과가 학술지 〈커런트 바이올로지〉 2013년 8월 5일자에 실렸다. 스위스 바젤대 정신병원 시간생물학센터 연구자들은 성인 33명을 대상으로 수면의 양과 질을 분석한 결과 달의 주기성과 연관성이 있다는 결과를 얻었다.

달의 주기는 29.5일(삭망월 기준)이다. 보름달을 0으로 보면 앞뒤로 14.75

일이 삭에 해당한다. 분석 결과 보름달이 떴을 때 잠드는 데 걸리는 시간이 평균 5분 더 길었고 전체 수면 시간도 평균 20분 더 짧았다. 그리고 깊이 잠들었을 때 나오는 델타파의 세기도 30%나 줄어들었다. 한마디로 보름달이 뜬 밤에는 잠의 양과 질이 다 떨어진다는 말이다.

물론 연구자들은 피험자들에게 연구의 목적이 달이 잠에 미치는 영향을 알아보는 것이라고 알려주지 않았다. 실제 실험을 수행한 실무자들도 목적을 몰랐다. 단순히 수면 연구인줄 알고 테스트에 응했고 설문지를 작성했다. 앞의 객관적인 데이터와 마찬가지로 잠의 양과 질에 대한 피험자들의 주관적인 평가도 달의 주기성을 따랐다. 그렇다면 달은 어떻게 인체의 수면에 영향을 미친 것일까.

연구자들은 논문에서 "보름달이라고 해도 지구에 명백한 중력 효과를 내는 건 아니기 때문에 인체가 느끼는 중력의 변화가 잠에 영향을 준다고 볼수는 없다"며 "물론 달이 바다에 미치는 기조력이 인체의 수분(혈액)에 영향을 주는 것도 아니다(너무 미미하므로)"라고 쓰고 있다. 따라서 연구자들은 이런 현상이 인체 내부에 존재하는 주기성, 즉 '월주리듬circalunar rhythm'에 따른 것이라고 결론지었다.

지구의 자전으로 햇빛의 양이 24시간을 주기로 오르내리는 환경에서 지낸 결과 생명체가 일주리듬circadian rhythm을 지니게 됐듯이, 달의 차고 기욺이라는 환경에 적응한 결과 '월주리듬'이 생겼다는 말이다. 여기서 잠깐 일주리듬의 개념에 대해 오해할 수 있는 면을 언급한다. 즉 일주리듬은 생명체가 밤낮이 주기적으로 바뀌는 환경에서 수십억 년 동안 적응하면서 갖게 된 내재적인 생체리듬으로, 외부 신호(낮과 밤)가 사라져도 여전히 유지된다. 즉 하루 종일 불이 켜져 있는 실내에서 생활해도 몸은 24시간 주기로 생리적 지표가 오르내린다.

물론 일주리듬의 절대시간이 고정된 건 아니다. 시차가 나는 외국에 나가면 처음 며칠은 피곤해도 곧 적응하는데 일주리듬이 그곳의 환경자극(낮과 밤)에 맞춰 이동하기 때문이다. 그러나 주기 자체는 바뀌지 않는다. 즉 22

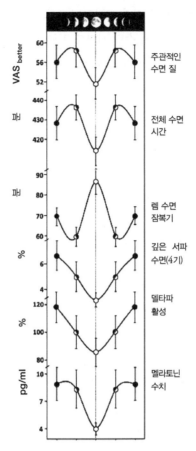

달의 차고 기욺이 잠의 양과 질에 미치는 영향을 보여주는 데이터. 위로부터 주관적인 수면 질 평가, 전체 수면 시간, 렘수면잠복기(잠든 뒤 렘수면이 나타날 때까지 걸리는 시간), 깊은 서파 수면(4기), 델타파 활성, 멜라토닌 수치(소등 2시간 전 뱉은 침)다. (제공 <Current Biology>)

시간을 주기로 낮과 밤 조건을 만든 환경에 놓이면 인체는 그 새로운 일주기에 적응하지 못하고 계속 고통스러운 생활을 한다는 말이다. 즉 외부 환경 변화는 생체리듬을 거기에 동조하게 만들 수는 있어도 주기 자체를 바꿀 수는 없다는 말이다.

이번 결과에 따르면 달의 주기성도 우리 몸에 월주리듬이라는 흔적을 남겨놓았고, 그 가운데 하나가 수면의 양과 질의 주기성으로 나타난다는 말이다. 그리고 이는 내재적인 리듬이기 때문에 설사 인공조명의 범람으로 달의 주기성이 동조자의 역할을 제대로 하지 못하는 상황이 됐어도 여전히 존재한다는 것. 아무튼 논문의 데이터를 보면 분명 월주리듬이 존재하는 것 같기는 한데 솔직히 가슴에 와 닿지는 않는다.

그래서일까. 연구자들도 논문 말미에 "월주리듬은 일주리듬만큼 뚜렷하지는 않지만 있는 게 확실하다"면서도 "그 역할은 미스터리이고 아마도 개인차가 클 것이다"라고 언급했다. 그리고 "몇몇 사람들은 달의 차고 기욺에 꽤 민감하게 반응할 것"이라고 덧붙였다. 필자처럼 산문적인 성향의 인간들은 빼고 시인의 감수성을 지닌 사람들만 선별해 위의 실험을 다시 해본다면 훨씬 극적인 결과가 나올 것 같다는 생각이 들기도 한다.

참고문헌

Cajochen, C. et al. *Current Biology* **23**, 1-4 (2013)

꿀벌을 너무 믿지 마세요

꽃가루 매개 곤충이 급감하면서 자연생태계 뿐 아니라 농업에도 위기가 찾아올 가능성이 있다는 연구결과가 발표됐다. 꽃을 찾은 다양한 곤충들의 모습. A: 수박꽃과 꿀벌, B: 기름야자나무 수꽃과 기름야자나무바구미, C: 유채꽃과 검은꽃등에, D: 토마토꽃과 오고클로린augochlorine벌, E: 해바라기꽃과 왕관diadem나비, F: 아나토꽃과 옥사이에속Oxaea 벌, G: 블루베리꽃과 주황띠호박벌, H: 딸기꽃과 애꽃벌 (제공 <사이언스>)

매화와 산수유꽃으로 시작하는 봄꽃의 향연은 개나리, 진달래를 거쳐 벚꽃으로 절정을 이룬다. 물론 꽃이 탐스럽고 향기도 진한 목련도 일품이다. 오월이 되면 라일락과 장미가 무대에 오른다. 봄꽃을 기다리는 건 사람만이 아니다. 약간의 인내를 갖고 꽃들을 관찰해보면 꿀벌을 비롯해 나비, 무당벌레, 꽃등에 등 다양한 손님들을 볼 수 있다.

벌레를 성가셔 하는 사람들도 있지만 만약 달콤한 화밀花蜜을 찾아 이 꽃 저 꽃 돌아다니는 이들 곤충이 없다면, 꽃밭의 풍경은 꽤나 삭막할 것이다. 물론 이런 극단적인 상황은 아직 나타나지 않았지만, 지난 한 세기 동안 인류의 과도한 활동에서 비롯한 급격한 기후변화와 생태계파괴로 꽃을 찾는 곤충이 급감하고 있다고 한다.

이런 추세를 방치했다가는 곤충뿐 아니라 이들 덕에 수분을 해서 씨앗을 맺는 식물도 생존에 위협을 받을 수 있다는 목소리도 나오고 있다. 그러나 한편에서는 이런 예측은 지나친 비관론이고 설사 수분을 하는 곤충 가운데 일부가 사라진다고 해도 우리의 믿음직한 친구인 꿀벌이 있기 때문에 별 문제는 없을 거라고 낙관하고 있다.

사실 꿀벌은 꽃가루 매개자, 즉 수분을 도와주는 동물로는 타의 추종을 불허한다. 꿀벌은 사회성 곤충으로 사람이 어렵지 않게 큰 무리를 만들어 데리고 다닐 수 있는 사실상 '가축화된' 곤충이다. 또 식성도 까다롭지 않아 웬만한 꽃은 다 환영이다. 이러다보니 사람들은 오래 전부터 꿀벌을 키워 계절에 따라 꿀을 채취해 오고 있다. 꿀벌이 아니었다면 우리가 어떻게 아카시아꿀, 밤꿀, 유채꿀, 그리고 여러 꽃에서 채취한 잡화꿀을 맛볼 수 있었겠는가.

그런데 학술지 〈사이언스〉 2013년 3월 29일자에 꽃가루 매개 곤충의 종다양성이 줄어들어도 꿀벌이 이를 대신할 수 있는가에 대한 답을 주는 연구결과 두 편이 나란히 실렸다. 결론부터 말하면 어느 정도는 공백을 메울 수 있지만 야생 곤충을 대신할 수는 없다는 것. 따라서 꿀벌을 늘려 손실을 만회하려는 전략은 임시방편일 뿐이므로 야생 곤충이 사라지지 않는 환경을 만들어나가야 한다는 것이다.

식물-곤충 상호작용 절반 이하로 줄어

먼저 미국 몬타나주립대학 생태학과 로라 버클 교수와 동료 연구자들은 일리노이주 칼린빌의 한 지역을 대상으로 식물과 꽃가루 매개 곤충의 관계에 대한 광범위한 조사를 벌였다. 이 지역은 과거 두 차례 비슷한 조사가 이뤄졌는데 처음 조사는 무려 120여 년 전인 1888년과 1891년 생태학자 찰스 로버트슨이 수행했고, 두 번째 조사는 1971년과 1972년 행해졌다. 따라서 이번 조사는 같은 지역을 대상으로 한 세 번째 방문인 셈이다.

120년 전 로버트슨은 인내를 갖고 특정 식물의 꽃을 찾는 벌의 종류와 빈도수를 일일이 기록해 남겼다. 로버트슨은 식물 26종을 조사해 전부 109종의 벌을 기록했는데, 식물과 벌의 상호작용은 532가지에 달했다. 즉 벌한 종당 평균 5종의 식물을 찾은 셈이다. 물론 특정한 식물 한 종만 찾는 벌도 있는 반면 꿀벌처럼 거의 대부분의 식물에서 발견되는 벌도 있었다.

그런데 120년만의 재조사 결과 로버트슨이 기록한 532가지 상호작용 가운데 불과 125가지만이 관찰됐다. 식물 26종은 여전히 모두 존재했지만 2년 동안이나 관찰했음에도 벌은 54종밖에 찾을 수 없었다. 한편 로버트슨이 기록하지 않은 새로운 식물-벌의 상호작용이 121건 관찰됐다. 아마도 특정 식물에 최적화된 벌이 사라지자 그 공백을 다른 종이 차지한 것으로 보인다. 결국 이 둘을 합치면 오늘날의 네트워크는 246가지 상호작용으로 이뤄져 120년보다 훨씬 단순해졌다.

이런 네트워크의 단순화와 함께 꽃가루 매개자로서 벌의 역할도 예전만 못한 것으로 나타났다. 연구자들은 클레이토니아 비르기니카*Claytonia virginica*라는 쇠비름과科의 야생화를 찾은 벌을 채집해 몸에 묻은 꽃가루를 조사했다. 그 결과 120년 전에는 약 70%, 40년 전에는 약 60%가 이 식물의 꽃가루였는데 비해 이번 조사에서는 20%를 조금 넘는 수준이었다. 120년 반에 3분의 1로 줄어든 셈이다. 이는 해당 식물에 특화된 벌은 사라지고 이 꽃 저 꽃 찾아 다른 식물의 꽃가루를 묻히고 다니는 벌의 비율이 늘어났다는 말이다. 이렇게 다른 식물의 꽃가루 비율이 올라가면 당연히 수분 효율은 떨어질 것이다.

연구자들은 이런 변화의 원인을 급격한 기후변화와 사람의 활동으로 인한 환경변화에서 찾았다. 즉 120년 사이 이 지역의 겨울과 봄 평균 기온이 2도 올라가면서 꽃의 개화 시기와 곤충의 활동 시기가 서로 어긋나게 바뀌면서 제 때 짝을 만나는 기회가 줄어들었다는 것. 또 과거에는 이 일대가 모두 숲이었지만 지금은 개발로 숲이 마치 조각보의 조각처럼 농지와 주거지 사이에 흩어져 있게 됐다.

착과율은 야생 곤충 방문수와 밀접한 관계

아르헨티나 리오네그로대 루카스 가리발디 교수는 세계 각국의 공동연구자들과 함께 600곳의 현장에서 41가지 농작물을 대상으로 식물과 꽃가루 매개 곤충 사이의 관계를 조사한 방대한 연구결과를 내놓았다. 이에 따르면 농작물 수확량에 밀접한 연관이 있는 착과율, 즉 꽃에서 열매가 맺히는 비율은 꽃을 찾은 꿀벌의 숫자보다는 야생 곤충의 숫자와 더 밀접한 관계가 있다는 사실이 밝혀졌다.

농작물 꽃을 찾는 곤충의 빈도를 조사하자 꿀벌 한 종이 절반을 차지하는 것으로 나타났다. 이미 꿀벌에 대한 의존도가 꽤 높아진 상태라는 말이다. 그러나 수집한 데이터를 통계처리한 결과 꿀벌이 찾는 횟수가 크게 늘어난다고 해도 착과율은 14% 높아지는데 그치는 것으로 나타났다. 반면 야생 곤충의 방문 횟수가 늘면 착과율도 크게 높아졌다. 아무래도 오랜 진화를 거쳐 특정 식물에 최적화된 곤충이 일(수분)도 가장 잘 한다는 말이다.

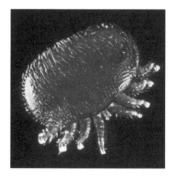

게다가 꿀벌에 지나치게 의존하는 농업은 자칫 돌이킬 수 없는 상황으로 이어질 수도 있다. 꿀벌에 치명적인 병이 퍼진다면 농사를 망칠수도 있기 때문이다. 실제로 세계 곳곳에서 꿀벌이 진드기나 바이러스로 죽어가면서 양봉농가는 물론이고 농가의 부담도 늘어나고 있다. 예를 들어 미국 아몬드 농장의 경우 꽃이 피는 시기가 오면 꿀벌을 들

꿀벌에 기생하는 진드기인 바로아 디스트럭터*Varroa destructor*는 꿀벌에 치명적인 바이러스를 옮긴다. 현재 세계 곳곳에서 꿀벌이 몰살하는 사례가 보고되고 있다. (제공 위키피디아)

여와 수분을 시키는데, 과거에는 벌집 한통에 30달러였던 것이 이제는 150 달러로 5배나 폭등했다고 한다.

　이번 연구결과는 추후 농업정책에 새로운 시사점을 던져준다. 즉 농토 주변 곳곳에 야생 곤충의 터전이 되는 숲을 마련해야 한다는 것이다. 또 효율성을 위해 넓은 땅에 특정 농작물 한 종만 심는 방식 대신 여러 종을 교차로 심어 식물의 다양성을 높여줘야 한다. 물론 살충제 사용에 대한 보다 엄격한 기준도 필요하다. 다들 경제적인 관점에서는 선뜻 내키지 않는 해결책들이지만 차일피일 미루다가는 더 큰 손해를 볼 수 있다. 연구자들은 "이런 변화가 일어나지 않는다면 야생 곤충은 계속 사라질 것이고 그 결과 농작물 수확량도 줄어들 것"이라고 경고했다. 종다양성 확보는 자연생태계뿐 아니라 인류의 활동 영역인 농업에서도 꼭 필요한 조건이라는 말이다.

참고문헌

Tylianakis, J. M. *Science* **339**, 1532–1533 (2013)
Garibaldi, L. A. et al. *Science* **339**, 1608–1611 (2013)
Burkle, L. A. et al. *Science* **339**, 1611–1615 (2013)

판도라바이러스를 아시나요?

그리스 신화에 나오는 미녀 판도라
는 에피메테우스라는 부자에게 시집을
갔는데 그 저택에는 인간에게 해로운
모든 것들이 들어있는 항아리가 봉인
돼 있었다. 호기심을 참지 못한 판도라
는 결국 항아리 뚜껑을 열었고 그 순
간 죽음과 질병, 미움과 질투 등 모든
해악이 사방으로 퍼졌다. 그로부터 인
류는 삶의 쓴맛을 보게 된다.

훗날 판도라의 이야기는 여러 형태
로 변형됐는데, 그 결과 지금은 판도라
가 연 게 항아리가 아니라 상자로 더
많이 알려져 있다. 즉 정치인의 비자금

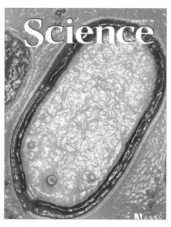

학술지 <사이언스> 2013년 7월 19일자에
는 당시까지 알려진 가장 큰 바이러스인 판
도라바이러스의 발견이 표지논문으로 실렸
다. (제공 <사이언스>)

처럼 위험한 진실을 폭로할 때 '판도라의 상자를 연다'라는 표현을 쓴다. 다
시 신화의 원형으로 돌아가서 고대 그리스의 항아리는 '암포라'라고 부르는
데 주로 와인이나 곡식을 저장했다고 한다.

학술지 〈사이언스〉 2013년 7월 19일자에는 새로운 바이러스를 보고한
논문이 실렸다. 생김새가 암포라가 연상된다고 해서 이름을 붙였는데, 암포
라바이러스가 아니라 '판도라바이러스pandoravirus'다. 이 바이러스의 어떤
특징이 발견자들로 하여금 암포라 모양에서 '판도라의 항아리'를 떠올리게

해 이런 작명으로 이어졌을까. 이 바이러스의 발견이 생명과학의 숨겨진 어두운 면을 폭로하기라도 한 것일까.

박테리아만한 바이러스

어두운 비밀을 폭로한 건 아니지만 판도라바이러스가 생명을 바라보는 기존 관념을 흔들어놓을 만한 존재인 건 분명하다. 먼저 그 크기로 판도라바이러스는 지금까지 발견된 바이러스 가운데 가장 커 길이가 1마이크로미터(마이크로는 1백만 분의 1을 뜻한다)로 전형적인 박테리아 크기다[6]. 보통 바이러스 크기가 수십 나노미터(나노는 10억분의 1을 뜻한다)인 걸 생각하면 엄청난 크기다.

게다가 게놈 크기도 웬만한 박테리아 수준으로 무려 247만 염기쌍이나 된다. 겨울철 사람들을 괴롭히는 인플루엔자바이러스의 게놈이 1만3500 염기인 걸 보면 얼마나 파격적인지 알 수 있다. 게놈이 크다보니 담고 있는 유전자도 많아 2500개가 넘는 것으로 추정된다. 반면 인플루엔자바이러스

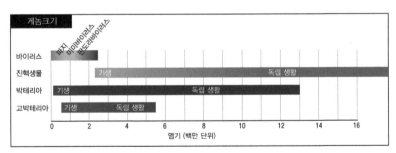

생물군에 따른 게놈 크기 분포를 비교한 표. 위로부터 바이러스, 진핵생물, 박테리아, 고박테리아. 미미바이러스와 판도라바이러스의 게놈은 많은 박테리아보다도 더 크고, 판도라바이러스 게놈의 경우 몇몇 기생 진핵생물보다도 더 크다. 아래 숫자는 백만 단위다. (제공 <사이언스>)

---

6 판도라바이러스를 보고한 프랑스 엑스마르세유대 장-미셸 클라베리 교수팀은 학술지 <미국립과학원회보> 2014년 3월 3일 온라인에 공개된 논문에서 판도라바이러스보다도 더 큰 피토바이러스pithovirus 발견을 보고했다. 시베리아 영구동토층 3만 년 전 토양시료에서 찾은 피토바이러스는 길이가 1.5마이크로미터나 되지만 게놈 크기는 60만 염기로 판도라바이러스보다 훨씬 작다.

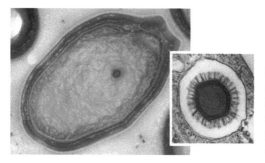

판도라바이러스는 특이하게도 캡시드단백질이 없어 기하학적 구조를 보이지 않는다. 반면 다른 거대 바이러스인 메가바이러스(오른쪽)는 6각형 형태가 잘 보인다. (제공 <사이언스>)

의 유전자는 달랑 10개다. 참고로 전형적인 박테리아인 대장균은 게놈 크기가 460만 염기에 유전자가 4300여 개다. 이것만 봐도 판도라바이러스는 바이러스보다는 박테리아에 훨씬 더 가깝게 느껴진다. 실제로 게놈 크기가 판도라바이러스보다 작은 박테리아가 꽤 있을뿐더러 심지어 몇몇 기생 진핵생물의 게놈 크기도 이보다 작다.

그럼에도 판도라바이러스는 박테리아가 아니라 바이러스다. 즉 세포로 이뤄진 생명체가 아니고 숙주 없이는 증식을 할 수 없다. 참고로 판도라바이러스는 원생생물인 아메바의 세포 안에서 증식한다. 그럼에도 판도라바이러스는 기존의 바이러스와는 달리 캡시드단백질을 만드는 유전자가 없다. 즉 바이러스는 유전자를 담고 있는 핵산(DNA나 RNA)이 캡시드단백질에 둘러싸여 있는 '입자'인데(따라서 전자현미경으로 보면 원형이 아니라 6각형으로 보인다), 판도라바이러스에는 캡시드단백질이 없으므로 생김새도 바이러스가 아니라 박테리아같다(현미경 이미지는 사과씨 단면처럼 보인다).

한 생물학자는 이번 발견을 두고 "이건 마치 빅풋bigfoot을 발견한 것과 같다"고 평가했다. 빅풋은 북미 로키산맥 일대에서 목격된다는, 털이 수북하고 두 다리로 걷는 전설의 원인猿人이다. 기존 바이러스에 비해 몸집과 게놈이 훨씬 크고 캡시드 형태도 아닌 게 특이하기는 하지만 이 정도로 충격적인 사실일까?

바이러스의 기원 다시 생각하게 해

사실 거대바이러스 발견은 10여 년 전으로 거슬러 올라간다. 이번 연구 결과는 그 연장선상인 셈이다. 2003년 역시 〈사이언스〉에 실린 한 논문은 당시로는 정말 깜짝 놀랄 발견을 보고했다. 길이가 0.7마이크로미터, 게 놈 크기가 118만 염기, 유전자 1000여 개로 이뤄진 거대한 바이러스를 발견했다는 것. 박테리아를 모방했다mimic고 해서 '미미바이러스mimivirus'로 명명된 이 거대 바이러스의 존재가 드러나자 바이러스학계가 발칵 뒤집혔다. 바이러스에 대한 기존 관념으로는 도저히 설명할 수 없었기 때문이다.

미미바이러스의 발견은 상당히 극적인 면이 있는데, 이야기는 1992년 영국 브레드포트에서 폐렴환자가 집단 발생한 사태로 거슬러 올라간다. 당시 영국 공중보건연구소 역학조사팀은 냉각탑에 레지오넬라균이 있을 거라고 추측했고 여러 곳에서 시료를 채취했다. 그리고 시료를 분석해 레지오넬라균의 숙주인 아메바를 확인했다. 그러나 예산이 깎이면서 시료는 냉동고 한 구석에 버려졌고 우여곡절 끝에 1998년 프랑스 지중해대 디디에르 라울 교수팀으로 흘러들어갔다.

라울 교수팀은 시료를 분석해 미기재 레지오넬라균 4가지를 발견하는 성과를 거뒀다. 그런데 마지막 시료가 문제였다. 광학현미경으로 보면 분명 아메바는 감염이 됐는데 박테리아의 DNA가 검출되지 않았던 것. 웬만한 사람들이었다면 이미 결과도 충분히 냈으니 이 시료는 포기했을 텐데 분석을 맡은 세균학자 베르나르 라 스콜라 박사는 끈질긴 사람이었다. 미지

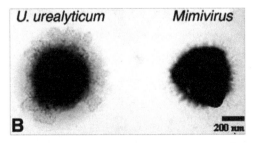

2003년 최초로 발견된 거대 바이러스인 미미바이러스(오른쪽)는 기생 박테리아인 우레아플라스마(왼쪽)와 크기가 거의 비슷하다. (제공 〈사이언스〉)

의 박테리아 실체를 밝히기 위해 이 방법 저 방법 써보던 라 스콜라 박사는 어느 날 배율 20만 배인 전자현미경으로 시료를 관찰해보기로 했다. 그의 눈에 들어온 건 육각형 입자, 즉 박테리아가 아니라 바이러스의 모습이었다. 뒤이어 3D 전자현미경으로 보자 20면체 바이러스 구조(6각형은 20면체가 평면에 투영된 모습이다)가 명백히 드러났다. 이렇게 해서 2003년 미미바이러스가 발견된 것이다.

사실 바이러스학은 역사가 그리 오래되지 않은 학문이다. 1935년 전자현미경으로 바이러스의 존재(담배모자이크바이러스)를 처음 확인했을 때를 바이러스학이 탄생한 순간이라고 볼 수 있다. 바이러스는 너무 작아 17세기 발명된 광학현미경으로는 보이지 않았다(물론 미미바이러스나 판도라바이러스는 보인다). 바이러스는 증식하고 변이를 일으키므로 생명체라고 볼 수 있지만, 세포가 아니라 입자(핵산과 단백질을 분리해 따로 수십 년을 보관한 뒤 합치면 다시 바이러스 활성을 띤다)이고 혼자서는 아무 것도 할 수 없다는 면에서 무생물에 가깝다. 한마디로 생물과 무생물의 경계선에 있는 이상한 존재다.

유전자 10여 개로 이뤄진 핵산과 캡시드단백질 복합체인 전형적인 바이러스는 세포로 이뤄진 '진짜' 생명체보다는 훨씬 단순하지만, 지구상에는 이들 세포 생명체보다 뒤에 나타났다고 추정됐다. 스스로 증식할 수 없으므로 바이러스가 박테리아나 진핵생물 같은 세포 생물체보다 먼저 존재했다는 건 모순이기 때문이다.

따라서 사람들은 초기에 어떤 '사고'가 생겨 유전자 하나 정도 크기의 작은 게놈 조각이 떨어져 나갔는데 이게 우연히 세포에 감염해 자기복제를 하고 증식하는 새로운 생명체가 됐다고 추측했다. 그 뒤 바이러스가 진화하면서 좀 더 크고 복잡한 여러 바이러스가 나오게 됐다는 것. 그러나 미미바이러스는 이런 가정으로는 설명할 수 없는 존재다. 즉 이 정도 크기의 바이러스가 나오려면 바이러스가 숙주 생명체로부터 유전자를 계속 빼앗아오면서 진화했어야 하는데 놀랍게도 미미바이러스 유전자를 분석하자 대

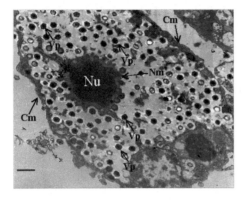

미미바이러스에 감염된 아메바를 찍은 전자현미경 사진. 2003년 라 스콜라 박사는 이 사진 속 6각형 입자(Vp로 표시)를 보고 감염체가 박테리아가 아니라 바이러스임을 확신했다. Nu는 세포핵, Cm은 세포막, Nm은 핵막이다. (제공 <사이언스>)

부분 기존의 어떤 세포 생물체에도 존재하지 않는 염기서열을 갖고 있었다.

따라서 연구자들은 바이러스 진화 시나리오를 거꾸로 바꿨다. 즉 애초에 자기증식력이 있는 꽤 복잡한 어떤 생명체가 있었는데 이게 퇴화하면서 다른 유형의 생명체(오늘날 박테리아와 진행생물)에 기생하는 바이러스로 진화했다는 것. 새로운 시나리오에 따르면 미미바이러스가 원시적인 형태이고 인플루엔자바이러스가 많이 진화한 형태인 셈이다. 이런 논리에서 연구자들은 미미바이러스보다 더 큰, 따라서 더 원시적인 바이러스를 찾았고 그 결과 10년 만에 칠레 연안의 토양 시료에서 판도라바이러스를 발견한 것이다. 실제 판도라바이러스 유전자 역시 93%가 기존의 유전자 데이터베이스에는 알려지지 않은 유형인 것으로 확인됐다. 연구자들은 앞으로도 거대 바이러스 사냥을 계속할 예정인데 그러다가 어느 날 독자 생존력을 갖는 거대 바이러스의 조상(당연히 박테리아나 진핵생물이 아닌)을 발견한다면 이는 정말 21세기 생명과학의 최대 사건이 될 것이다.

흥미로운 사실은 15년 전인 1998년 출간된 한 논문에서 아메바 세포 속에 기생하고 있는 판도라바이러스 같은 입자에 대해 언급하고 있다는 점이다. 그러나 당시 저자들은 이를 바이러스라고 기술하지는 않았다. 교과서에서 배운 바이러스에 대한 지식이 분명 박테리아는 아닌 것 같은 기생생물체를 눈앞에 두고도 이를 바이러스일 거라고 추측할 수 있는 '사고의 유연성'을 허락하지 않았던 것이다. '천재란 일상 속에서 남들이 보지 못한 것을 보는 사람들'이라는 정의에 따르면, 미미바이러스와 판도라바이러스를 발견한 과학자들은 진정 천재라고 할 수 있지 않을까.

참고문헌

Pennisi, E. *Science* **341**, 226–227 (2013)

Philippe, N. et al. *Science* **341**, 281–286 (2013)

La Scola, B. et al. *Science* **299**, 2033 (2003)

신경과학/심리학

본다는 것의 의미

인간의 시각적 지각작용은 사진 기록에 의한 것보다 훨씬 더 복잡하고
선택적인 과정이다. 그럼에도 불구하고 카메라 렌즈와 인간의 눈은 모두 엄청난
속도로, 그리고 당장에 벌어지고 있는 사건의 면전에서 이미지를 기록한다.
카메라는 해낼 수 있지만 눈 그 자체로는 결코 할 수 없는 것은,
그 사건의 외관을 그대로 고정시켜놓는 일이다.

- 존 버거, 『본다는 것의 의미』

"천천히 커피 한잔 하면서 얘기합시다. 커피는 몇 스푼이나…?"

필자는 10여 년 기자를 하면서 많은 인터뷰를 했지만, 2008년 늦가을
전북대 화학과 최희욱 교수와의 인터뷰를 생각하면 지금도 미소짓게 된다.
그해 7월과 9월 연달아 과학저널 〈네이처〉에 광수용체 단백질인 옵신의 구
조를 밝힌 논문을 실으면서 주목받은 최 교수를 인터뷰하기 위해 전북대로
가면서 내심 부담이 됐다. 전화에서 들려오는, 약간 속삭이듯 하면서도 날
카로운 느낌의 목소리에서 '까칠한' 분이 아닐까 하는 생각이 들어서였다.

화학과 건물이 고풍스러워 학창시절로 돌아간 듯한 기분으로 연구실 문
을 들어섰는데 정말 최 교수도 20년 전의 한 풍경처럼 커피와 프림, 설탕이
각각 담긴 통 세 개가 나란히 있는 선반으로 걸어가며 필자의 취향을 묻는
게 아닌가. 요즘은 에스프레소 머신을 갖다놓은 연구실도 많은데 커피믹스
도 아니고. "그야말로 옛날식 다방에 앉아"라는 노래 가사처럼 초로의 학자
와 40대에 접어든 기자, 왜소한 체구의 두 남자는 커피를 홀짝거리며 이야
기꽃(주로 연구 내용에 대해서라 꽤 드라이했지만)을 피웠다.

필자가 2008년 방문했을 때 최희욱 교수가 레티날
과 옵신의 상호작용을 설명하는 모습. (제공 강석기)

그러다보니 어느새 세 시간이 훌쩍 지나가 한 시가 넘었고 두 시 기차표를 예매한 필자는 자리를 털고 일어났다. 얘기에 심취하다보니 점심 먹으러 갈 생각을 못했다며 이렇게 보낼 수는 없다는 최 교수에게 "나중에 전주에 또 오게 되면 그때 사주세요"라고 인사하고 연구실을 나섰다. 그 뒤 몇 차례 최 교수와 전화통화를 했는데 그때마다 "그때 점심도 못 먹이고 보내 너무 미안하다"는 말을 듣곤 했다.

그런데 최근 최 교수팀의 연구결과가 또 〈네이처〉에 실렸다(2013년 5월 2일자). 시각신호를 조절하는 아레스틴arrestin이라는 단백질이 활성화된 상태일 때의 구조를 밝힌 것. 과학자들이 평생 한 번이라도 논문을 실어보는 게 소원이라는 NCS(〈네이처〉, 〈셀〉, 〈사이언스〉의 머리글자) 저널인 〈네이처〉에 무려 6번째 논문이다. 최 교수팀이 독일 훔볼트대 연구진들과 공동연구로 밝힌 이번 연구결과는, 이 글 앞에 인용한 소설가이자 미술비평가인 존 버거의 책 『본다는 것의 의미』의 한 구절에 대한 과학적인 주석이라고 할 만하다.

의미 1. 사진을 보더라도 눈은 쉬지 않는다

최 교수팀의 이번 연구결과를 이해하려면 먼저 시각의 작동방식을 알아야 한다. 흔히 눈을 카메라에 빗대어 그 구조와 기능을 설명하는데, 카메라의 필름(디지털의 경우 CCD)에 해당하는 게 망막이다. 망막에는 막대세포와 원뿔세포라는, 빛을 감지하는 두 종류의 세포가 있다. 막대세포에는 로돕신rhodopsin, 원뿔세포에는 아이오돕신iodopsin이라는 광수용체가 존재한다. 최 교수도 그렇지만 주로 로돕신을 대상으로 시각신호 메커니즘을 연구한다.

세포막에 걸쳐 있는 광수용체인 로돕신은 옵신opsin이라는 단백질과 레티날retinal이라는 색소분자로 이뤄져 있다. 수정체를 통해 빛이 들어오면 광자photon의 에너지가 레티날의 구조를 시스형에서 트렌스형으로 바꾼다. 그 결과 레티날을 둘러싸고 있는 옵신의 구조도 바뀌면서 로돕신은 메타로돕신Ⅱmetarhodopsin Ⅱ가 된다. 그러면 세포질쪽에 있는 G단백질이 활성화돼 시각신호가 신경계로 전달되는 것이다.

그런데 메타로돕신Ⅱ는 빨리 로돕신으로 돌아가야 한다. 그렇지 않으면 계속 G단백질을 활성화시키고 그 결과 뇌는 계속 빛이 있다는 시각신호를 받게 되기 때문이다. 실제로는 불빛이 잠깐 반짝했는데 뇌는 불빛이 계속 있는 걸로 보게 된다는 말이다. 이래서는 빛의 파장과 세기가 바뀌며 전개되는 일상의 광경(동영상)을 재현할 수도 없다.

물론 인체는 이런 일이 일어나지 않게 조치를 해놓았다. 빛에 의해 활성화된 메타로돕신Ⅱ는 G단백질과 결합하여 시각신호를 전달하는 반응을 하는 과정에서 특정한 부분에 인산기라는 조각이 붙는다. 한편 세포 안에는 아레스틴이라는 단백질이 있는데 아레스틴은 인산기가 붙어있는 메타로돕신Ⅱ를 만나면 찰싹 달라붙어 더 이상 G단백질을 활성화시키지 못하게 만

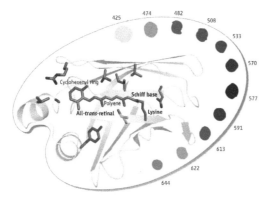

로돕신 같은 광수용체 분자 대부분은 옵신 단백질 안에 빛을 흡수하는 분자인 레티날(가운데 주황색 분자)이 결합된 상태다. 레티날 주변 옵신의 아미노산 종류에 따른 상호작용의 변화로 레티날의 최대 흡수 파장이 바뀐다. 예를 들어 사람의 원뿔세포에는 3가지 옵신이 있어 컬러로 세상을 지각할 수 있다. (제공 <사이언스>)

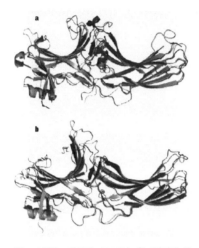

최 교수팀은 <네이처> 2013년 5월 2일자에 아레스틴의 활성화 직전 단계의 구조(아래)를 밝혀낸 결과를 실었다. 비활성 형태(위)와 구조가 꽤 많이 다름을 알 수 있다. (제공 <네이처>)

든다. 일단 시각신호전달이 더 이상 일어나지 않게 만든 것이다.

그 뒤 아레스틴이 붙어있는 메타로돕신II는 일련의 반응을 거쳐 로돕신으로 재생돼 다시 빛을 감지할 준비를 한다. 이 모든 과정이 불과 1밀리초 이내에 일어난다고 알려져 있다. 따라서 우리가 이미지의 변화가 없는 사진을 1초 동안 보고 있을 때조차 시각계는 '로돕신→메타로돕신II→로돕신→메타로돕신II→…'의 사이클을 무려 1000회에나 반복하고 있는 것이다. '이 얼마나 낭비인가'라고 생각할 수도 있겠지만 어차피 동영상 세상에서 살아가야 하는 동물에게 고정된 영상에 효율적인 별도의 시스템이 진화했을 리는 없다.

생체분자의 입체(3차)구조를 알 수 있는 X선 결정학 방법으로 2000년 로돕신의 구조가 처음 밝혀진 이래 활성화된 형태의 옵신(메타로돕신II에서 레티날이 빠져나간 상태), G단백질, 아레스틴 등 시각신호전달에 관여하는 분자들의 구조가 속속 밝혀졌다.

흥미롭게도 아레스틴 단백질 역시 평소에는 비활성화된 구조로 세포 안에 존재하다가 인산기가 붙은 메타로돕신II를 만나면 단백질의 일부가 잘려나가면서 구조가 바뀌어 활성화되면서 메타로돕신II에 딱 달라붙는다는 사실이 밝혀졌다. 그러나 지금까지 보고된 여러 아레스틴 구조는 모두가 비활성 상태의 구조였다.

이번 논문에서 최 교수팀은 인산화된 메타로돕신II와 결합할 수 있는 활성화 직전단계의 아레스틴 변형체의 3차 구조를 밝혔다. 아레스틴이 활성화된 메타로돕신II와 결합해 시각신호전달을 멈추게 하고 메타로돕신II를 로돕신으로 재생하는 과정을 설명할 수 있는 기초가 마련된 것이다.

사람의 망막은 필름처럼 될 수도 없고 되어서도 안 되는데(눈을 떴을 때 첫 광경이 사진처럼 찍혀 고정되면 안 되니까!), 이때 결정적인 역할을 하는 게 바로 아레스틴인 셈이다.

의미 2: 눈이 아니라 뇌가 보는 것인가

감각에 대해 얘기할 때 유의해야 할 부분이 감각sensation과 지각perception 의 구분이라고 한다. 즉 감각기관인 눈은 시각정보를 받아들이는 곳이지 실제로 보는 건 뇌라는 말이다. 그렇기 때문에 우리는 눈을 감고 자는 꿈에서 생생한 영상을 '볼 수' 있다. 그런데 과연 이게 다일까. 지각은 감각 정보를 처리한 뇌의 결과물을 우리가 '의식'했을 때, 즉 '봤다'라고 말할 수 있는 경우다. 만일 어떤 시각 정보가 우리의 의식 수준까지 도달하지 못했을지라도 몸의 생리에 영향을 줬다면 우리 몸(무의식의 뇌 포함)은 어쨌든 그 빛을 봤다고 해야 하지 않을까.

일주리듬을 주관하는 뇌의 시각교차상핵SCN을 연구하고 있던 미국 브라운대 신경과학과 데이비드 베르슨 교수는 어느 날 흥미로운 사실을 알게 됐다. 생쥐와 사람의 망막에서 멜라놉신melanopsin이라는 새로운 옵신 단백질이 존재함을 밝힌, 2000년에 발표된 연구결과였다. 참고로 멜라놉신은 1998년 개구리의 피부세포에서 처음 발견됐다.

망막은 3개의 층으로 이뤄져 있는데, 수정체를 통과한 빛이 처음 지나

지난 2000년 생쥐의 신경절세포 가운데 약 2%에서 멜라놉신이 발견됐고, 2002년 멜라놉신이 제3의 광수용체임이 밝혀졌다. 멜라놉신은 파란색에 반응해 일주리듬을 조절한다 (제공 <플로스 바이올로지>)

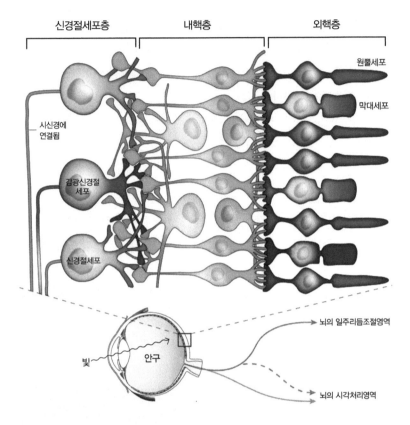

신경절세포층   내핵층   외핵층

원뿔세포

막대세포

시신경에
연결됨

감광신경절
세포

신경절세포

빛   안구

뇌의 일주리듬조절영역

뇌의 시각처리영역

안구 뒤쪽에 있는 망막은 세 층(신경절세포층, 내핵층, 외핵층)으로 이뤄져 있다. 수정체를 통과한
빛은 신경절세포층과 내핵층을 지나 외핵층의 광수용체인 원뿔세포와 막대세포에 도달한다. 이들
세포가 빛을 감지해 내보낸 신호는 내핵층의 세포를 거쳐 신경절세포로 전달된 뒤 뇌로 이어진다.
2002년 신경절세포 가운데 일부가 빛을 감지한다는 사실이 확인돼 '감광신경절세포'로 명명됐다. 일
반 신경절세포는 뇌의 시각처리영역으로 정보를 보내고 감광신경절세포는 뇌의 일주리듬조절영역
으로 정보를 보낸다. 감광신경절세포가 시각처리영역으로도 일부 정보를 보낸다는 연구결과도 있
다. (제공 <네이처>)

가는 가장 안쪽에 신경절세포층이 분포하고 그 다음에 내핵층이, 그리고
맨 바깥인 외핵층에 막대세포와 원뿔세포가 분포한다. 광수용체인 로돕신
과 아이오돕신이 빛을 감지한 막대세포와 원뿔세포가 내보낸 신호는 내핵
층의 세포를 거쳐 신경절세포로 전달된 뒤 뇌로 이어진다. 그런데 생쥐의

신경절세포 가운데 약 2%에서 멜라놉신이 발견된 것. 이는 이 신경절세포가 제3의 광수용세포임을 시사하는 결과였다.

베르슨 교수는 시각을 상실한 생쥐나 사람도 일주리듬을 유지하고 있다는 사실을 알고 있었다. 일주리듬은 하루 24시간 주기에 따라 몸의 생리가 바뀌는 현상으로 그 신호는 낮과 밤의 변화, 즉 빛일 수밖에 없다. 베르슨 교수는 신경절세포의 멜라놉신이 광수용체이고 그 신호가 시각교차상핵으로 전달돼 일주리듬을 갖게 된다고 가정했다. 그리고 역행운송이라는 실험방법을 써서 이를 멋지게 증명했다.

2002년 〈사이언스〉에 발표한 논문에서 베르슨 교수는 멜라놉신이 있는 신경절세포를 '감광신경절세포ipRGC'라고 명명했다. 제3의 광수용세포의 존재가 확인됨에 따라 기존 광수용세포가 고장나 시각을 상실한 사람도 일주리듬을 유지하는 현상이 명쾌히 설명됐다. 추가 연구 결과 ipRGC는 일주리듬 뿐 아니라 빛의 양에 따라 홍채의 수축과 이완을 조절하는데도 관여한다는 사실이 밝혀졌다. 또 멜라놉신이 빛 가운데서도 파장이 짧은 파란빛(480나노미터(1나노미터는 10억분의 1미터)에서 가장 민감)에 반응한다는 사실도 발견됐다.

의미 3: 옵신이 없어도 보고 옵신이 있어도 못 본다

최근까지도 과학자들은 동물에서 빛의 신호는 옵신 단백질을 통해서만 이뤄진다고 생각됐다. 그런데 지난 2011년 〈사이언스〉에는 초파리가 옵신이 아닌 크립토크롬cryptochrome이라는 단백질을 광수용체로 이용해 빛의 신호를 일주리듬 조절에 이용한다는 연구결과가 실렸다. 크립토크롬은 파란빛에 반응해 외부환경의 변화에 맞춰 일주리듬을 재조정하는 것으로 확인됐다. 크립토크롬 유전자가 고장난 초파리는 시차가 바뀌어도 몸이 적응하지 못한다는 말이다.

한편 지난 2012년 〈셀〉에는 초파리의 더듬이 세포에 존재하는 옵신이 빛이 아닌 소리의 정보를 전달한다는 연구결과가 실렸다. 옵신이 청각기관 내 기계적 자극을 감지하는 세포에서 수용체로 작용한다는 것이다.

역시 초파리에서 옵신이 온도를 감지하는 역할을 함을 시사하는 연구결과도 있다. 초파리 애벌레는 18도를 제일 좋아해, 위치에 따라 19도에서 24도 범위에서 온도차가 나는 곳에 두면 19도 쪽으로 이동한다. 그런데 ninaE라는 옵신 유전자가 고장난 초파리 애벌레는 이런 행동을 보이지 않았던 것. 이 돌연변이체에 쥐의 멜라놉신 유전자를 넣어주자 애벌레는 다시 최적 온도를 찾아가는 행동을 보였다. 옵신이 주변 온도를 감지한다는 강력한 증거다.

결국 옵신은 시각정보를 전달하기 위해 광수용체로 특화된 단백질이 아니라 다양한 양식의 외부 감각 정보를 수용하는 단백질로 등장했고 진화를 거쳐 빛 정보에 특화된 다양한 옵신이 나타난 것으로 보인다. 지난 10여 년 사이 시각신호전달에 관한 연구결과들이 쏟아져 나오면서 시각의 의미가 업데이트되고 있다. 문득 『본다는 것의 의미』에 있는 존 버거의 글귀가 떠오른다.

"의미라는 것은 이해하는 기능을 통해 얻어지는 결과인 것이다."

참고문헌

존 버거, 박범수. 본다는 것의 의미 (동문선, 2000)
Borshchevskiy, V. & Büldt, G. *Nature* **497**, 45-46 (2013)
Kim, Y. et al. *Nature* **497**, 142-146 (2013)
Berson, D. M. et al. *Science* **295**, 1070-1073 (2002)
Im, S. H. & Taghert, P. H *Science* **331** 1394-1395 (2011)
Fogle, K. J. et al. *Science* **331** 1409-1413 (2011)
Pennisi, E. *Science* **339** 754-755 (2013)
Sakmar, T. P. *Science* **338** 1299-1300 (2012)

서번트 증후군, 그 놀라운 기억력의 비밀은…

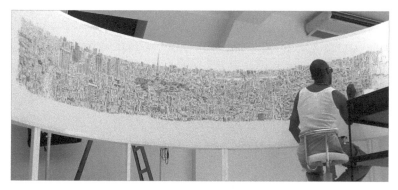

살아있는 카메라로 불리는 유명한 자폐성 서번트 스티븐 윌트셔가 2005년 도쿄 전경을 그리는 모습. 항공기에서 풍경을 본 뒤 며칠 동안 기억에 의지해 그림을 그렸다. (제공 Stephen Wiltshire)

 지난 토요일 저녁 〈스타킹〉이라는 한 TV 프로그램에서 놀라운 광경을 봤다. 14살인 정신지체(IQ 50) 소년이 너무나 능숙하게 피아노를 치는가 하면 수십 년 전은 물론 수 년 뒤 특정 날짜를 얘기하면(예를 들어 2025년 9월 17일) 수초 만에 그 요일을 (수요일이라고) 정확히 이야기한다. 또 지하철 노선도를 통째로 외워 진행자가 "4호선"하면 오이도에서 당고개까지 수십 개의 역 이름을 줄줄이 읊어댄다. 눈으로 보면서도 믿어지지 않았다. 이 소년이 보이는 특성은 서번트 증후군savant syndrome의 전형적인 모습이라는데, 예전에 책에서 서번트 증후군 사례를 읽은 적은 있어도 직접 본 건 처음이었다.

서번트 증후군을 처음 발표한 사람은 영국인 의사 랭던 다운 박사다. 21번 염색체가 3개일 때 나타나는 다운 증후군의 발견자이기도 한 그는 1887년 런던의학회가 초청한 강연에서 30년 간 의사생활 동안 만난 특이한 환자 10명의 사례를 소개하고 이들을 '백치박식가idiot savant'라고 불렀다. 백치박식가라는, 말이 안 되는 신조어임에도 이렇게 이름지을 수밖에 없었던 건 이들이 정말 그랬기 때문이다.

기본적인 대화도 어려운 지능 수준임에도 한 환자는 에드워드 기번의 대작 『로마제국쇠망사』를 마치 눈앞의 책을 읽듯이 처음부터 끝까지 줄줄이 외우는가 하면, 어떤 아이는 사진 같은 놀라운 묘사력으로 그림을 그렸다. 어떤 사람은 천재적인 음악성이 있는가 하면 또 다른 사람은 놀라운 계산 능력을 보이기도 했다. 보통 사람들은 흉내내기도 어려운 능력을 정신지체인 사람들이 별로 힘들이지 않고도 해내니 이런 이름을 붙인 것이다. 그러나 이런 사람들은 대부분 IQ가 40~70인데 백치는 IQ 25 미만인 경우를 뜻하는 거라, 훗날 이를 빼고 대신 증후군을 붙여 '서번트 증후군'으로 부르게 됐다.

남자가 6배 더 많아

지난 2009년 학술지 〈영국왕립학회철학회보B〉는 서번트 증후군을 특집으로 다뤘다. 서번트 증후군의 권위자인 미국 위스콘신의대 대럴드 트레퍼트 교수는 개괄하는 글에서 서번트의 절반은 자폐 증상을 보이고 나머지 절반도 뇌질환이나 선천성 이상 등을 갖고 있다고 설명했다. 한편 자폐인 사람 가운데 10% 정도가 서번트 증후군을 보인다. 또 남녀비율을 보면 남자가 6배 더 많은데, 참고로 자폐증의 경우도 남자가 4배 더 많다.

서번트는 전반적인 지적 능력은 떨어지지만 특정한 좁은 영역에서 비범한 능력을 보여주는데 5개 범주로 나눌 수 있다. 즉 음악과 미술, 달력 계산, 수학(소수 계산 등), 공간 지각력(길찾기 등)이 그것이다. 보통 한 사람이

여러 방면에서 탁월한데, 〈스타킹〉에
나온 소년도 음악과 달력 계산, 길찾
기 등에서 타의 추종을 불허한다. 서
번트의 공통점은 경이로운 기억력의
소유자라는 점이다. 자폐성 서번트를
주인공으로 한 영화 〈레인맨〉(1988)의
모델이기도 한 킴 픽은 책 9000권을
통째로 외우고 있는데, 한 페이지를
읽는데 8~10초 정도 걸린다고 한다.
한 마디로 살아있는 스캐너인 셈이다.

트레퍼트 교수를 비롯한 과학자들
이 여러 서번트의 뇌를 연구한 결과
이들이 공통적으로 좌뇌에 문제가 있
거나 좌뇌와 우뇌의 연결이 끊어져 있
다는 사실을 발견했다. 좌뇌의 지배에
서 벗어난 우뇌가 능력발휘를 한 결
과가 서번트 증후군으로 나타난다는
것. 뇌의 좌우비대칭성은 잘 알려져

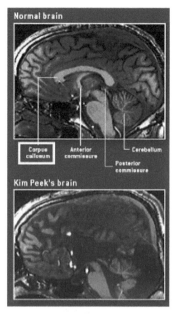

걸어다니는 백과사전인 킴 픽의 뇌(아래)는
좌뇌와 우뇌를 연결하는 뇌량corpus callosum
이 없다. 그 결과 좌뇌가 우뇌에 영향력을
행사할 수 없다. 위의 보통 사람 뇌를 보면
그 차이를 뚜렷하게 알 수 있다(가운데 좌
우로 길쭉한 부분이 뇌량 단면이다). (제공
〈Scientific American〉)

있는데 좌뇌는 주로 논리적, 언어적, 추상적 사고를 하는 반면 우뇌는 감
각적, 구체적 사고를 한다. 즉 좌뇌가 진화상 늦게 발달했음에도 사람에
이르러 지배적인 뇌로 군림하면서 우리는 '이성의 동물'이 됐다는 말이다.

개체발생은 계통발생을 따른다고, 좌뇌는 우뇌보다 늦게 성숙한다고 한
다. 따라서 그만큼 더 취약하다. 어떤 이유에서인지 태아의 뇌가 남성호르
몬 테스토스테론에 과도하게 노출되면 문제가 되는데, 이때 특히 좌뇌가
손상을 입는다. 그 결과 자폐나 정신지체아가 태어날 수 있다. 테스토스
테론은 남성호르몬이므로 이런 현상은 남아에서 더 많이 일어나고 따라서
자폐의 남녀비율이 큰 차이가 나는 이유다.

의미가 사라져야 디테일이 산다

좌뇌에 문제가 생겨 정신지체가 된 것이 서번트 능력을 갖게 했다는 주장을 어떻게 입증할 수 있을까. 물론 직접적인 증명은 어렵지만 그럴 것임이 거의 확실한 정황증거가 있다. 바로 후천성 서번트의 존재다. 즉 평범한 삶을 살던 사람이 사고나 질병, 치매로 좌뇌가 손상되면서 동시에 서번트 능력을 갖게 되는 사례가 보고되고 있기 때문이다. 예를 들어 조발성치매인 '전두측두엽 치매'로 좌뇌가 점점 손상돼 추상적 사고 능력을 잃어가는 사람들이 동시에 미술이나 음악에서 놀라운 예술성을 보이는 현상이 나타난다. 물론 시간이 더 지나면 우뇌까지 손상되면서 이런 능력도 사라진다.

호주 시드니대 마음센터의 앨런 스나이더 교수는 특집에 실린 논문에서 우리 안에 잠재돼 있는 서번트 기술을 끌어내는 방법에 대해 설명하고 있다. 즉 우리는 누구나 〈스타킹〉에 나온 소년 같은 잠재력이 있지만 강력한 좌뇌의 억압으로 능력을 발휘할 기회를 잡지 못하고 있다는 것. 즉 좌뇌의 '가공된 의식적 기억' 세계에서 살고 있는 우리들은 우뇌의 '날 것인 무의식적 기억'에 접근할 권한이 없다는 말이다. 여기에 접근하려면 문지기인 좌뇌를 따돌려야 하는데 보통 사람들은 어림없는 일이라고.

그런데 경두개자기자극TMS 같은 외부 교란을 통해 일시적으로 문지기를 무력하게 만들 수 있다. 경두개자기자극이란 두피에 전극을 대고 일정 주파수의 자기장을 줘 해당 뇌 부위의 활동이 떨어지게 하는 작용이다. 좌뇌 전두측두엽에 경두개자기자극을 주면 우뇌가 활성화되고 따라서 서번트 능력이 발휘될 수 있다는 것. 실제로 실험을 한 결과 11명 가운데 4명이 그림을 훨씬 더 잘 그렸고, 다른 실험에서는 12명 가운데 10명이 화면에 흩어져 있는 조각들의 숫자를 더 정확히 추측했다.

이런 장치가 아니더라도 좌뇌가 평소 우뇌의 서번트 능력을 얼마나 억압하고 있는가를 누구나 쉽게 확인할 수 있는 방법이 있다. 인지심리학자인 베티 에드워즈 미국 LA 캘리포니아대 명예교수는 1989년 출간해 100만 부가 넘게 팔린 책 『오른쪽 두뇌로 그림 그리기』에서 사람들이 그림을 잘 못

그리는 건 우뇌의 묘사력을 억제하는 좌뇌의 추상화 성향 때문이라고 주장했다. 즉 좌뇌는 대상을 개념화하려고 하기 때문에 디테일을 무시하고 도식화한다는 것. 예를 들어 손을 그릴 때 새끼손가락이 가려져 안 보이더라도 '사람 손가락은 다섯'이라는 개념이 관찰을 무시하기 때문에 사람들은 자기도 모르게 손가락이 다 보이는 손을 도식적으로 그린다는 것.

그렇다면 좌뇌를 무력화시키면 그림을 더 잘 그릴 수 있다는 말인가. 정말 그렇다. 예를 들어 피카소의 데생화인 〈이고르 스트라빈스키의 초상〉을 모사模寫할 때 위아래를 뒤집어 놓고 그림을 그린 뒤 180도 돌려보면 자신이 그린 그림이라고 믿을 수 없을 정도로 잘 그려져 있어 뒤집어 놓은 그림을 보고 그린 게 묘사력이 월등함을 알 수 있을 것이다. 에드워즈 교수는 의식적인 좌뇌를 '의식적으로' 억누르는 훈련을 하면 누구나 어느 수준 이상의 그림을 그릴 수 있다고 주장했다.

그렇다면 왜 사람은 이처럼 훨씬 뛰어난 능력을 억압해 자신이 그런 능력이 있는 줄도 모르게 진화, 아니 퇴화한 것일까. 역시 대답은 간단하다.

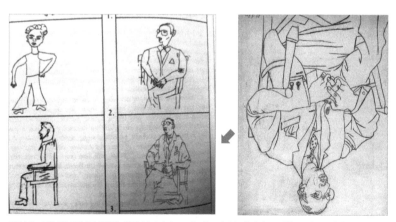

우뇌에 대한 좌뇌의 통제권을 약화시키면 누구나 어느 수준 이상의 그림을 그릴 수 있다. 그림 실력이 비슷한 두 사람(왼쪽 위아래 그림)에게 피카소의 〈이고르 스트라빈스키의 초상〉을 한 사람은 똑바로 보고 그리게 하고(가운데 위), 한 사람은 뒤집어 놓고 모사하게 하면(가운데 아래) 후자가 훨씬 그림을 잘 그린다. 좌뇌가 뒤집어 놓은 그림에서 의미를 찾지 못해 도식화 시도를 하지 않기 때문이다. (제공 『Drawing on the right side of the brain』)

이런 방향이 생존에 더 유리했기 때문이다. 즉 변화무쌍하고 엄청난 데이터를 생산해내는 환경에서 살아남으려면 이를 스캐너처럼 받아들이는 것보다 추상화하고 패턴화하는 것이 현실을 개괄하고 미래를 예측하는데 훨씬 유리하기 때문이다. 그리고 보면 예술가들은 좌뇌가 활동하면서도 우뇌가 끼를 발휘할 수 있는 길을 어떤 식으로든 찾아낸 사람들일지도 모른다.

서번트 증후군인 사람들은 대부분 혼자서는 세상을 살아가기 힘들다. 그럼에도 이들의 서번트 능력을 계발하면 전반적인 삶의 질도 개선된다고 한다. 〈스타킹〉에 출연한 소년도 음악 선생님이 아이의 음악성을 알아보고 끈질기게 피아노 앞에 앉게 해 이처럼 재능이 꽃피게 했다고 한다. 트레퍼트 교수 역시 "재능을 훈련시켜라! 그러면 당신의 결함도 가려질 것이다"라고 이야기하고 있다. 이는 비단 서번트에게만 해당하는 말은 아닌 것 같다는 생각이 든다.

참고문헌

Treffert, D. A. *Phil. Trans. R. Soc. B* **364**, 1351−1357
Snyder, A. *Phil. Trans. R. Soc. B* **364**, 1399−1405
베티 에드워즈, 강은엽 *THE NEW* 오른쪽 두뇌로 그림 그리기 (나무숲, 2000)

사람도 쥐도 초파리도 잠을
자야만 하는 이유

십수 년 전 도올 김용옥 교수가 '똥철학'을 내세우며 대중 앞에 화려하게 모습을 드러내던 때가 생각난다. 혹시 똥철학을 모르는 사람을 위해 간단히 소개한다. 도올 선생에 따르면 "완벽한 똥을 눌 수 있도록 오늘 하루를 잘 산다고 하는 것도 엄청난 철학적 주제"이며 "아무리 뛰어난 사람도 하루, 이틀, 사흘 똥만 제대로 못 누어도

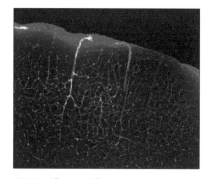

생쥐가 잠을 자고 있을 때 뇌의 현미경 사진. 뉴런 사이로 체액이 채워진 관(하늘색)이 확장되면서 노폐물을 씻어 낸다. (제공 Maiken Nedergaard)

그 인간은 무너져 버릴 수 있다"는 것이다. 도올 선생은 "인간만이 밑을 닦는 유일한 동물"이라며 완벽한 똥은 "딱딱하지도 묽지도 않고 한마디로 밑을 닦을 필요가 없이 깨끗하게 쏘옥 빠져 나가는" 그런 똥이라고 말한다.

'기인奇人이다!' 필자가 생각하는 지식인의 스펙트럼을 한참 벗어난 도올 선생의 강의에 신선한 충격을 받아 그 뒤에도 몇 번 봤는데 또 다른 흥미로운 이야기도 기억이 난다. 도올 선생에 따르면 사람은 나이가 들수록 엔트로피, 즉 무질서도가 증가해 결국 어느 선을 넘으면 죽게 된다는 것. 여기까지는 필자도 떠올릴 만한 '설'이다.

그런데 이어서 도올 선생의 놀라운 통찰력(적어도 필자에겐)이 빛을 발한

다. 즉 우리 몸의 엔트로피는 시간이 지남에 따라 선형적으로 증가하는 게 아니라 하루를 주기로 톱니처럼 변화한다고. 즉 낮에 활동할 때는 엔트로피가 증가하고 밤에 잠을 잘 때는 다시 줄어든다는 말이다. 다만 감소하는 양이 앞서 증가량을 완전히 상쇄하지는 못하기 때문에 멀리서 보면 완만하게 증가하는 곡선으로 보인다는 것. '대단한 구라'라고 생각하면서도 그 뒤 십수 년 동안 잠의 과학에 대한 뉴스를 볼 때마다 머릿속에서는 자동적으로 '톱니 그래프'가 그려지는 것이었다.

사실 잠의 기능에 대해서는 과학자들 사이에도 여전히 의견이 분분하다. 기억을 정리하는 과정이라는 얘기도 있고 대사량을 줄여 환경에 적응하는 행동이라는 설도 있다[7]. 물론 이런 가설들은 서로 배타적인 게 아니라 잠에 그런 측면이 공존하는 것이겠지만 이게 잠이 생기게 된 주요인이라기에는 뭔가 부족하다. 즉 잠의 기능이 이 정도라면 설사 잠을 안자더라도 기억력이 좀 떨어지는 걸 감수하고 칼로리를 더 섭취하면 되는 게 아닐까.

그런데 사람은 물론, 쥐 심지어 초파리도 수일 내지 수주 동안 잠을 안 재우면 죽어버린다. 도올 선생의 통철학 표현을 빌면 '사흘 잠만 제대로 못자도 그 인간은 무너져 버릴 수 있다'는 말이다. 그런데 잠의 이런 절박성은 도올 선생의 엔트로피 이론으로 설명이 가능하다! 즉 잠을 못자면 하루 주기 톱니에서 하루하루 쭉쭉 올라가는 그래프로 바뀔 것이고 결국 엔트로피가 어느 선을 넘으면 죽게 되니까 말이다.

잠 못 자면 죽어

학술지 〈사이언스〉 2013년 10월 18일자에 잠의 새로운 기능에 대한 연구결과가 실렸다. 미국 로체스터의대 신경외과 마이켄 네더가드 교수팀은 깨어있을 때 뇌의 활동으로 만들어진 노폐물을 청소하는 시간이 바로 잠

---

7   잠에 대한 생태학적 관점의 해석에 대해서는 『사이언스 소믈리에』 88쪽 '깊은 밤 잠 못 이루는 당신은 초식남?' 참조.

이라는 사실을 밝혀냈다. 따라서 잠을 자지 못하면 뇌에 쓰레기가 쌓여 탈이 날 수 있다는 말이다.

사실 우리 몸이 활동하면 노폐물이 나오기 마련이고, 이런 노폐물을 처리하는 시스템이 바로 림프계다. 그런데 뇌에는 림프계가 깔려있지 않다는 게 문제다. 따라서 그동안 과학자들은 뇌의 경우 개별 세포들이 알아서 발생한 노폐물을 처리한다고 생각했다. 그런데 네더가드 교수팀이 뇌에서 '글림프 시스템glymphatic system'이라고 명명한 독자적인 청소 체계가 있다는 사실을 발견한 것이다.

즉 동맥을 둘러싼 교세포를 통해 뇌척수액이 뇌 세포 사이의 공간interstitial space으로 침투해 여기에 쌓여있는, 뇌세포가 배출한 노폐물을 쓸고 간 뒤 정맥을 둘러싼 교세포로 들어가 뇌 밖으로 빠져나가 목에서 림프계와 합류한다는 것. 글림프는 교세포glia와 림프lymph의 합성어다.

예전 필자가 프랑스에 출장을 갔을 때 이른 아침에 물차들이 물을 뿌려대며 도로를 청소하는 걸 본 적이 있는데, 뇌가 청소하는 방식과 비슷한 셈이다. 네더가드 교수는 뇌가 이런 일을 하려면 엄청난 에너지가 필요하기 때문에 정상적인 뇌 활동을 하면서 청소를 병행하기는 어렵다고 추측하고 쥐를 대상으로 깨어있을 때와 잠잘 때 글림프 시스템을 비교해보기로 했다.

깨어있을 때(왼쪽)는 세포 사이 공간이 좁아 뇌척수액이 주로 뇌 피질 표면에만 머무르지만, 잠잘 때(오른쪽)는 세포 사이 공간이 60%가 늘어나면서 뇌척수액이 침투하고 흐름도 활발해져 노폐물을 효과적으로 제거할 수 있다는 사실이 밝혀졌다. (제공 <사이언스>)

그 결과 예상대로 큰 차이를 발견했다.

즉 깨어있을 때는 뇌척수액이 뇌조직 표면에만 머무를 뿐 깊이 침투하지 못했고 뇌에서 세포 사이 공간이 차지하는 부피의 비율도 14%에 불과했다. 반면 잠이 들었을 때는 세포 사이 공간이 60%나 늘어나 전체 뇌 부피의 23%를 차지했고 뇌척수액도 조직 깊숙이 침투했다. 또 세포 사이 공간에서 뇌척수액의 흐름을 측정한 결과 깨어있을 때는 잠잘 때의 5%에 불과했다. 결국 잠이 들면 세포 사이 공간이 넓어지고 교세포에서 뇌척수액이 왕성하게 분출되면서 빠른 체액의 흐름으로 베타 아밀로이드 같은 노폐물을 쓸어가는 것이다.

연구자들은 방사성 표지를 한 베타 아밀로이드를 외부에서 넣어준 뒤 배출되는 속도를 비교한 결과 깨어있을 때보다 잠잘 때 2배 더 빨리 배출됨을 확인했다. 네더가드 교수는 "알츠하이머병을 비롯해 편두통, 간질 등 뇌 질환이 수면 장애와 연관이 있다"며 수면 부족으로 글림프 시스템이 제대로 작동하지 못한 게 주요 원인임을 시사했다.

결국 잠의 근본적인 목적은 뇌 활동에서 나오는 독성 대사부산물을 청소하는 일이라는 말이다. 청소는 결국 정리, 즉 무질서도를 감소시키는 일이다. 잠에 대한 도올 선생의 엔트로피 학설이 큰 틀에서 맞는 얘기일수도 있지 않나 하는 생각이 문득 든다.

참고문헌

Underwood, E. *Science* **342**, 301 (2013)
Xie, L. et al. *Science* **342**, 373-377 (2013)

왕따, 시키는 사람도 당하는
사람만큼 아프다

누구도 중력으로부터 벗어날 수 없고,

누구도 아픔을 느끼지 않고 때릴 수는 없다.

- 알랭, 『말의 예지』

최근 한 학생이 지속적인 폭력에 견디다 못해 자살하는 사건이 터지면서 학교폭력이 또 다시 거론되고 있다. 대통령까지 나서서 학교폭력을 4대 사회악의 하나로 규정하며 근절해야 한다고 목소리를 높이고 있다. 배움의 전당이 어쩌다가 이 지경까지 됐는지 생각하면 착잡한 마음이다. 그런데 사실 학생들을 괴롭히는 건 학교폭력이 전부는 아니다.

소위 '왕따'라고 부르는, 한 사람을 주위의 환경에서 격리시키는 '심리적 폭력' 역시 심각하다. 게다가 왕따는 학교뿐 아니라 사회 전반에서 벌어지고 있다. 직장왕따로 회사를 그만두는 일도 심심치 않게 벌어지고 있다. 어떻게 보면 심리적 폭력이 신체적 폭력보다 더 심각할 수도 있다. 신체적 폭력에 가담하기는 쉽지 않지만 누군가를 왕따시키는 건 어렵지 않게 동참할수 있다. 그 사람을 외면(무시)하면 되기 때문이다.

사람들이 누군가를 왕따시키는 데 참여하게 되는 건 '대세'를 거스를 경우 자신도 왕따를 당할 수 있다는 무의식적인 두려움 때문일까. 아무튼 왕따가 일어나는 메커니즘을 보면 그 조직에서 주도권을 가진 사람이(학교에서는 싸움을 잘 하는 학생이거나 회사에서는 상사) 누군가를 왕따시키면 어쩔 수 없이 따라서 왕따에 참여하게 되는 듯하다.

신체적 폭력과 같은 고통 느껴

'그래도 진짜 폭력을 당하는 것에 비하면 왕따가 훨씬 낫지.'

남들이 나를 무시하면 나도 무시하고 살아가면 될 것 같지만 실제로는 그렇지 못하다. 사람은 사회적 동물이기 때문에 관계가 차단당하면 견디기 어려운 고통을 느끼기 때문이다. 감옥에서 독방에 수감하는 게 가혹한 처벌인 이유다. 지난 2003년 학술지 〈사이언스〉에는 왕따를 당하는 고통이 정말 신체적 고통만큼이나 가혹하다는 걸 증명한 실험결과가 실려 화제가 됐다.

미국 캘리포니아대(LA) 심리학과 나오미 아이젠버거 교수팀은 '사이버볼 Cyberball'이라는 컴퓨터 게임을 통해 따돌림을 당하는 상황을 만든 뒤 뇌의 활동을 기능성자기공명영상fMRI으로 분석했다. 사이버볼을 실제 상황으로 바꾸면 세 사람이 서로 축구공을 주고받는 놀이다. 연구자들은 사이버볼 파트너가 다른 방에서 참여하고 있는 피험자라고 알려줬지만, 사실은 실제 사람이 아니라 컴퓨터 프로그램에 설정된 가상의 인물들이다. 왕따를 당하는 조건은 게임에 참여한 피험자가 처음 몇 차례 패스를 받은 뒤부터는 공을 받지 못하고 게임에서 소외되게 프로그램돼 있는 상황이다.

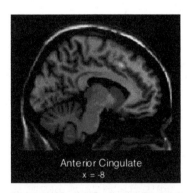

왕따를 당했을 때 찍은 기능성자기공명영상을 보면 전두대상피질이 활성화됨을 알 수 있다. 이 영역은 신체적인 고통을 느낄 때도 활성화된다. (제공 〈사이언스〉)

왕따를 당한 사람의 fMRI 영상을 분석하자 전두대상피질이 활성화됐다. 이 영역은 신체적인 고통을 겪을 때 활성화된다. 한편 전전두엽피질의 활동은 위축됐는데, 역시 신체적인 고통을 당할 때와 같은 경향이다. 즉 뇌의 활동 패턴만 봐서는 이 사람이 신체적 고통을 겪는지 심리적 고통을 겪는지 구분하기 어려울 정도다. 슬픈 일을 겪을 때 "마음이 아프다"고 말하는 건 뇌의 활동 패턴만을 봤을 때는 은유적 표현이 아니라 실제 그런 것이다.[8]

그런데 왕따에 참여하는 사람도 왕따를 당하는 사람만큼이나 마음에 상처를 입는다는 연구 결과가 학술지 〈심리과학〉 2013년 4월호에 실렸다. 미국 로체스터대학 리처드 라이언 교수팀은 사이버볼 게임을 통해 왕따의 가해자 상황을 만든 뒤 그 심리상태를 조사했다. 즉 피험자에게 "공이 오면 A에만 패스를 하고 B에게는 처음에만 두 번 패스를 하고 그 뒤에는 하지 말라"라고 주문한다. 사이버볼 파트너가 다른 방에서 참여하고 있는 피험자라고 알려줬지만, 역시 실제 사람이 아니라 컴퓨터 프로그램에 설정된 가상의 인물들이다. 비교를 위해 왕따를 당하는 피험자와 중립 조건 피험자 실험도 수행했다. 중립 조건은 피험자가 마음대로 패스를 하게 하고, 컴퓨터의 가상 인물들도 임의로 패스를 주고받게 프로그램돼 있다.

부끄러움과 죄의식, 자율성 상실감 느껴

게임을 마친 뒤 피험자들은 설문조사를 받는데 그 결과 왕따를 시키는 데 참여한 사람이 왕따를 당한 사람만큼이나 마음의 상처를 입었다는 사실이 밝혀졌다. 즉 정신적인 고통 정도를 묻는 질문에 대해 왕따를 시키거나 당한 피험자는 중립 조건의 피험자에 비해 둘 다 비슷하게 높은 수치가 나왔다. 그런데 고통의 세부항목은 미묘하게 차이를 보였다.

---

8   학술지 〈네이처 커뮤니케이션스〉 2014년 11월 17일자에는 이 데이터 해석이 잘못됐다는 연구 결과가 실렸다. 즉 새로운 분석기법으로 데이터를 해석하자 신체적 고통과 사회적 배제 상황에서 뇌활동 패턴에 뚜렷한 차이가 있었다. 심리적 고통으로 아프다고 말하는 건 육체적 고통의 관점에서 '은유'라는 뜻이다. 자세한 내용은 『사이언스 칵테일』 212쪽 '뇌는 정말 신체적 고통과 정신적 고통을 구별하지 못할까?' 참조.

먼저 부끄러움과 죄의식에 대해서 묻자 왕따를 시킨 사람들이 다른 두 집단에 비해 훨씬 강하게 느끼는 것으로 나타났다. 왕따를 당하는 사람들은 중립 조건 피험자보다도 낮았다. 반면 화가 났느냐는 질문에 대해서는 왕따를 당하는 사람이 가장 높은 점수를 매겼다. 왕따를 시키는 사람은 중립 조건 피험자보다 약간 높은 수준이었다.

한편 자율성을 묻는 질문에는 왕따를 시키는 사람들이 굉장히 낮은 것으로 나타났다. 반면 왕따를 당하는 사람은 중립 조건과 별 차이가 없었다. 끝으로 유대감을 묻는 질문에는 왕따를 당하는 사람이 가장 낮게 나왔고 왕따를 시키는 사람은 중립 조건보다 약간 낮게 나왔다.

설문 결과를 종합해 보면 타인의 지시에 따라 왕따를 시키는 데 참여한 경우 부끄러움과 죄의식을 느끼고 자신의 행동에 자율성이 없었다는 부정적인 생각을 하게 된다. 반면 정황상 자신이 왕따를 당했다고 느낀 경우 화가 나고 관계의 상실을 절감한다. 그 결과 두 집단 모두 정신적으로 고통을

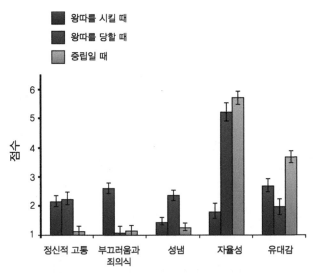

사이버볼 게임을 하면서 왕따를 시킬 때(파란색)와 당할 때(빨간색), 중립일 때(연두색)의 심리상태를 수치화한 결과. 왕따를 시킬 때와 당할 때 정신적 고통은 비슷하지만 구체적인 내용은 다름을 알 수 있다. (제공 <심리과학>)

느끼게 되는데 그 정도가 비슷했던 것.

　이 연구를 이끈 리처드 라이언 교수는 같은 대학 에드워드 데시 교수와 함께 '자기결정성이론self-determination theory'을 제안한 유명한 심리학자다. 자기결정성이론이란 인간 행동에 있어서 가장 큰 보상은 물질적인 게 아니라 스스로 만족하는 데 있고 그러기 위해서는 행동이 자발성에서 비롯돼야 한다는 이론이다. 라이언 교수가 왕따를 시키는 데 참여하면 불행해질 것이라고 가정한 것도 자기결정성이론에 따른 것이다.

　결국 사회에 왕따 분위기가 팽배해질수록 당하는 소수만이 불행해지는 게 아니라 소극적일지언정 왕따에 가담하는 사람까지도 모두 불행해진다는 게 최신 심리학의 연구결과다. 권위자가 됐든 특정 집단이 됐든 누군가로부터 다른 누군가를 왕따시키라는 무언의 압력이 느껴질 때 이를 무시하고 왕따 피해자에게 따뜻한 말 한마디를 건네는 용기가 필요한 때다.

참고문헌

Eisenberger, N. I. et al. *Science* **302**, 290-292 (2003)
Legate, N. et al. *Psychological Science* **24**, 583-588 (2013)

사람은 마흔앓이
오랑우탄은 서른앓이?

최종 목적지를 알지 못하는 항해자에게는 순풍이 불어도 아무 소용이 없다.

- 세네카

2013년 한글판이 출간된 프랑스의 정신과 의사 크리스토프 포레의 『마흔앓이』. 칼 융의 자기실현의 관점에서 중년의 위기를 해석했다. (제공 강석기)

최근 번역 출간된 프랑스의 신경정신과 전문의 크리스토프 포레의 책 『마흔앓이』가 화제다. 젊음을 뒤로 하고 사십대에 접어드는 사람들이 겪는 심리적 어려움, 즉 '중년의 위기'를 스위스의 심리학자 칼 융의 분석심리학을 활용해 해석한 이 책은 중년의 위기의 본질이 무엇인가에 대해 많은 생각을 하게 해준다.

사실 원서의 제목 'Maintenant ou jamais!'를 직역하면 '지금 아니면 기회가 없다!' 정도일 텐데 출판사가 그럴듯한 제목을 뽑은 것 같다. 다만 요즘 유행하는 '…앓이'라는 표현은 어떤 대상에 대한 열에 들뜬 짝사랑을 의미하는데(예를 들어 드라마 〈별에서 온 그대〉의 주인공 김수현에 대한 '수현앓이'처럼), '마흔앓이'의 앓이는 글자 그대로 중년에 겪는 마음고생을 뜻한다.

1965년 등장한 '중년의 위기'

'마흔앓이'보다 좀 더 학술적인(!) 용어인 '중년의 위기midlife crisis'는 1965년 캐나다의 심리학자 엘리엇 자크가 〈정신분석국제저널〉에 '죽음과 중년의 위기Death and the Midlife Crisis'라는 제목의 논문을 발표하면서 처음 사용됐다. 즉 사람들이 40~50대에 들어간 어느 순간 자신이 언젠가는 죽을 존재이고 그 날이 머지않았음을(인생의 반환점을 돌았으므로) 깨달으면서 느끼는 실존의 위기라는 것이다.

그 뒤 '중년의 위기'라는 말은 대중에게도 크게 어필해 일상용어가 됐고 중년에 들어간 사람들은 자연스럽게 자신의 심리상태를 '중년의 위기'라고 자가진단하기에 이르렀다. '마흔앓이'에서 저자 크리스토프 포레는 이와는 다른 관점에서 '중년의 위기'를 바라본다. 즉 많은 사람들이 중년에 접어들며 겪게 되는 심리적 혼란은 단순히 죽음에 대한 공포가 아니라 자기실현에 대한 갈망이 표면으로 드러난 상태라는 것.

즉 인생전반기(태어나서 40세까지)의 우리 삶은 사회에 적응하기 위한 과정이고 따라서 외부지향적이라는 것. 젊은이들은 칼 융이 말한 '페르소나persona(가면)' 즉 타인의 눈에 비친 나의 모습에 신경쓰며 거기에 충실한 삶을 살아간다. 그러나 페르소나 밑에 가려진 그 사람의 또 다른 본질은 결코 사라지지 않고 모습을 드러낼 때를 기다리고 있다는 것. 그 때가 바로 중년이라는 말이다.

즉 '처음에는 무의식이었던 자기를 의식하는 것'이 중년의 과제이고 그 과정의 혼란이 '중년의 위기'로 나타난다. 따라서 중년의 위기는 단순한 위기가 아니라 차후 풍요로운 삶을 살 수 있게 하는, 즉 자기실현을 이루게 하는 원동력으로 볼 수 있고, 저자는 책에서 그런 방향으로 중년의 삶을 이끌어나가는 방법을 제시하고 있다.

그런데 사실 '중년의 위기'는 이렇게 명쾌하게 분석할 수 있는 문제는 아닌 것 같다. 1990년대 행복심리학 연구가 본격적으로 이뤄지면서 연구자들은 흥미로운 패턴을 발견한다. 즉 삶에서 느끼는 행복도가 나이에 따라 차이가 나는데 공교롭게도 중년일 때가 가장 낮다는 것. 행복도는 나이가 들수록 서서히 낮아지다가 중년에 최저점을 지나 그 뒤에는 오히려 서서히 올라간다. 영어 알파벳 'U'가 연상되는 곡선을 그린다는 말이다.

이런 패턴을 설명하기 위해 여러 가설이 나왔다. 먼저 행복한 사람이 오래 산다는 가설. 한 개인으로 보면 나이가 들수록 행복감이 서서히 떨어지지만 상대적으로 자신이 더 불행하다고 느끼는 사람들이 빨리 죽으므로 그래프 상으로는 노년이 더 행복한 것으로 보인다는 말이다. 다른 가설은 중년이 불행한 건 자신의 꿈을 이루지 못할 거라는 걸 처음 깨닫는 시기이기 때문이라고 설명한다. 즉 자기 능력의 한계를 깨닫는 시기인데 나이가 들수록 포기를 하므로 오히려 불행감은 줄어든다는 것. 한편 재정적인 어려움이 가장 큰 시기가 중년이기 때문에 불행하다는 가설도 있다. 자녀에게 들어갈 돈도 많고 노후도 준비해야 하기 때문이다. 이런 다양한 가설에도 불구하고 중년의 위기, 즉 행복감이 U자를 그리는 이유는 아직 불분명하다.

행복도의 U자 곡선

그런데 학술지 〈미국립과학원회보PNAS〉 2012년 12월 4일자에 사람과 가까운 대형 유인원을 대상으로 한 흥미로운 연구결과가 실렸다. 침팬지와 오랑우탄도 나이에 따라 행복도가 U자형 곡선을 그린다는 것. 최저점의 나이는 30살 전후로 사람으로 치면 45~50세에 해당한다. 침팬지와 오랑우탄도 '중년의 위기'를 겪고 있는 셈이다. 감성적 용어로 표현하면 '서른앓이'라고 해야 할까.

일러스트 (제공 강석기)

영국과 미국, 일본 등 다국적 연구팀은 동물원과 연구소 등에 살고 있는 침팬지와 오랑우탄을 대상으로 행복도 조사를 했다. 물론 동물들에게 직접 행복한지 물어본 건 아니고 사육사나 연구자처럼 동물을 오랫동안 돌보면서 그 특성을 잘 알고 있는 사람들에게 설문조사를 했다. 동물의 기분이 긍정적인가 부정적인가? 현재 사회적 상황에서 얼마나 즐거움을 느끼나? 목표를 성취하는데 얼마나 성공적인가? 지난 1주일 동안

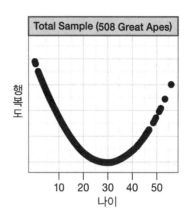

대형 유인원의 나이에 따른 행복도 곡선. 사람에서 45~50세에 해당하는 서른 살 전후에서 행복도(세로축)가 최저임을 알 수 있다. (제공 <PNAS>)

얼마나 행복해 보였나? 이런 질문에 대해 7점 척도로 대답했다.

이렇게 해서 침팬지 336마리와 오랑우탄 172마리에 대한 행복도 조사 데이터를 얻었다. 나이 분포는 2개월에서 56살까지 다양했다. 그리고 나이에 따라 행복도 그래프를 그리자 사람의 경우처럼 'U'자 형 곡선이 나온 것. 따라서 '중년의 위기'는 사람과 이들 대형 유인원의 공통조상 시절부터 있어왔던 특징일지 모른다. 이에 대한 이유는 아직 불분명하지만 연구자들은 몇 가지 설명을 제시하고 있다.

먼저 앞의 사람의 경우처럼 행복할수록 오래 살기 때문이라는 가설이다. 실제 2011년 오랑우탄을 대상으로 한 연구결과 그렇다는 게 밝혀졌다. 다음으로 사람과 침팬지, 오랑우탄 공통으로 뇌에서 행복감에 관여하는 부분의 구조가 나이에 따라 변화하면서 이런 결과가 나왔다는 가설이다. 다음으로는 이 세 종 모두 나이가 들수록 정서를 조절할 수 있는 행동을 지향한다는 것. 즉 좀 더 긍정적인 정서를 이끌어낼 수 있는 상황이나 집단, 목표를 추구한다는 것이다.

U자형 행복도 곡선이 사람만의 특성은 아니라는 건 그 기원에 최소한

부분적으로 다른 대형 유인원과 공유하는 생물학적 원인이 있음을 시사한다. 자신이 마흔앓이를 하고 있다고 생각하는 사람은 어딘가 다른 곳에서 인류의 친척들도 서른앓이를 겪고 있음을 떠올린다면 약간이나마 힘이 되지 않을까.

참고문헌

크리스토프 포레, 김성희·한상철 『마흔앓이』 (MID, 2013)

Weiss, A. et al. *PNAS* **109**, 19949–19952 (2012)

Cheers Science

Science Cafe 3

PART 06

Cheers Science

수학/컴퓨터과학

골드바흐의 추측, '약하게' 증명됐다!

"마침내 내 의혹은 풀렸어. 골드바흐의 추측은 증명 불가능했던 거야!"
"어떻게 그런 확신을 하게 됐죠?" 나는 물었다.
"직관으로." 삼촌이 어깨를 으쓱이며 대답했다.

- 아포스톨로스 독시아디스, 『골드바흐의 추측』

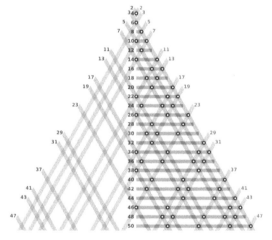

'2보다 큰 모든 짝수는 두 소수의 합으로 나타낼 수 있다'는 골드바흐의 추측은 사실로 보인다. 수가 커질수록 두 소수 합의 조합의 수도 대체로 커지기 때문이다. 4에서 50까지 짝수에 대해 두 소수합의 조합을 도표로 나타냈다. (제공 위키피디아)

"2보다 큰 모든 정수는 세 소수의 합으로 나타낼 수 있습니다."

1742년 6월 7일 독일의 천재 수학자 레온하르트 오일러는 독일 태생의 수학자로 당시 제정러시아에 초빙돼 머물던 크리스티안 골드바흐가 보낸 편지를 한 통 받았다. 골드바흐는 우연히 정수에서 이런 특징을 발견하고 이에 대한 오일러의 의견을 묻기 위해 편지를 쓴 것이다.

편지 내용에 흥미를 느낀 오일러는 골드바흐가 제안한 명제를 아래처럼 둘로 나눌 수 있음을 알아차렸다.

1) 2보다 큰 모든 짝수는 두 소수의 합으로 나타낼 수 있다.
2) 5보다 큰 모든 홀수는 세 소수의 합으로 나타낼 수 있다.

6월 30일 골드바흐에게 보낸 답장에서 오일러는 "(2보다 큰) 모든 짝수는 두 소수의 합이라는 이 추측이 완전히 확실한 정리라고 생각합니다. 다만 저도 그걸 증명할 수는 없군요"라고 쓰고 있다. 훗날 오일러는 이 명제를 '골드바흐의 추측Goldbach's conjecture'이라고 불렀고, 덕분에 뛰어난 수학자였지만 불멸의 업적은 내지 못했던 골드바흐의 이름은 불멸이 됐다.

홀수에 대해 골드바흐의 추측 증명

오늘날 골드바흐의 추측은 오일러가 다듬은 첫 번째 명제를 가리킨다. 오일러가 골드바흐의 원래 명제를 굳이 둘로 쪼갠 건 짝수에 대한 명제가 이를 대신할 수 있기 때문이다. 참고로 골드바흐는 1도 소수로 생각했기 때문에 명제에 3, 4, 5도 포함됐다. 하지만 오일러는 '1과 자신으로만 나누어떨어지는 1보다 큰 정수'라는 오늘날 소수의 정의를 사용했다. 따라서 골드바흐의 원래 명제를 홀수와 짝수로 나누면 짝수부분을 다음과 같이 쓸 수 있다.

"4보다 큰 모든 짝수는 세 소수의 합으로 나타낼 수 있다."

이에 따르면 짝수는 6(=2+2+2)을 제외하면 짝수 소수 하나와 홀수 소수 두 개의 합으로 이뤄져야 한다. 그런데 짝수 소수는 2뿐이다. 따라서 짝수를 이루는 세 소수에는 항상 2가 포함돼 있고 결국 위의 명제는 아래의

1742년 러시아에 초빙돼 있던 골드바흐는 '2보다 큰 모든 정수를 세 소수의 합으로 나타낼 수 있다'(1도 소수로 봤을 때)는 사실을 발견하고, 이에 대한 의견을 구하기 위해 당시 최고의 수학자인 오일러에게 편지를 썼다. (제공 위키피디아)

골드바흐의 추측으로 표현될 수 있는 것이다.

"2보다 큰 모든 짝수는 두 소수의 합으로 나타낼 수 있다."

그런데 위의 명제, 즉 골드바흐의 추측을 증명하면 두 번째 명제인 "5보다 큰 모든 홀수는 세 소수의 합으로 나타낼 수 있다"는 자동적으로 증명된다. 2보다 큰 모든 짝수에 3을 더하면 5보다 큰 모든 홀수가 되기 때문이다. 소수 두 개의 합으로 이뤄진 수에 소수 3을 더한 것이니 5보다 큰 모든 홀수는 세 소수의 합으로 나타낼 수 있는 것이다. 결국 두 번째 명제는 첫 번째 명제의 보조정리인 셈이다. 수학자들은 이를 '약한weak 골드바흐의 추측'이라고 불렀고, 이에 대응해 원래 골드바흐의 추측에 '강한strong 골드바흐의 추측'이라는 별칭을 붙여줬다.

얼핏 생각하면 두 번째 명제를 증명하면 첫 번째 명제도 자동으로 증명되는 것 같지만 그건 아니다. 즉 5보다 큰 모두 홀수에서 3을 빼면 2보다 큰 모든 짝수가 나온다는 식으로 볼 수가 없는데, 모든 홀수에서 소수 세 개 가운데 최소 하나는 3이 포함된 조합이 반드시 존재한다는 보장이 없기 때문이다. 5보다 큰 모든 홀수가 소수 세 개의 합으로 돼 있더라도, 여기서 홀수 소수 하나를 빼 얻는 짝수로는 구멍이 생길 수도 있다는 말이다.

2013년 '약한 골드바흐의 추측'을 증명하는데 성공한 프랑스 고등사범학교의 아랄드 엘프고뜨 박사. 정수론 분야에서 유명한 천재 수학자다. (제공 www.borisbukh.org)

지난 270여 년 동안 많은 천재 수학자들이 '(강한) 골드바흐의 추측'을 증명하는 일에 뛰어들었는데 이와 함께 '약한 골드바흐의 추측'을 증명하는 일에도 매달렸다. 약한 골드바흐의 추측을 증명하는 일이 상대적으로 쉬울 것으로 여겨졌기 때문이다. 실제로 1937년 러시아 수학자 이반 비노그라도프는 '아주 큰' 홀수에 대해서 약한 골드바흐의 추측이 맞다는 증명을 해내는데 성공했다. 그 뒤 수학자들은 아주 큰 홀수의 하한선을 '10^{1300}'까지 다소 낮추는데 성공했다. 즉 10^{1300}이 넘는 모든 홀수의 경우 약한 골드바흐의 추측이 성립한다는 말이다. 그러나 10^{1300} 미만의 홀수에 대해서는 증명하지 못한 상태였다.

과학저널 〈사이언스〉 2013년 5월 24일자에는 프랑스 파리의 고등사범학교에 있는 페루인 수학자 아랄드 엘프고뜨 박사가 최근 약한 골드바흐의 추측을 증명하는데 성공했다는 기사가 실렸다. 엘프고뜨는 정수론 분야에서 두각을 나타내 이미 여러 상을 받은 36세의 천재 수학자인데, 이번에 아주 큰 홀수의 하한선을 10^{30}까지 낮추는데 성공한 것. 그리고 동료인 데이비드 플랫은 10^{30} 미만인 모든 홀수가 세 소수의 합으로 이뤄져 있다는 걸 컴퓨터로 보였다(4만 컴퓨터 시간 소요). 즉 10^{30}이 넘는 홀수에 대해서는 연역적인 증명을, 미만인 홀수에 대해서는 '컴퓨터를 이용한 증명[9]'을 해 두 번째 명제를 증명한 것이다.

이 결과에 대해 캐나다 몬트리올대 앤드류 그랜빌 교수는 "불행히도 엘

---

9 컴퓨터를 이용한 증명에 대해서는 『사이언스 소믈리에』 256쪽 '여든한 칸의 마법' 참조.

프고프의 접근방식으로 (강한) 골드바흐의 추측을 증명할 가능성은 제로"
라고 말했다. 골드바흐의 추측은 여전히 더 많은 수학자들의 헌신을 요구
하고 있다는 말이다.

'먼 친척 소수' 무한히 존재함 증명

한편 기사에는 소수와 관련된 또 다른 명제인 '쌍둥이 소수 추측twin
prime conjecture'에 대한 연구결과가 실렸다. 쌍둥이 소수란 3과 5, 5와 7, 11
과 13처럼 두 소수의 차이가 2인 소수 쌍이다. 쌍둥이 소수 추론이란 쌍
둥이 소수가 무한히 존재한다는 명제다. 수가 커질수록 소수의 빈도가 낮
아지므로 아주 큰 수에서는 쌍둥이 소수가 없을 것 같은 생각이 들기도 한
다. 그러나 숫자가 커진다고 해서 소수의 빈도가 완벽하게 비례해서 희박해
지는 건 아니고 아직까지 소수 분포를 완벽하게 예측하는 수식도 없다. 소
수가 나온 뒤 숫자 수천만 개가 지날 때까
지 소수가 안 나오다가 불쑥 쌍둥이 소수
가 나올 수도 있다는 말이다. 실제로 현재
알려진 가장 큰 쌍둥이 소수는 2011년 발
견된 $3756801695685 \times 2^{666669} \pm 1$로 십진
수로 200700자리수다!

'쌍둥이 소수 추측'을 증명하는데 출
발점이 될 수도 있는 '먼 친척 소수'가
무한히 존재한다는 증명을 하는데 성
공한 미국 뉴햄프셔대의 장이탕 박사.
50대 무명의 수학자였던 장 박사는
이 증명으로 정수론 분야에서 일약
스타덤에 올랐다. (제공 Lisa Nugent)

그런데 2013년 5월 13일 미국 뉴햄프셔
대의 중국인 수학자 장이탕 박사가 쌍둥이
소수는 아니지만, 차이가 7000만 미만인
먼 친척 소수가 무한히 존재한다는 걸 증
명했다고 발표했다. 차이의 최댓값이 7000
도 아니고 무려 7000만인 소수 쌍이 무한
이 있다는 걸 증명한 게 뭐 그리 대단한 일
인가 하겠지만, 수학계는 이런 소수 쌍이

장 박사의 발표가 있고 6개월 뒤 '먼 친척 소수'의 간격을 600으로 끌어내린 증명에 성공한 캐나다 몬트리올대 제임스 메이나드 박사. 영국 옥스퍼드대에서 박사과정을 막 끝낸 26세 청년이다. (제공 Eleanor Grant)

무한히 존재한다는 걸 증명한 것 자체가 놀라운 일이라고 평가하고 있다고 한다.

기사는 장 박사의 증명법을 사금을 캐는 과정에 비유하고 있다. 즉 소수는 개천 바닥 모래에 일렬로 흩어져 있는 금 조각이고 장 박사는 7000만 단위 길이의 체를 만든 것. 그리고 바닥 모래를 체로 걸렀을 때 금 조각이 두 개 있는지 확인하는 체계적인 방법을 개발했고 그 결과 이 체로 금 조각 쌍을 무한히 발견할 수 있다는 걸 증명했다.

이미 50대인 장 박사는 1991년 미국 퍼듀대에서 박사학위를 받은 뒤에도 대학에서 자리를 잡지 못해 경리일을 수년 간 했고 레스토랑과 모텔, 지하철 샌드위치 가게에서 종업원으로 일했고 발표 당시는 뉴햄프셔대에서 강사로 입에 풀칠을 하고 있었다고 한다. 이런 무명의 중년 수학자가 혜성처럼 나타나 저명한 수학자들도 손을 못 대고 있던 쌍둥이 소수 추측을 증명하는 데 출발점이 되는 결과를 내놓은 것이다. 기사에서 그랜빌 교수는 "이 증명은 정수론 역사에서 가장 위대한 결과 가운데 하나"라며 "탁월하다고 밖에 말할 수 없다. 내 생전에 이런 결과를 보리라고는 전혀 기대하지 않았다"며 찬사를 보냈다. 이 연구로 장 박사는 여러 상을 줄줄이 수상했고, 2014년 1월 뉴햄프셔대 정교수로 부임했다.

한편 장 박사의 증명이 발표된 뒤 2006년 필즈메달 수상자인 중국계 호주인 테렌스 타오 UCLA 교수는 '박식가 프로젝트Polymath project'를 만들어 체의 단위 길이를 줄이는 공동연구를 시작했다. 그 결과 두 소수 사이의 최댓값이 급격히 줄어들어 불과 두 달이 지난 2013년 7월 27일에는 4680이 됐다. 2보다는 여전히 엄청나게 큰 수이지만 놀라운 발전 속도다.

그런데 11월 19일 캐나다 몬트리올대의 박사후연구원 제임스 메이나드가 놀라운 연구결과를 발표했다. 두 소수 사이의 최대값을 600까지 줄일 수 있음을 증명했다는 것. 그것도 장이탕처럼 홀로 작업한 결과다. 메이나드 박사는 어떤 숫자가 소수에 얼마나 가까운가를 평가하는 점수체계를 만들어 숫자가 무한히 펼쳐진 바닥에서 소수쌍을 낚을 수 있는 위치에 체를 놓는 방법을 발견한 것. 메이나드 박사는 자신의 방법을 개선한다면 최댓값을 6까지 내릴 수도 있겠지만 2는 불가능하다고 예상했다. 쌍둥이 소수 추측을 증명하려면 또 다른 개념적 돌파구가 열려야 한다는 말이다.

소수에 관련된 두 가지 중요한 증명 소식을 전할 뿐, 이 업적들의 탁월함과 아름다움을 공감할 수 있는 능력이 필자에게 없다는 사실이 안타까울 따름이다.

참고문헌

Mackenzie, D. *Science* **340**, 913 (2013)
www.simonsfoundation.org/quanta/20131119-together-and-alone-closing-
    the-prime-gap/

2013년 250주년 맞은 베이즈 정리, 과학을 정복하다

기하학에 피타고라스 정리가 있다면 확률론에는 베이즈 정리가 있다.

- 해럴드 제프리스 경

에스라인 몸매를 자랑하던 S씨는 10여 년 전 어느 날 샤워를 하다 문득 가슴에서 작은 덩어리가 만져지는 것 같은 느낌이 들었다. 며칠간 불면의 밤을 보내다 용기를 내 병원을 찾았고 유방암검사를 했다. 당시 의사는 검사 정확도가 90%라고 알려줬다. 그리고 검사 결과 양성으로 나왔다. 자신이 유방암일 확률이 90%라는 데 충격을 받은 S씨는 그 자리에 털썩 주저앉았다.

"이 결과로는 유방암일 확률이 10%도 안 되니 너무 걱정하지 말고 추가 검사를 해봅시다."

"그게 무슨 말씀이세요?"

의사 말에 따르면 유방암에 걸린 여성은 성인 여성의 1% 수준이고 검사 정확도가 90%이므로 정상인데도 검사에서 유방암에 걸린 것으로 나올 확률은 10%다. 따라서 설사 검사에서 양성으

베이즈 정리를 고안한 18세기 아마추어 수학자 토머스 베이즈의 초상. 진짜 베이즈의 초상인지는 불확실하다. (제공 위키피디아)

로 나왔더라도 진짜 유방암에 걸렸을 확률은 8%에 불과하다고.

의사는 화이트보드에 수식까지 쓰며 설명해줬지만 S씨는 무슨 말인지 알아들을 수가 없었다. 아무튼 여러 검사를 한 결과 다행히 유방암이 아닐 걸로 판정됐다. 당시 의사가 S씨에게 설명하려고 했던 게 바로 베이즈 정리Bayes' theorem로 확률을 얻는 방법이다. 2013년은 베이즈 정리가 발표된 지 250주년 되는 해다.

사후에 친구가 논문 펴내

베이즈 정리를 만든 사람은 영국의 목사인 토머스 베이즈다. 1701년 목사의 아들로 태어난 베이즈는 결국 아버지를 이어 성직자의 길을 걸었는데 수학이 취미였다고 한다. 그는 평생 논문을 두 편 발표했는데, 하나는 서른 살 때 펴낸 신학 논문이고 다른 하나는 35살에 익명으로 발표한 수학 논문으로 아이작 뉴턴이 만든 미적분학의 논리적 기초를 옹호한 내용이다.

그 밖에는 이렇다 할 업적이 없는 삶을 살다가 베이즈는 1761년 60세로 사망했다. 이때 친구였던 리처드 프라이스가 베이즈의 유고를 정리하다 흥미로운 메모를 발견했다. 베이즈가 특이한 통계 연구를 하고 있었던 것. 프라이스는 베이즈의 연구를 정리해 1763년 〈런던왕립사회철학회보〉에 발표했다. 이렇게 해서 무명의 아마추어 수학자 토머스 베이즈의 이름은 오늘날 수학 뿐 아니라 통계가 쓰이는 자연과학과 사회과학의 여러 분야에서 끊임없이 회자되고 있다.

작고한 친구 베이즈의 유고를 정리해 논문으로 제출한 리처드 프라이스의 초상. 베이즈 정리는 19세기 초 프랑스의 저명한 수학자 라플라스가 독립적으로 재발견했다. 따라서 프라이스가 아니었다면 베이즈 정리는 오늘날 '라플라스 정리'로 불리고 있을지도 모른다. (제공 위키피디아)

베이즈의 정리는 이전의 경험과 현재의 증거를 토대로 어떤 사건의 확률을 추론하는 알고리듬이다. 따라서 사건이 일어날 확률을 토대로 의사결정을 할 경우 그와 관련된 사전 정보를 얼마나 알고 있고 이를 제대로 적용할 수 있는가에 따라 신뢰도가 크게 좌우된다. 흔히 베이즈 정리는 조건부 확률이라는 말로 표현되기도 한다.

S씨의 사례로 돌아가 보면 중요한 건 '양성반응일 때 유방암일 확률'이다. 즉 양성반응이라는 조건에서 유방암일 확률을 'P(암|양성)'으로 나타낸다. 집합을 떠올리면 P(암|양성)은 다음과 같다.

P(암|양성) = P(암 ∩ 양성)/P(양성), P(양성)은 양성반응일 확률.

P(암∩양성) = P(암|양성)P(양성)

마찬가지로 '유방암일 때 양성반응일 확률'은 다음과 같이 나타낼 수 있다.

P(양성|암) = P(양성∩암)/P(암), P(암)은 유방암에 걸렸을 확률.

P(양성∩암) = P(양성|암)P(암)

따라서 P(암 ∩ 양성) = P(양성 ∩ 암) = P(암|양성)P(양성) = P(양성|암)P(암)이다. 이 관계는 아래의 식으로 변형될 수 있는데, 이게 바로 베이즈 정리다.

P(암|양성) = P(양성|암)P(암)/P(양성)

여기서 P(양성|암)은 '유방암일 때 양성반응일 확률'로 90%이므로 0.9다 (확률은 0에서 1 사이다). 한편 P(암)는 유방암에 걸린 사람의 비율이므로 0.01이다. P(양성)은 양성반응이 나올 확률로, '암에 걸린 여성이 양성반응인 확률에 암에 걸린 여성의 비율을 곱한 값(P(양성|암)P(암))'에 '유방암에 안 걸린 여성(N)이 양성반응인 확률에 유방암에 안 걸린 여성의 비율을 곱한 값(P(양성|N)P(N))'을 더한 것이다(=0.9×0.01+0.1×0.99=0.108).

따라서 P(암|양성)=0.9×0.01/0.108=0.083, 즉 검사에서 양성일 경우 유방암일 확률은 8.3%가 된다. 결국 S씨가 검사결과에 주저앉은 건 P(암|양성)과 P(양성|암)을 혼동했기 때문이다.

허리에 나잇살이 약간 붙긴 했지만 여전히 에스라인을 유지하고 있는 S 씨는 최근 샤워를 하다 또 가슴에서 멍울이 만져졌다. 이번에도 예전 병원을 찾았고 그 의사도 여전히 있었다. 검사결과 이번에도 양성이었다. 이전 경험도 있고 해서 S씨는 큰 충격을 받지 않았지만 정작 의사는 꽤 심각했다. 의사는 지난 10년 사이 진단 기술이 발달해 이제는 정확도가 99%에 이른다고 얘기했다.

"90%에서 99%가 됐다고 큰 차이가 있나요?"

"예전에는 양성일 경우 유방암일 확률이 8.3%였지만 지금은 50%나 되니까요."

"네?"

이제 P(양성|암)은 0.99이고 P(양성)는 0.0198(=0.99×0.01＋0.01×0.99)이므로 P(암|양성)=0.99 × 0.01/0.0198=0.5가 된다.

수학자도 헷갈리는 몬티 홀 문제

평소 확률에 대해 생각해보지 않았다면 위의 예는 여전히 알쏭달쏭할 수도 있다. 베이즈 정리의 위력을 보여주는 유명한 예가 '몬티 홀 문제Monty Hall problem'다. 1970년대 방송인 몬티 홀이 진행하는 퀴즈쇼에서 일어난 실제 상황으로, 1990년 칼럼니스트 마릴린 사반트가 잡지 〈퍼레이드〉에서 이 문제를 질문한 독자의 편지에 대해 답을 하면서 유명해졌다.

문이 있는 방이 셋 있고 방 가운데 한 곳에는 스포츠카가 나머지 두 곳에는 염소가 들어있다. 문을 열었을 때 스포츠카가 있을 확률은 3분의 1. 퀴즈 참가자가 1번 문을 찍었다. 이때 '스포츠카가 어디에 있는지 알고 있는' 홀이 3번 문을 활짝 열었고 염소가 모습을 드러냈다. 그리고 홀이 참가자에게 물었다.

"선택을 바꾸시겠습니까?"

각 방에 스포츠카(C)가 있을 확률은 3분의 1로 똑같고(P(C1)=P(C2)=

스포츠카는 어디에? 몬티 홀 문제는 새로 습득한 정보가 확률 추론에 어떻게 영향을 미칠 수 있는가를 잘 보여주는 사례다. (제공 위키피디아)

P(C3)=1/3) 참가자가 일단 1번 방을 선택한 뒤 진행자가 3번 방을 열었기 때문에(따라서 3번 방은 아니다) 1번 방과 2번 방에 스포츠카가 있을 확률이 1/2로 똑같을 것 같다. 따라서 굳이 선택을 바꿀 필요는 없을 것 같다. 바꿔도 기대 확률은 마찬가지이기 때문이다.

그러나 놀랍게도 정답은 2번 방으로 선택을 바꾸는 것이다. 이 경우 맞출 확률이 3분의 2로 2배나 높아지기 때문이다. 이 칼럼이 나가고 설명을 이해할 수 없다는 독자 편지가 쇄도했고 전문가들 사이에서도 논란이 일었다. 심지어 폴 에르되시 같은 일급 수학자조차 "왜 선택을 바꿔야 하는지 이해하지 못 하겠다"는 반응을 보였다.

몬티 홀 문제의 핵심은 참가자가 새로 얻게 된 정보(3번 방에는 스포츠카가 없다)를 어떻게 추론에 반영하느냐 하는 것이다. 이때 베이즈 정리를 쓰면 선택을 바꿔야 하는 이유가 깔끔하게 설명된다. 새로운 정보, 즉 진행자가 3번 방을 열었을 때(O3) 1번 방에 스포츠카가 있을 확률은 다음의 베이즈 정리로 나타낼 수 있다.

$$P(C1|O3) = P(O3|C1)P(C1)/P(O3) = (1/2) \times (1/3)/(1/2) = 1/3$$

차가 1번에 있다면 진행자는 2번이나 3번 문을 열 수 있다. 따라서 P(O3|C1)는 2분의 1이다. 한편 참가자의 관점에서 자기가 1번 방을 선택했기 때문에 진행자는 2번이나 3번 문을 열 수 밖에 없으므로 P(O3) 역시 2

분의 1이다.

이제 진행자가 3번 방을 열었을 때(O3), 2번 방에 스포츠카가 있을 확률을 베이즈 정리로 구해보자.

$$P(C2|O3) = P(O3|C2)P(C2)/P(O3) = 1 \times (1/3)/(1/2) = 2/3$$

차가 2번에 있다면 진행자는 3번 문을 열 수 밖에 없다. 따라서 P(O3|C2)는 1이다. 결국 홀이 3번 문을 열고 난 뒤, 즉 새로운 정보가 알려진 뒤 2번 방에 스포츠카가 있을 확률은 3분의 2로 2배 높아진다는 말이다. 따라서 참가자가 자신의 감을 믿지 않고 순전히 확률이 높은 쪽을 택하기로 했다면 무조건 2번으로 선택을 바꿔야 한다.

베이즈 정리가 나온 지 250년이나 됐고 최근 들어 여러 문제를 해결하는데 자주 쓰이고 있지만 이에 대한 비판은 여전하다. 베이즈 정리는 사전 정보$_{prior}$가 확실한 것일 때만 성립하는 것인데, 실제 상황에서는 이 정보가 100% 확실한 경우가 별로 없기 때문이다. 결국 불확실한 사전 정보를 토대로 사후 확률$_{posterior}$을 추측하는 것이 타당한가에 대한 입장이 엇갈리고 있다.

그럼에도 최근 빅데이터 과학에 베이즈 정리가 점점 더 많이 적용되고 있다. 데이터(사전 정보)가 100% 확실한 게 아니더라도 그 자체의 정보량이 많아지면 이를 통계적으로 해석해 베이즈 정리로 처리할 수 있다는 게 밝혀지고 있기 때문이다. 미국 스탠퍼드대 통계학과 브래들리 에프론 교수는 베이즈 정리 250주년을 맞아 2013년 6월 7일자 〈사이언스〉에 기고한 논평에서 "오늘날 응용 통계학 저널에 기고한 논문 가운데 4분의 1은 베이즈 정리를 사용한다"며 "대부분은 불확실한 사전 정보에 기초하고 있다"고 설명했다.

뇌는 베이즈 정리의 틀로 세상을 해석한다

250년 전 베이즈 정리가 나왔고 21세기 빅데이터 시대를 맞아 재조명되고 있지만, 사실 우리들은 알게 모르게 베이즈 정리의 방식으로 세상을 해석하고 의사결정을 내린다고 한다. 뇌의 신경계는 불확실성의 세계에서 주어진 정보를 토대로 최적에 가까운 의사결정을 내리게 진화해 왔다는 말이다.

즉 우리가 이전에 알고 있던 정보$_{prior}$에 새로 습득한 정보$_{likelihood}$를 조합해 이를 바탕으로 사후 확률$_{posterior}$을 예측해 결정을 내린다. 이제 사후 확률은 업데이트된 이전 정보가 되고 여기에 또 다른 정보가 추가되면 사후 확률도 업데이트된다. 우리가 주변 세상의 변화에 적응해 살아갈 수 있는 건 뇌가 끊임없이 들어오는 정보를 베이즈 정리의 방식으로 반영하면서 자신을 업데이트하기 때문이라는 말이다.

베이즈와 동시대인이었던 스코틀랜드의 철학자 데이비드 흄은 확률론적 사고에 회의적이었다. 비록 오늘까지 매일 아침 해가 떴지만 내일도 해가 뜰지는 알 수 없고 따라서 내일 아침 해가 뜰 것이라는 예측은 내일 아침 해가 뜨지 않을 것이라는 예측보다 본질적으로 더 합리적인 사고방식은 아니라고 주장했다.

반면 베이즈는 확률에 기초한 사고도 합리성이라고 주장했다. 베이즈 정리에는, 우리가 우주에 대해 점점 더 많은 정보를 모을수록 우주의 진리에 대해 한 걸음 더 가까이 다가갈 수 있다는 그의 수학적, 철학적 믿음이 표현돼 있는 것이다.

참고문헌

Efron, B. *Science* **340**, 1177-1178 (2013)

DNA로 정보 저장하는데
왜 3진수를 쓸까?

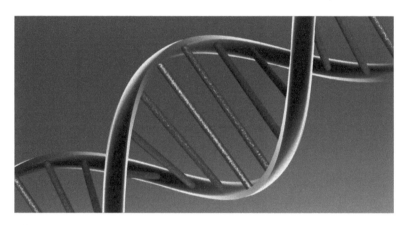

(제공 flicker.com/Caroline Davis2010)

　17세기 중반에서 18세기 초반을 살았던 독일의 고트프리트 빌헬름 라이프니츠는 정말 미스터리한 사람이다. 그와 동시대인인 아이작 뉴턴에 비해서는 오늘날 사람들에게 별로 알려져 있지 않지만, 천재성에서는 뉴턴에 버금가는 인물이다. 라이프니츠는 머리가 어지러울 정도로 다방면에 관심이 많았고 많은 업적을 내기도 했는데 따라서 '물리학자 뉴턴'처럼 앞에 그를 규정하는 분야를 고르기가 어렵다. 철학자, 수학자, 논리학자, 과학자, 공학자, 법학자, 신학자, 외교관, 행정가 심지어 연금술사까지. 라이프니츠가 잡다한 분야의 사람들과 주고받은 편지가 무려 1만 5000여 통이나 남아있다고 한다.

다른 분야는 잘 모르겠지만 적어도 수학에서 그의 기여는 대단하다. 라이프니츠는 뉴턴과는 별개로 미적분을 발견했다. 결국 죽을 때까지 우선권 논란에 시달렸지만(뉴턴이 9년 먼저 고안했지만 발표는 라이프니츠가 먼저 했다), 우리가 고교에서 배운 미적분 기호는 라이프니츠가 만든 것이다. '함수'라는 말을 처음 쓴 사람도 라이프니츠다. 그런데 라이프니츠는 수학에 또 다른 기여를 했다. 바로 이진수를 발견한 것이다(이진수 역시 17세기 초 토머스 해리엇이 먼저 생각해냈다). 정작 라이프니츠는 훗날 '주역'을 공부하면서, 고대 중국인들이 이진수 체계(음양)를 이해하고 있었다고 믿었다.

2진수를 발견한 게 별 일 아닌 것 같지만 사실 이런 아이디어를 떠올리기는 쉽지 않다. 필요는 발명의 어머니라는 말도 있듯이 쓸 데가 있어야 하는데 2진수는 그렇지 못했기 때문이다. 사과가 열 개만 돼도 1010으로 표시해야 하니 직관적이고 효율적인 10진수를 잘 쓰고 있는데 뭣하러 2진수를 고안하겠는가. 실제 라이프니츠도 2진수 체계를 갖고 한 게 아무 것도 없지만 그럼에도 이 발견을 아주 자랑스러워했다고 한다.

라이프니츠는 20대 때 당시로는 놀라운 수준의 기계식 계산기를 발명하기도 했다. 덧셈과 뺄셈은 물론 곱셈과 나눗셈도 가능했다는 이 계산기 덕분에 그는 1673년 불과 27살에 영국 런던왕립학회 회원으로 뽑혔다. 라이프니츠의 아이디어는 끝이 없었는데, 그는 완벽한 '보편 기호' 체계를 만들면 우리의 모든 사유 과정을 계산할 수 있는 계산기를 만들 수 있다고 믿었다. 어떻게 보면 라이프니츠는 디지털 컴퓨터의 핵심 개념을 모두 생각해낸 사람이다.

수만 년 전 DNA 정보 고스란히 남아있어

라이프니츠가 죽고 200년이 지난 20세기 그의 2진수는 논리연산에 적용되고 디지털 컴퓨터가 발명되면서 화려하게 부활했다. 2진법의 0과 1은 '디지털의 아버지' 클로드 섀넌에 의해 '비트$_{bit}$'라는 정보단위 이름을 얻었고, 오늘날 데이터 대다수는 비트의 연속으로 변환돼 계산되거나 저장될 수 있다. 그런데 사람들은 언제부터인가 현재 디지털 정보 저장 방식에 근본적인 문제가 있다는 사실을 깨달았다. 시간이 지남에 따라 정보가 손실되기 때문이다.

이는 열역학적으로 보면 불가피한 현상인데, 시간이 지날수록 엔트로피가 커지기(즉 정보를 잃기) 때문이다. 디지털 정보는 자기 테이프나 CD, 하드디스크 같은 매체에 자화돼 기록되는데 수십 년이 지나면 상당부분 손상이 불가피하다. 따라서 중요한 데이터는 정기적으로 다시 기록해야 한다. 한편 데이터를 입력하는 방식이나 운영프로그램의 급속한 변화로 막상 있어도 꺼내 볼 방법이 없는 데이터도 많다.

지난 2010년 과학저널 〈사이언스〉에는 약 4만 년 전 살았던 네안데르탈인의 게놈을 해독했다는 연구결과가 실렸다. 네안데르탈인의 뼛조각 일부(0.4그램)를 갈아 추출한 DNA에서 염기서열을 해독했는데 그 결과 현생인류와 99.84%가 동일하다(서로 상응하는 위치만 비교했을 때)는 결과를 얻었다. 수만 년이 지났어도 정보를 고스란히 보존하고 있는 DNA의 저장매체로의 우수성을 단적으로 보여준 사례다. 게다가 DNA정보는 시스템이 안 맞거나 버전이 틀려 데이터를 꺼내보지 못할 걱정이 없다!

사실 DNA는 2진수 체계와도 밀접한 관계가 있다. DNA는 4가지 염기로 이뤄져 있기 때문에 4진수로 정보를 저장하는 셈이기 때문이다. 4는 2의 제곱, 따라서 2진수는 쉽게 4진수로 변환할 수 있다. 예를 들어 10진수 '2013'을 2진수로 표현하면 '11111011101'인데 이를 4진수를 바꾸려면 낮은 자릿수부터 두 자리씩 묶은 뒤 각 묶음을 4진수로 바꿔 붙여주면 된다. (1 11 11 01 11 01 → 1 3 3 1 3 1 → '133131'(4진수)).

4진수 숫자 0, 1, 2, 3에 각각 DNA염기 A(아데닌), C(시토신), G(구아닌), T(티민)를 대응시키면(물론 다른 식으로 짝을 지워도 된다) 10진수 2013은 4진수 'CTTCTC'로 변환할 수 있다. 이런 간단한 생각을 과학자들이 안 했을 리는 없어 DNA저장 방식은 1988년 처음 소개됐다. 그러나 디지털 정보 저장 매체로서 DNA의 활용은 엄청난 비용 때문에 원리적으로나 가능한 애기였다.

그런데 최근 DNA합성과 해독 비용이 급속히 떨어지면서 몇몇 과학자들이 DNA에 디지털 정보를 저장하는 일을 진지하게 고민하기 시작했다. 과학저널 〈네이처〉 2013년 2월 7일자에는 DNA를 이용해 '고용량 저비용의 실제적인' 정보 저장 방법을 개발했다는 논문이 발표됐다. 영국과 미국 공동 연구팀은 1953년 왓슨과 크릭의 DNA이중나선 논문을 비롯해 5가지 형태의 파일을 DNA에 저장하고 이를 꺼내 100% 재현하는데 성공했다는 것.

사실 원리는 간단한 거고 필자는 이게 정말 얼마나 비용 경쟁력이 있기에 '실제적practical'이라는 표현을 썼을까가 궁금해 논문을 봤다. 그런데 논문을 얼마 읽지 않아 이들이 말하는 '실제적'이라는 표현이 다른 의미가 있다는 걸 발견했다. 즉 이들은 DNA하면 당연히 떠오르는 4진수 체계가 DNA를 저장 매체로 쓸 경우 비실제적이기 때문에 이를 해결하기 위해 3진수 체계를 도입했다는 것이다.

비트bit에서 트리트trit로

DNA가 4진수 체계로 부적절한 이유는 같은 염기가 연달아 있으면 해독할 때 오류가 나올 수 있기 때문이다. 앞의 '2013'을 나타내는 'CTTCTC'의 경우 'TT'가 여기에 해당한다. 물론 오류 가능성은 수천~수만 염기당 하나 꼴로 낮지만 정보 저장 매체로서는 불합격이다. 그래서 고안해 낸 게 3진수 체계다. 2진수 0과 1을 비트라고 부르듯 3진수 0과 1, 2는 트리트trit라고 한다. 즉 어떤 염기 하나가 정해지면 그 다음에는 나머지 세 염기 가운데 하나가 오게 규칙을 만든 것(자세한 내용은 'DNA'라는 문자열을 아스키코드를 이용한 현재 정보 저장 방식에서 허프만 코드라는 3진수 체계를 이용해 DNA서열로 변환한 다음 실례를 참조).

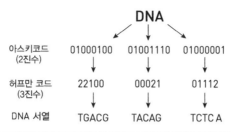

이전 염기	암호화할 다음 트리트(trit)		
	0	1	2
A	C	G	T
C	G	T	A
G	T	A	C
T	A	C	G

cf. 맨 앞은 0→C, 1→G, 2→T

'DNA'라는 문자열 데이터를 예로 들어 정보를 DNA 3진수 체계로 변환해 저장하는 과정을 소개한다. 같은 염기가 연달아 오는 걸 막기 위해, 허프만 코드의 숫자(0, 1, 2)에 대응하는 염기가 정해져 있는 게 아니라 이전 염기에 따라 겹치지 않게 배정된다(규칙은 표 참조).

이런 원리를 바탕으로 저자들은 정보를 염기 100개 단위로 잘라 저장했고 각각에 색인(물론 DNA염기서열로)까지 붙여 한 단위로 만들었다. 즉 긴 DNA가닥 하나에 정보를 모두 담는 게 아니라 고려 팔만대장경처럼 조각조각 나눠 정보를 담아 보관하는 것이다. 그런데 다음 정보 단위는 앞의 것의 26번째부터 시작해 100개를 저장한다. 즉 염기 25개 단위로 네 번에 걸쳐 중복해 저장함으로써(a-b-c-d, b-c-d-e, c-d-e-f, d-e-f-g, …) 정보의 안정성을 확보했다(이 연구가 '실제적'이라는 표현을 쓰는 또 다른 이유다!).

이렇게 해서 이들이 현재 구현한 비용은 DNA 100만 바이트당 정보를 저장하는데(DNA합성) 1만 2400달러(약 1300만 원)이고 정보를 해독하는데 220달러(약 23만 원)이다. 물론 이 비용은 현재 디지털 정보 저장 방식과 비교하면 터무니없이 비싸다. 그럼에도 오랜 시간(600~5000년)이 지나면 비용이 같아진다(현 방식은 10년마다 다시 저장한다고 할 때). 아직은 DNA 정보 저장, 즉 DNA합성 비용이 높지만 10분의 1로 떨어지면 비용이 같아지

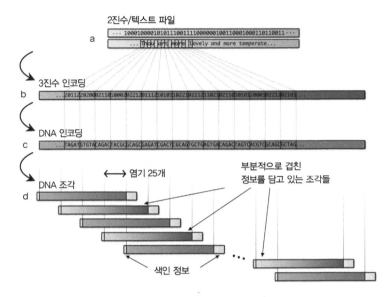

2진수/텍스트 파일

a
··· 100010000101011100111100000010011000100011011001 ···
··· THEY are here Lovely and more temperate...

3진수 인코딩

b
...2011220200020211010002202212011121010110223022132110210211010101200010221302101...

DNA 인코딩

c
...TAGATGTGTACAGACTACGCGCAGCGAGATCGACTCGCAGTGCTGAGTGACAGACTAGTCACGTCGCAGCGCTAG...

←→ 염기 25개

부분적으로 겹친
정보를 담고 있는 조각들

DNA 조각

d

색인 정보

· · ·

디지털 정보가 DNA에 저장되는 과정. 2진수 정보(a)는 3진수로 변환된 뒤(b) DNA서열로 바뀐다(c).
실제 DNA 디지털 정보는 긴 가닥 하나에 저장되는 게 아니라 염기 100개 길이의 조각으로 나뉘
어 저장된다(d, 4배수로 중복해서). 염기를 해독하기, 즉 정보를 꺼내보기 쉽게 하기 위해서다. (제
공 <네이처>)

는 시점은 100여 년 뒤이고, DNA합성 비용이 100분의 1로 떨어지면 10여
년 뒤에는 비용이 같아지는 것으로 나온다. DNA 정보 저장 실용화가 머
지않았다는 말이다.

DNA이중나선 구조가 발견된지 60년을 넘어서면서, DNA는 생명의 정
보뿐 아니라 모든 정보를 저장하는 매체로 거듭 태어나고 있다.

참고문헌

Goldman, N. et al. *Nature* **494**, 77−80 (2013)

인간게놈이 양자컴퓨터를 만났을 때

최근 NASA가 구매한 양자컴퓨터 디웨이브투의 512큐비트 프로세서. 양자컴퓨터는 최적화문제 같은 특정 계산에서 기존 디지털컴퓨터보다 훨씬 뛰어난 성능을 보인다. (제공 D-Wave)

"반갑습니다."

"그동안 잘 지내셨어요?"

무더위가 절정인 2013년 8월 13일, 송도 신도시에 있는 이원생명과학연구원 R&D센터에서 필자는 미국에서 바이오벤처 다이애그노믹스Diagnomics를 운영하고 있는 이민섭 대표를 만났다. 수년 전 이 대표가 국내 바이오회사에 초빙돼 근무할 때 취재원과 기자로 알게 됐는데, 그 뒤 이 대표는 미국으로 돌아가 자기 회사를 만들었다.

이번에 방한한 건 이원생명과학연구원과 다이애그노믹스가 공동제휴해

양자컴퓨터는 큰 방만한 크기다. 프로세서가 양자교란을 받지 않게 절대온도 0.02도의 극저온을 유지하기 위한 냉각장치를 설치해야 하기 때문이다. (제공 D-Wave)

'이원다이애그노믹스게놈센터'를 설립했기 때문. 이 박사는 연구원 4층에 자리한 게놈센터의 대표도 맡았다. 이원생명과학연구원은 진단 분야에서 독보적인 기술을 소유하고 있는데, 여기에 다이애그노믹스의 인간게놈분석기술을 더해 본격적인 개인게놈시대를 열겠다는 비전이다.

송도 신도시는 몇 번 와봤지만 연구원이 자리한 남쪽은 특히 더 이국적인 분위기였다. 필자 집(안양)에서 차로 불과 30분 거리임에도, 인천대 캠퍼스 풍경이나 연초에 완공했다는 연구원 건물 디자인이 외국에 온 것 같다. 동석한 이원의료재단의 윤영호 원장의 안내로 2층의 진단 실험실을 둘러봤는데, 그 거대한 규모에 충격을 좀 받았다. 전국에서 모여든 혈액 같은 생체시료들이 하루 수만 건씩 이곳에서 분석되고 있다고 하는데, 미래 인류의 모습을 그린 SF영화 속 장면을 보는 것 같다.

쾌적한 구내식당에서 점심을 하고(미역냉국이 나온 백반을 먹으면서 약간 현실감각이 돌아왔다) 조제커피를 마시니 '여기도 사람 사는 동네구나' 하는 생각이 든다. 그런데 이 대표와 담소를 나누다 다시 미래가 현실이 되는 충격과 마주쳤다. 최근 다이애그노믹스가 세계 유일의 양자컴퓨터 제조사인 캐나다의 디웨이브D-Wave와 합작법인인 'DNA-Seq'라는 회사를 만들었다는 것. 인간게놈분석기술과 양자컴퓨터의 계산능력을 결합해 새로운 차원의 개인게놈시대를 연다는 비전을 공유했다고 한다. 먼 미래의 이야기인줄로만 알았던 양자컴퓨터가 어느새 현실이 돼 우리 눈앞에 불쑥 모습을 드러내고 있는 셈이다.

최적화문제 해결에 탁월

다이애그노믹스와 디웨이브의 만남은 우연에서 비롯됐다. 2년 전 같은 동네에 사는 두 회사의 직원이 이런저런 얘기를 하다가 서로의 기술을 합치면 뭔가 혁신적인 결과물이 나오겠다는 공감을 했고 각자 회사로 돌아가 제안을 한 것. 게놈분석전문가들이 양자컴퓨터를 알 리가 없고 양자물리학자들도 생명과학에 문외한이었지만 만남을 계속하면서 점차 그림이 그려지기 시작했다.

이들이 추진하는 프로젝트를 요약하면 이렇다. 인간게놈에 500여개 있는 인산화효소kinase 유전자에 돌연변이가 생기는 게 암 발생의 주요 원인인데[10], 환자의 게놈분석으로 변이가 생긴 유전자를 확인한 뒤 양자컴퓨터로 변이 유전자가 만들어내는 변이 인산화효소의 구조를 예측한 뒤 이를 표적으로 한 약물을 찾는다는 것. 한마디로 개인게놈과 양자컴퓨터를 이용한 환자 맞춤형 항암치료인 셈이다.

'이 대표가 이런 몽상가였나?'라는 생각이 잠깐 머리를 스쳤지만, 문득 얼마 전 학술지 〈네이처〉에 실린 디웨이브 관련 기사가 떠올랐다(2013년 6월 20일자). 지난 5월 디웨이브가 두 번째 양자컴퓨터를 판매한 걸 계기로 양자컴퓨터의 현주소를 다루고 있는데, 한마디로 '양자컴퓨터가 더 이상 황당한 얘기는 아니다'라는 내용이다.

양자계산의 가능성은 이미 수십 년 전부터 이론물리학자들 사이에서 논의돼 왔고 알고리듬도 여럿 개발됐다. 문제는 이를 구현할 '실물' 양자컴퓨터가 없었던 것. 따라서 양자계산은 튜링머신처럼 관념의 영역에 속했다. 양자계산의 원리를 잠깐 소개하면(물론 필자도 이해하지는 못하지만), 기존의 디지털컴퓨터가 '0 또는 1'이라는 정보단위, 즉 비트bit를 바탕으로 작동하는 데 반해 양자컴퓨터는 '0과 1'이라는 양자 비트, 즉 큐비트qubit를 단위로 한다. 직관에 반하는 양자역학의 세계에서는 양자상태의 중첩이라는 현상이

---

10 인산화효소의 변이와 암발생에 관해서는 43쪽 '필라델피아 염색체를 아시나요?' 참조.

있고 따라서 큐비트가 10개면 2의 10승, 즉 1024가지 계산이 동시에 이뤄지고 100개면 2의 100승이라는 어마어마한 경우의 수를 소화할 수 있다.

〈네이처〉 기사에 따르면 41세인 디웨이브의 조르디 로즈 대표는 공대를 졸업하고 캐나다 브리시티컬럼비아대학에서 이론물리학으로 박사학위를 할 때 기술벤처투자전문가인 해이그 패리스의 강의를 듣고 양자컴퓨터를 만들어야겠다는 열정에 휩싸였다고 한다. 1999년 패리스가 꿔준 돈 4059.50 캐나다달러(약 400만 원)로 컴퓨터와 프린터를 산 로즈는 디웨이브란 회사를 차리고 투자자를 모았고, 이듬해 수백만 달러(수십억 원)를 확보해 연구팀 15곳에 투자해 양자컴퓨터의 가능성을 모색했다.

2001년 학술지 〈사이언스〉에는 미국 MIT 이론물리학센터 에드워드 패리 박사팀의 양자계산알고리듬에 관한 논문이 실렸다. 연구자들은 단열양자계산adiabatic quantum computing이란 방법을 쓰면 최적화문제optimization problem를 푸는데 기존 디지털컴퓨터보다 훨씬 뛰어나다는 걸 시뮬레이션으로 보인 것. 논문은 아래 문장으로 시작한다.

"큰(상업적인) 양자컴퓨터는 아직 만들어지지 않고 있지만, 이런 기기에 프로그래밍하는, 양자역학의 법칙에서 유도된 규칙은 잘 성립돼 있다."

단열양자계산이란 (필자는 개념을 이해하는 데 실패했지만) 먼저 각각의 큐비트가 독자적으로 계산을 한 뒤 서서히(즉 단열적으로) 이들 독립 큐비트들을 서로 상호작용하게 해 답을 찾아가는 알고리듬이라고 한다. 처음부터 큐비트들이 연동이 된 계산은 큐비트 숫자가 늘어날수록 에러가 누적돼 결과를 신뢰하기 어렵다고 한다. 그런데 단열양자계산법은 적용할 수 있는 계산 유형이 최적화문제 같은 종류로 제한돼 있다.

최적화문제란 주어진 여러 가능성 가운데 가장 효율적인 경로 또는 상태를 찾는 문제로 '순회 세일즈맨 문제traveling salesman problem'가 가장 유명한 예다. 즉 도시를 한 번씩 방문할 때 최단 경로를 찾아내는 문제로 도시가 늘어날수록 경우의 수가 지수적으로 늘어나기 때문에 디지털컴퓨터로는 한계에 봉착한다. 그런데 단열양자계산을 쓰면 여러 경로를 동시에 탐색하기 때문에 바로 답을 알 수 있다는 것. 변이 인산화효소의 구조를 밝히는 일도 최적화문제의 하나다(가장 안정한 구조를 찾는 것이므로).

로즈 대표는 각고의 노력으로 단열양자계산을 할 수 있는 양자컴퓨터를 만드는데 성공했고, 2007년 16큐비트짜리 양자컴퓨터를 시연했다. 당시 칩은 미항공우주국NASA의 제트추진연구소에서 만들었다. 2011년 디웨브는 마침내 첫 상용 양자컴퓨터인 128큐비트짜리 '디웨이브원D-Wave One'을 미국의 군수품제조회사 록히드마틴에 1000만 달러(약 110억 원)에 팔았고, 2013년 5월 512큐비트짜리 '디웨이브투D-Wave Two'를 구글에 1500만 달러(약 160억 원)에 공급했다.

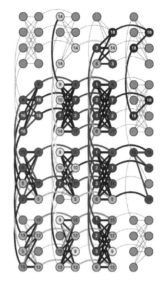

미국 하버드대 연구진들은 지난해 128 큐비트인 디웨이브원을 이용해 아미노산 6개로 이뤄진 단백질의 안정한 구조를 찾는 실험을 진행했다. 한 실험의 계산 과정에서 각각의 큐비트(원)가 연결된 상태를 보여주는 도식이다. (제공 <사이언티픽리포츠>)

사실 2011년 첫 양자컴퓨터를 팔았을 때만 해도 '희대의 사기극'이라는 말이 많았는데, 그 뒤 이 기계가 진짜 양자계산을 한다는 실험결과가 속속 저널에 실리면서 양자계산의 진위논쟁은 사실상 끝났고 이제는 과연 이 괴물을 어디에 쓸 것인가가 관심사가 되고 있다. 매년 메모리를 두 배씩 높이겠다는(무어 법칙의 양자컴퓨터 버전!) 로즈 대표조차 "우리가 차세대 양자컴퓨터를 만들 수 있다는 건 절대적으로 확신하지만, 이걸 어떻게 작동해야 할지는 정말로 전혀 아이디어가 없다"고 고백하고 있다.

그러나 걱정할 필요는 없어 보인다. 록히드마틴의 연구자들은 디웨이브원이 소프트웨어 코드를 읽고 버그가 있는지 여부를 '절대적으로' 판단할 수 있는 알고리듬을 개발했다. 하버드대 연구자들은 디웨이브원을 이용해 아미노산 6개로 이뤄진 단백질의 가장 안정한 구조를 찾는 알고리듬을 개발했다. 미국 암허스트대의 컴퓨터과학자 캐서린 맥그로치는 최적화문제 3가지를 갖고 디웨이브원과 16기가램 워크스테이션으로 계산을 했는데, 한 문제의 경우 디웨이브원이 0.5초 걸려 30분이 소요된 디지털컴퓨터보다 3600배나 빨랐다고 한다.

한편 구글의 연구자들은 '이항 이미지 분류자binary image classifier'라는 알고리듬을 개발했다고 한다. 예를 들어 이미지를 보고 그 안에 자동차가 있는지 없는지 컴퓨터가 판단할 수 있게 하는 것인데, 디지털컴퓨터로는 극히 어려운 과제다. 구글이 구매한 양자컴퓨터는 실리콘밸리에 있는 NASA 에임스연구센터의 '양자인공지능실험실'에 설치될 예정인데, 구글은 주로 웹 검색과 음성인식기술 등에 활용할 예정이고 NASA는 은하충돌 시뮬레이션, 관측 데이터 분석 등에 적용할 것이라고 한다. 구글과 NASA가 각각 40%씩 작동 시간을 나눠 쓰고 나머지 20%는 '흥미로운' 프로젝트를 제안하는 미국의 대학 연구진에게 할당한다고 한다.

로즈 대표도 인정하듯이 계산 과제를 양자컴퓨터가 이해할 수 있는 언어로 프로그래밍하는 건 현재 무척 어려운 일이라고 한다. 디지털컴퓨터가 처음 나왔을 때 소수의 컴퓨터과학자들만이 코딩을 할 수 있었던 상황과 비슷하다. 그러나 오늘날은 조금만 공부하면 누구나 기본적인 코딩은 할 수 있듯이, 양자컴퓨터 프로그래밍도 빠르게 발전하리라는 전망이 우세하다.

하지만 집채만 한 디지털컴퓨터가 수십 년 만에 PC가 돼 개인기기가 된 것 같은 일은 양자컴퓨터에서 일어나지는 않을 것이다. 양자컴퓨터는 프로세서의 양자상태가 외부의 교란을 받으면 안 되기 때문에 우주에서 가장 차가운, 절대온도 0.02도(영하 273.13°C)에서 작동해야 하기 때문이다. 디웨이브 크기가 방만한 것도 손톱만한 프로세서를 극단적인 저온으로 유지하기 위한 냉각시스템 때문이다.

다른 많은 일처럼 코딩도 실제 짜서 컴퓨터로 실행해보고 하면서 실력이 는다. 이미 양자컴퓨터가 나와 있는데 여전히 이론적인 알고리듬 연구만 해야 한다면 당사자도 꽤 답답할 노릇일 것이다. 필자가 가끔 모교에 가보면 여기저기 대기업들이 돈을 댄 건물들이 위풍당당하게 서 있다. 대학에서야 공짜로 지어준다니 덥석 받았겠지만 텅 비어 보이는 게 돈낭비같기도 하다. 차라리 양자컴퓨터를 한 대 사줘 우리 과학자들도 미래를 사는 경험을 하게 해주는 게 더 낫지 않을까 하는 생각이 문득 든다.

참고문헌

Johes, N. *Nature* **498**, 286−288 (2013)
Perdomo−Ortiz, A. et al. *Scientific Reports* **2**, 571 (2012)

컴퓨터 시뮬레이션으로 재현한 거품의 삶과 죽음

인간은 표면에 머무르기를 좋아한다. 왜냐하면 표면에 머무른다는 것은 보다 적은 노력을 요구하기 때문이다.

- 바실리 칸딘스키

언어는 우리가 세상을 지각하는데 얼마나 영향을 미칠까. 예전에 한 책에서 읽은 건데 우리나라 말이 속해 있는 알타이어에는 '녹색'을 나타내는 단어가 없다고 한다. 즉 '파랗다', '푸르다'를 파란색과 녹색에 구분없이 쓴다는 것이다. 얼핏 생각하면 '풀'에서 '푸르다'가 나온 것 같고 따라서 푸른 색이 녹색 아니냐 하겠지만, '푸른 하늘', '파란 새싹' 같은 표현을 써도 전혀 어색하지 않다. 이런 현상은 같은 알타이어인 일본어도 마찬가지다.

물론 수천 년 전 한자가 들어오면서 '녹색綠色'이라는 한자어가 이 공백을 메워서 엄밀하게 풀의 색을 얘기해야 할 때는 녹색이라고, 하늘은 청색이라고 말하면 된다. 그 책의 요지는 한자가 들어오기 전 알타이어를 쓰는 사람

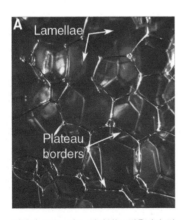

거품의 구조. 서로 닿아있는 방울끼리 막 lamellae을 공유하고 있다. 막 3개가 만나는 선분을 플라토 경계Plateau borders라고 부른다. (제공 <사이언스>)

들은 녹색과 파란색에 대한 식별능력이 각 색을 나타내는 별개의 단어가 있는 사람들에 비해 둔감하지 않았을까 하는 내용이었던 것으로 기억한다.

사물의 이름에 대해서도 비슷한 예가 있다. 영어로 drop, bubble, foam 은 각자 뚜렷이 구분되는 물리적 실체에 대한 이름이다. 즉 drop은 공 모양의 액체이고 bubble은 속이 빈 공 모양의 액체막이고 foam은 bubble이 여럿 모인 상태다. 그런데 우리말은 좀 애매하다. drop은 방울, foam은 거품인데 bubble은 방울이라고도 부르고 거품이라고도 부른다. 즉 우리말에서 거품은 '속이 빈 방울'이라는 뜻이 있어 비누거품을 비눗방울이라고 써도 된다. 그런데 방울은 공 모양의 형태에만 쓰므로 foam은 거품이지 방울은 아니다. 즉 방울은 개별 거품에 한해서 상위 개념이다.

왜 이렇게 번잡한 얘기를 하는가 하면 지금부터 거품의 물리학을 다룰 텐데 bubble과 foam을 둘 다 거품이라고 번역하면 헷갈리기 때문이다. 따라서 여기서 말하는 거품은 foam을 의미하고 구성단위인 bubble은 '비눗방울' 또는 '방울'이라고 번역한다.

거품은 꺼질 운명의 존재

드라마에서 소주나 위스키를 마시는 장면은 자연스러운데 맥주를 마실 때는 영 어색하다. 유리잔에 보리차를 담았는지 연갈색 액체 위에 거품이 전혀 없기 때문이다. 잔에 맥주를 막 따르면 거품 층이 꽤 두꺼운데 잡담을 나누다 잔을 들면 거품이 많이 꺼져 있다. 거품을 이루는 방울이 터져서 사라졌기 때문이다.

맥주를 잔에 따르는 것 같은 급작스러운 외부 교란으로 생성된 거품은 시간이 지나면 없어지기 마련이다. 거품이 있는 상태가 열역학적으로 불안정하기 때문이다. 즉 액체는 표면적을 줄이려는 경향이 있기 때문에(이를 표면장력이라고 부른다) 표면적이 많이 늘어난 상태인 거품이 꺼지는 것이다. 순수한 물은 세게 저어도 거품을 만들기가 어렵다. 물분자의 표면장력이 워낙 커서 거품이 만들어지자마자 깨지기 때문이다. 반면 비누나 샴푸, 맥주 같은, 표면장력을 낮춰주는 계면활성제가 녹아있는 수용액은 거품도 잘 생기고 오래 유지된다.

물리학자들은 오래전부터 거품의 구조와 시간에 따른 변화를 이해하기 위해 노력해왔다. 거품을 자세히 들여다보면 흥미로운 구조를 볼 수 있는데, 즉 인접한 비눗방울들은 막lamella을 공유하고 있고 막 3개가 만나는 선분이 있다(막 2개 또는 4개 이상이 만나는 경우는 없다!). 따라서 막 사이의 각도는 120° 내외다. 또 선분 4개가 한 점에서 만난다(역시 3개 또는 5개 이상이 만나는 경우는 없다). 이 선분을 '플라토 경계Plateau border', 이런 관계를 '플라토 법칙Plateau's laws'이라고 부르는데, 이 현상을 발견한 19세기 벨기에의 물리학자 조셉 플라토의 이름에서 따왔다.

그렇다면 거품은 어떤 과정을 통해 꺼질까. 비눗방울로 이뤄진 거품을 자세히 보면(면도 거품이나 카푸치노 거품은 너무 작아서 이런 현상이 안 보인다) 투명한 막 표면에서 무지개색이 일렁거린다. 이런 무지개색은 색소 때문에 나타나는 게 아니라 빛이 막을 투과하고 반사할 때 일어나는 간섭 때문이다. 즉 바깥쪽 막에서 바로 반사하는 빛과 막을 통과한 뒤 안쪽 막에서 반사한 빛이 보강간섭을 하는 파장의 색이 보이는 것이다. 비누막에서 색이 일렁거리는 건 막의 두께가 변하면서 보강간섭을 하는 파장이 바뀌기 때문이다[11].

즉 거품은 액체막이 공기를 분할한 상태인데 막을 이루는 액체가 중력과 표면장력을 받아 아래로 흐르면서 막이 얇아지고 결국은 터지는 것이다. 물론 물리학자들은 이런 기본 메커니즘을 벌써 파악했지만 지금까지도 거품이 터지는 정확한 메커니즘은 밝히지 못한 상태였다. 즉 컴퓨터그래픽으로 거품이 터지는 장면을 재현하려면 동영상의 각 프레임을 일일이 그려 이어 붙여야 한다는 말이다.

---

11   색에 관련된 내용은 3쪽 '靑馬는 없어도 파랑새는 있다' 참조.

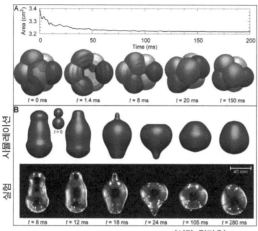

시뮬레이션

실험

(시간: 밀리초)

거품의 진화를 보여주는 시뮬레이션. 위는 방울 하나가 터졌을 때(주황색) 나머지 방울들이 재배치되면서 안정을 찾는 과정을 보여주고 있다. 아래는 서로 닿아있는 두 방울 사이의 막이 터지면서 하나로 합쳐지는 과정을 시뮬레이션한 결과가 실제 실험 결과와 거의 비슷함을 보여준다. (제공 〈사이언스〉)

거품 꺼지는 과정을 3단계로 나눠 해석

그런데 과학저널 〈사이언스〉 2013년 5월 10일자에 미국 버클리 캘리포니아대의 수학자들이 거품이 꺼지는 과정을 거의 완벽하게 재현할 수 있는 수식(미분방정식)을 만들었다는 연구결과가 실렸다. 즉 이 수식의 변수(액체 밀도, 표면장력 같은)에 특정한 값을 지정해주고 초기 조건을 정해주면 시간 경과에 따른 거품의 변화를 시뮬레이션할 수 있다는 것. 앞으로는 영화 CG에서 거품 장면을 연출할 때 엄청난 수작업을 안 해도 된다는 말이다.

연구자들은 거품의 변화과정을 3단계로 나눴다. 첫 번째가 재배치기re-arrangement phase로 비눗방울 하나가 터진 뒤 불안정해진 거품 구조가 재배치되면서 안정을 찾는 단계다. 두 번째가 액체배수기liquid drainage phase로 겉보기에는 거품이 안정한 상태인 것 같지만 막의 물이 빠져나가면서 막이 얇아지는 단계이다. 세 번째가 파열기rupture phase로 얇아진 막이 터지면서 거품 구조의 균형이 깨진다. 이후 다시 첫 번째 단계로 돌아가 사이클이 반복된다.

이처럼 거품의 진화를 3단계로 나눈 건 모든 요소를 한꺼번에 고려할 경우 너무 복잡해지기 때문이다. 따라서 각 단계별로 변화를 재현할 수 있는 수식을 만든 뒤 이를 매끄럽게 이어 붙여 실제 현상에 가깝게 재현할 수 있는 시뮬레이션을 만들어낸 것. 197쪽 그림의 위를 보면 거품에서 비눗방울이 하나 터질 때(주황색) 거품을 이루는 비눗방울들의 재배치가 일어나면서 안정을 찾는 과정이 경과시간(밀리초 단위)과 함께 나타나있다. 맨 위의 그래프를 보면 방울 하나가 터지자 거품을 이루는 막 전체의 표면적이 감소하다가 일정하게 유지되는데 바로 거품 구조가 안정화되는 과정이다. 197쪽 그림 아래는 서로 닿아있는 비눗방울 두 개 사이의 막이 터지면서 합쳐질 때 시간의 경과에 따른 형태의 변화로, 수식을 푼 시뮬레이션과 실제 비눗방울에서 관찰되는 형태변화가 거의 일치함을 볼 수 있다.

연구자들은 이렇게 검증한 수식으로 다양한 상황에서 거품이 꺼지는 과정을 시뮬레이션했다. 아래 그림은 막 위에 떠있는 거품이 소멸하는 과정을 시뮬레이션 한 것으로, 막의 두께(η)에 따라 다른 색으로 표시해 두께변화도 한 눈에 볼 수 있다. 즉 크고 작은 비눗방울 17개로 이뤄진 거품에서 먼저 막이 얇은 작은 비눗방울들이 터진다. 막이 터질 경우 원래 플라토 경계였던 자리의 막이 두꺼워짐을 알 수 있다(붉은색). 때로는 작은 방울이 터져 합쳐질 때의 급격한 요동으로 큰 방울이 터지기도 한다. 마지막 장면은 거품을 이루고 있던 방울들이 서로 떨어져 결국 네 개의 방울만 남은 상태를 보여준다.

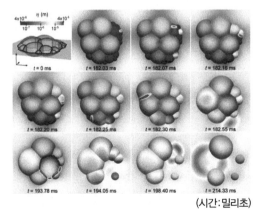

막 위에 떠있는 거품의 진화를 시뮬레이션한 결과. 막이 얇은 작은 방울들이 먼저 터지고 이때 요동으로 큰 방울도 터지면서 결국 거품이 소멸한다. 이 과정에서 막의 두께 변화는 색의 변화로 알 수 있다. (제공 <사이언스>)

(시간:밀리초)

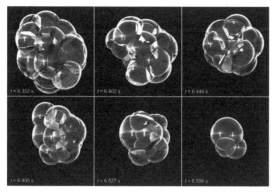

실제 거품처럼 막을 투명하게 하고 두께에 따라 빛의 간섭효과가 나타나게 한 시뮬레이션 결과. 앞으로는 영화에서 거품이 나오는 장면을 CG로 만들기가 훨씬 쉬워질 것이다. (제공 <사이언스>)

(시간:초)

위의 그림 역시 거품이 꺼지는 과정을 담은 시뮬레이션에서 발췌한 스틸사진으로(진짜가 아니다!) 막을 투명하게 하고 두께에 따라 간섭효과를 내게 프로그램했다. 영화 CG는 이런 식으로 거품을 재현할 것이다. 막의 두께가 일정한 비눗방울 27개(평균 지름은 3mm)가 모인 거품으로 출발했는데, 막을 이루는 액체가 빠져나가면서 6.4초일 때 첫 방울이 터지고 뒤이어 급격히 방울이 터지면서 거품이 꺼진다. 첫 방울이 터지고 비눗방울 3개가 남아있는 마지막 사진까지 불과 0.2초가 걸렸다. 이 과정을 동영상으로 보면 훨씬 더 진짜 같다.

액체의 표면에 머무르다 방울이 하나둘 터지며 사라지는 거품. 그러나 몇몇 과학자들은 끈질기게 거품의 내면을 들여다봤고 마침내 놀라운 통찰력으로 복잡하기 이를 데 없는 거품의 진화 과정을 몇 개의 수식으로 재현하는데 성공했다. 거품은 덧없는 존재일지 모르지만 거품의 물리학은 영속하지 않을까.

참고문헌

Weaire, D. *Science* **340**, 693−694 (2013)
Saye, R. I. & Sethian, J. A. *Science* **340**, 720−724 (2013)

Cheers Science

Science Cafe 3

PART 07

Cheer's Science

물리학/화학

호프스태터 나비를 아시나요?

> 나비는 날지 않는다. 그저 팔락댈 뿐이다.
> 너무 아름답고 또 너무 큰 양 날개는 나비로 하여금 날지
> 못하게 방해나 될 뿐이다.
>
> ─ 가스통 바슐라르, 『공기와 꿈』

2013년 여름은 비도 많이 오고 날도 유난히 더워 곤충 번식이 왕성해져서 그랬는지 몰라도 예전에는 어쩌다 한 번 볼 수 있었던 제비나비가 서너 마리씩 몰려다니는 광경을 여러 번 목격했다. 커다란 날개를 펄럭거리면서 날아가는 녀석들을 보면 '나비는 참 아름다운 곤충이구나' 라는 생각이 들다가도 어떻게 저런 형태로 진화했을까 하는 의문도 든다.

더글러스 호프스태터가 직접 그린 호프스태터 나비. 자기장에 놓인 결정에 있는 전자 에너지의 띠를 보여주는 그래프로 수평축은 전자 에너지, 수직축은 자기장의 세기다. 허용 가능한 전자 에너지의 띠가 프랙탈 패턴을 보임을 알 수 있다. (제공 더글러스 호프스태터)

벌이나 잠자리에게 투명 필름인 날개가 몸통을 공중으로 띄워 이동하게 하는 수단이라면, 나비 날개는 비행의 수단이자 목적인 것 같다. 몸통은 두 날개가 접히는 축에 놓인 경첩 정도라고 할까. 문짝이 여닫히듯 날개가 펄럭이며 다음 경로가 어딘지 알 수 없을 정도로 어지럽게 날아다니는 나비.

그래서 우리는 나비가 나는 모습을 보며 '춤춘다'는 표현을 쓴다.

이런 나비 비행의 불안정함에서 영감을 얻은 것일까. 지난 2008년 타계한 카오스 이론의 개척자 에드워드 로렌츠 교수는 1972년 한 학회에서 '예측 가능성: 브라질에 있는 나비 한 마리의 날갯짓이 텍사스에 토네이도를 몰고 올 수 있는가?'라는 제목의 발표를 했다. 그 뒤 이 말은 '북경의 나비한 마리의 날갯짓이 뉴욕에 폭풍우를 일으킨다'로 바뀌어 '나비효과'로 불리고 있다. 그런데 양자물리학 분야에서도 유명한 나비 한 마리가 있다. 바로 '호프스태터 나비Hofstadter's butterfly'다.

안드레 가임과 김필립, 또 만나다

1976년 미국 오리건대 물리학과 박사후연구원이었던 더글러스 호프스태터는 학술지 〈물리리뷰B〉에 흥미로운 논문을 발표했다. 원자가 주기적으로 배치된 결정에서 전자는 강력한 자기장이 걸렸을 때 특정한 에너지 값만 가질 수 있고, 이를 도식화하면 나비가 연상되는 프랙탈 패턴이 나온다는 것. 1975년 프랑스 수학자 베누아 만델브로가 세부 구조가 전체 구조를 끊임없이 반복하는 구조에 '프랙탈fractal'이라는 이름을 붙였지만 아직 알려지지 않아 호프스태터는 '재귀구조recursive structure'라는 용어를 썼다. 호프스태터는 만델브로와 독립적으로 프랙탈을 발견했다고 볼 수 있다.

이 논문은 여러 물리학자들의 흥미를 끌었고(지금까지 1800회 넘게 인용됐다) 전자의 에너지 패턴은 '호프스태터 나비'라고 불리게 됐지만, 수십 년동안 호프스태터의 이론적 예측을 실험으로 증명하지는 못했다. 보통 결정을 이루는 원자 사이의 거리는 1나노미터가 안 되는데, 이런 조건에서 호프스태터 나비를 보려면 1만 테슬라가 넘는 엄청난 자기장을 걸어야 하기 때문이다.

그런데 최근 물리학자들이 육각형 모양의 2차원 격자를 이루는 그래핀을 이용해 호프스태터 나비를 '봤다'는 연구결과를 잇달아 내놓아 화제다.

학술지 〈네이처〉 2013년 5월 30일 자에는 논문 두 편이 나란히 실렸는데, 하나는 2010년 그래핀graphene으로 노벨물리학상을 받은 영국 맨체스터대 안드레 가임 교수가 참여한 공동연구팀의 논문이고, 다른 하나는 당시 아깝게 노벨상을 놓친 미국 컬럼비아대 김필립 교수가 참여한 공동연구팀의 논문이다. 흥미롭게도 지난 2005년 김 교수팀이 〈네이처〉에 그래핀의 양자역학적 현상을 규명한 논문을 실었을 때도 가임 교수팀의 비슷한 결과를 얻은 논문이 나란히 실렸다[12]. 한편 학술지 〈사이언스〉 2013년 6월 21일자도 또 다른 연구그룹의 호프스태터 나비 논문이 실렸다.

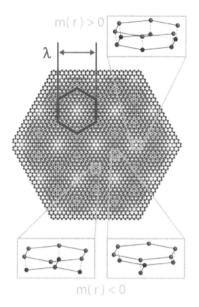

최근 물리학자들은 그래핀(회색)과 육각형질화붕소(빨강, 파랑)를 이용해 초격자(녹색 육각형)를 만들어 전자 에너지의 프랙탈 패턴을 확인하는데 성공했다. 이론이 예측한 나비 모양은 아니고 비유하자면 고치 수준이라고 한다. (제공 〈사이언스〉)

연구자들은 그래핀과 육각형질화붕소hBN를 나란히 놓아 초격자superlattice를 만드는 트릭을 써서 호프스태터 나비를 잡았다. 그래핀은 육각형 꼭짓점마다 탄소가 놓여 있는 구조인 반면 hBN은 탄소 대신 붕소와 질소가 교대로 배치된 구조다. 언뜻 보면 그래핀처럼 보이지만 원자 사이의 거리도 약간 짧고 각 원자의 전하도 중성이 아니다. 그래핀 바로 아래 hBN을 가져가 두 육각형 구조가 딱 겹치게 배치하려고 해도 안 되는데 육각형 크기가 서로 다르기 때문이다. 그러나 멀리서 보면 이들 육각형이 여러 개 겹쳐진 상태의 주기적인 구조가 드러나는데 이를 초격자라고 부른다. 7과 8의 최소공배수가 56인 것과 비슷한 원리다.

---

12 당시 상황에 대한 자세한 설명은 『과학 한잔 하실래요』 32쪽 '2010년 노벨물리학상 논란' 참조.

그래핀과 hBN 초격자의 길이는 10나노미터가 넘기 때문에 수십 테슬라 정도의 자기장으로도 호프스태터 나비를 볼 수 있는 가능성이 열린 것. 실제 실험결과 나비는 볼 수 없었지만 전자의 에너지가 프랙탈 패턴을 보인다는 사실은 확인했다. 이에 대해 〈사이언스〉에 실린 논문의 저자인 미국 MIT의 파블로 자릴로-헤레로 교수는 "우리는 고치를 발견했다. 이 안에 나비가 들어있는 건 의심의 여지가 없다"고 평가했다. 한편 현재 인디애나 대에서 인지과학을 가르치고 있는 호프스태터 교수는 이에 대해 다소 시니컬하게 반응했다. 자신이 박사학위 주제로 이 연구를 했을 때 지도교수가 '숫자 놀음'이라며 "그런 종류의 연구로는 박사학위를 받기도 어려울 것"이라고 말했다고 회상했다. 결국 호프스태터는 1975년 간신히 박사학위를 받은 뒤 이듬해 단독 저자로 논문을 기고했다.

과학계의 움베르토 에코

사실 호프스태터 교수는 호프스태터 나비보다 1979년 출간한 불가사의한 책 『괴델, 에셔, 바흐』의 저자로 더 유명하다. 불완전성의 정리로 유명한 논리학자 괴델과 펜로즈 계단을 묘사한 석판화 '올라가기와 내려가기'로 유명한 판화가 에셔, 그리고 음악의 아버지 바흐를 기묘하게 엮어 이야기를 전개해가는 이 책은 출간 이듬해 퓰리처상(논픽션 부문)과 미국도서대상을 수상하면서 당대 지성인들을 열광시켰다. 20년이 지난 1999년 한글판이 나왔지만 필자에게는 너무 어려워 얼마 읽지 못하고 포기한 기억이 난다.

과학계의 움베르토 에코라고 할 수 있는 더글러스 호프스태터. 2002년 57세 때다. (제공 위키피디아)

호프스태터의 삶의 경로는 나비의 비행만큼이나 어지럽다. 그는 1945년 뉴욕에서 태어났는데, 1961년 노벨물리학상 수상자인 로버트 호프스태터가 아버지다. 어릴 때 아버지에게서 제곱근과 허수(i)의 개념을 배웠다는 호프스태터는 훗날 아버지가 교수로 있던 스탠퍼드대에서 수학을 공부한 뒤 오리건대에서 천재로서는 늦은 나이인 서른 살에, 자기장이 있을 때 결정의 전자 에너지에 대한 연구로 물리학 박사학위를 받았다.

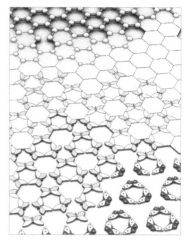

최근 실험으로 호프스태터 나비를 입증한 영국 맨체스터대 연구팀은 판화가 에셔의 작품 '변태Metamorphosis'를 패러디해 그래핀과 호프스태터 나비를 형상화했다. (제공 맨체스터대)

겉으로는 평범한 경력이지만 사실 호프스태터는 이 사이에 온갖 분야를 섭렵하면서 현란한 지식을 쌓았다. 그는 프랑스어, 러시아어 등 8개 국어에 능통하다. 『괴델, 에셔, 바흐』 한국어판 독자들에게 쓴 글을 보면, 한국어판 출간을 매우 기뻐한다며 "나도 얼마 전에 러시아의 문호 알렉산드르 푸슈킨의 『예브게니 오네긴』의 번역을 마쳤습니다. 러시아어로 쓰인 378개의 소네트를 영어로 옮기는 작업은 환희와 고통의 연속이었습니다"라고 쓰고 있다.

그의 음악 실력은 연주자급이고 수학, 컴퓨터과학, 인지과학 등을 닥치는 대로 마스터했다. 이론물리학을 전공한 그가 컴퓨터과학과 교수로 임용된 배경이다. 그는 15살에 괴델을 알게 된 이후 그의 불완전성 원리에 대한 짧은 책을 쓰려다가 에셔와 바흐의 작업에서도 공통점(재귀순환으로 대표되는 무한성)을 발견하고 작업의 스펙트럼을 넓혔다. 박사학위 내내 저술작업을 병행했고 1977년 인디애나대 컴퓨터과학과 교수로 자리잡은 뒤 마무리해 1979년 펴낸 것이다.

책의 5장 '재귀적인 구조와 재귀순환적인 과정'에 호프스태터 나비를 설명하는 부분이 나온다. 역자가 언어학자라 crystal을 결정이 아니라 수정으로 오역하기는 했지만(사실 이 책을 번역한 것만으로도 경이로운 일이다), 읽어보면 저자가 자신의 결과가 실험으로 입증될 것을 기대하지 않고 있다는 걸 알 수 있다. 즉 "솔직히 말해서 G플롯(호프스태터 나비의 원래 이름이다)이 어떤 실험 속에서 나타날 경우 나만큼 놀랄 사람이 또 있을까? (중략) G플롯은 순전히 이론물리학을 위한 공헌이지, 그것을 관찰하고자 하는 실험물리학자들을 위한 암시는 아니다"라고 쓰고 있다. 한 세대 뒤 후배 과학자들이 그래핀과 hBN을 써서 초격자를 만들어 실험을 하리라고는 꿈도 꾸지 못했을 것이다.

『괴델, 에셔, 바흐』 한국어판 독자들에게 쓴 글에서 호프스태터는 아래와 같이 말하고 있다. 나이가 먹을수록 점점 게을러지고 산만해지는 필자로서는 가슴이 뜨끔한 이야기다. 『괴델, 에셔, 바흐』에 한 번 더 도전해봐야 할까.

"인생에 남아도는 시간이란 없습니다. 인생은 별도의 공간과 사치를 허용할 정도로 길지 않습니다. 자! 이제, 구하십시오, 그러면 찾을지니Quaerendo, invenietis!"

▶ 참고문헌

더글라스 호프스태터, 박여성 괴델, 에셔, 바흐(상, 하) (까치, 1999)
Ponomarenko, L. A. et al. *Nature* **497**, 594–597 (2013)
Dean, C. R. et al. *Nature* **497**, 598–602 (2013)
Fuhrer, M. S. *Science* **340**, 1413–1414 (2013)
Hunt, B. et al. *Science* **340**, 1427–1430 (2013)

첼랴빈스크 소행성 폭발 위력이
히로시마 원폭의 30배?

2013년 2월 15일 저녁, TV에서 뉴스 예고편을 보다가 깜짝 놀랐다. 러시아 우랄지역의 도시 첼랴빈스크에서 천체가 폭발해 주민 수백 명이 부상을 입었다는 것이다. 흰 연기를 뒤로 하며 떨어지는 유성이 해 뜰 무렵인데도 분명히 보였을 뿐 아니라 도심 사거리를 비추는 화면을 보니 순간적으로 엄청나게 밝아지기까지 했다. 만일 밤이었다면 한동안 주변을 대낮처럼 밝혔으리라.

참고로 유성meteor, 즉 별똥별은 천체가 지구 대기와 부딪치면서 내는 불빛이 우리 눈에 보이는

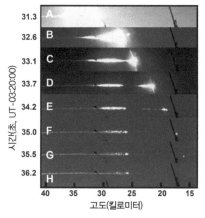

첼랴빈스크 인근 도시 카멘스크-우랄스키에서 A. 이바노프가 비디오로 찍은 소행성 폭발 장면 동영상을 캡처한 사진들을 시간 경과에 따라 배치했다. 처음 폭발(A)이 일어난 뒤 노출 보정을 해 두 번째 사진(B)부터는 유성을 뚜렷하게 볼 수 있다. 두 번째 폭발(C)이 있었고, 첫 번째 폭발이 있었던 자리에 빛을 내뿜는 먼지구름이 한동안 남아 있었음을 알 수 있다. (제공 <사이언스>)

것이다. 보통 햇빛이 있는 낮에는 보이지 않고 밤이라도 최소한 질량이 1그램은 돼야 보인다. 그런데 이번에는 덩치가 워낙 커 햇빛이 무색할 정도로 밝았다. 이 천체의 실체는 지름이 17~20미터, 질량이 약 1만3000톤

소행성 폭발 충격파로 깨진 유리창 파편이 실내 바닥을 덮고 있는 첼랴빈스크 극장의 모습. (제공 Nikita Plekhanov)

으로 추정되는 소행성으로, 초속 20킬로미터의 엄청난 속도로 지구를 향해 돌진하다가 고도 30킬로미터에서 폭발한 것이다. 이때 분출한 에너지는 대략 TNT 500킬로톤에 해당해 히로시마 원자폭탄의 30배에 이르는 것으로 추정됐다. 이 정도 규모의 소행성 폭발은 100년에 한 번 일어나는 사건이라고 한다.

다행히 사망자는 없었지만 충격파로 건물 유리창이 깨지면서 파편에 다친 사람과 열기로 가벼운 화상을 입은 사람 1600여명이 병원을 찾았다고 한다. 사건이 일어나고 얼마 뒤 인근 체바르쿨 호수 위 얼음판에 커다란 구멍이 뚫린 사진이 공개돼 화제가 됐다. 폭발의 잔해인 운석이 떨어지면서 뚫고 지나간 것이다. 곧바로 호수 바닥을 뒤졌지만 운석을 찾지 못해 다들 아쉬워했다. 그런데 8개월이 지난 10월 16일 호수에서 건져 올린 600킬로그램이나 나가는 거대 운석이 언론에 공개되면서 사람들을 깜짝 놀라게 했다.

소행성이 충돌하고 아홉 달이 지난 시점에서 이 사건을 분석해 재구성한 논문 세 편이 발표됐다. 〈네이처〉 2013년 11월 14일자에 두 편이 실렸고, 〈사이언스〉 11월 29일자에 한 편이 실렸다. 앞의 소행성 스펙도 이들 논문이 추정한 값들이다.

1908년 퉁구스카 사건의 실체는?

필자가 이번 소행성 폭발에 큰 관심을 갖게 된 건 얼마 전 『Antimatter반물질』라는 책을 번역했기 때문이다. 저자인 영국의 물리학자 프랭크 클로우스는 '퉁구스카 사건Tunguska event'으로 이야기를 풀어나갔는데, 언론매체에서 이번 소행성 폭발을 말할 때 '1908년 이래 가장 큰 폭발'이라고 표현하는 그 1908년 폭발이 바로 퉁구스카 사건이다.

지난 2008년 6월 30일 퉁구스카 사건 100주년을 맞아 〈뉴욕타임스〉에 실린 기사에서 NASA 지구근접물체연구소 도날드 예먼스 박사는 이 사건이 지름 약 37미터, 질량 약 10만 톤인 소행성이 초속 15킬로미터 속도로 지구 대기에 충돌하면서 지상 8.5킬로미터 지점에서 폭발한 결과라고 추정했다. 이때 에너지는 히로시마 폭탄 185개에 해당하는 위력이다. 당시 폭발지점 주변 공기의 온도는 무려 2만 4700도까지 올라갔을 것으로 추정된다.

이 사건으로 시베리아 퉁구스카 일대는 말 그대로 초토화가 됐는데 폭발이 일어난 바로 아래 지점(그라운드 제로ground zero라고 부른다)을 중심으로 사방 25킬로미터에 이르는 동심원 안에 있는 나무 8000만 그루가 쓰러졌다고 한다. 그리고 수많은 순록이 타죽었다. 이 지역은 수십 킬로미터를 가도 사람 그림자도 볼 수 없는 외진 곳이었기에 인명피해는 보고되지 않았다.

이때 나무가 쓰러지는 방향이 원의 바깥을 향하고 있었기 때문에 1927

1908년 퉁구스카 폭발로 쓰러진 나무들. 1927년 탐사대가 찍은 현장 사진으로 사건이 나고 19년이 지났음에도 생태계가 전혀 회복되지 못할 정도로 충격이 컸음을 알 수 있다. (제공 레오니드 쿨릭 탐사대)

년 무려 19년이나 지나 현장조사를 나간 과학자들은 나무의 쓰러진 방향을 보고 자연스럽게 원의 중심을 찾을 수 있었다고 한다. 그리고 그라운드 제로 지점에 도착해보니 죽은 나무들이 꼿꼿이 서 있었다고 한다. 열폭풍이 바로 위에서 불어왔기 때문에 쓰러지지 않은 것. 대신 곁가지들은 충격으로 다 잘려 나간 상태였고 열기로 나무가 타 멀리서보면 마치 전봇대가 촘촘히 박혀있는 것처럼 보였다고 한다. 흥미롭게도 1945년 히로시마 원폭 현장에서도 그라운드 제로 지점의 나무들은 전봇대처럼 서 있었다고 한다.

『반물질』에서 저자가 도입부에 이 사건을 끌어들인 건 사실 퉁구스카 사건의 실체가 위에서처럼 명쾌하게 규명된 게 아니기 때문이다. 위의 설명은 유력한 추정일 뿐이다. 그 이유는 엄청난 피해 현장을 남긴 퉁구스카 폭발의 실마리가 되는 증거를 전혀 발견하지 못했기 때문. 이번 첼랴빈스크 소행성 폭발보다도 훨씬 규모가 큰 사건임에도 불구하고 운석이 부딪쳐 생긴 구덩이는커녕 운석 조각 하나 발견되지 않았다. 참고로 천체가 대기권에 충돌해 폭발하고 남은 잔해가 지구에 떨어진 게 운석meteorite이다.

1958년 미국 플로리다주립대 필립 위아트 교수는 〈네이처〉에 발표한 논문에서 퉁구스카 사건이 반물질 천체가 물질로 이뤄진 지구 대기에 부딪치면서 일어난 현상이라고 설명했다. 즉 우주 저편 어디선가 반물질로 이뤄진 은하에서 날아온 반물질 천체가 운 좋게 물질과 부딪치지 않고 지구까지 와 대기권에서 물질을 만나 소멸했다는 것. 반물질과 물질이 만나면 질량이 전부 에너지로 변환되므로 반물질 0.5그램만 있으면 히로시마 원폭의 에너지를 낼 수 있다. 따라서 100그램짜리 반물질 천체가 지구 대기에 부딪치면서 소멸하며 폭발해도 퉁구스카 삼림 일대를 초토화시킬 수 있다는 얘기다.

저자는 독자들의 관심을 끌기 위해 『반물질』 도입부에서 이 사건을 소개한 것으로 보이는데 뒤에 퉁구스카 사건이 반물질과는 무관하다는 결론에 이른다. 그렇다면 질량이 10만 톤으로 추정되는 소행성이 폭발했는데 어떻게 흔적이 남지 않았을까. 명쾌한 답은 아니지만 설명할 수는 있는데,

충돌하는 물체가 어떤 물질로 이뤄졌느냐에 따라 운석을 남기느냐에 영향을 줄 수 있기 때문이다. 즉 이번 첼랴빈스크 소행성의 경우 주로 철로 이뤄진 단단한 물질이기 때문에 폭발에도 완전히 타버리지 않고 약 5% 정도가 수많은 운석으로 쪼개져 지구에 쏟아져 내렸을 것으로 추정된다. 저자는 책에서 퉁구스카 사건은 혜성이 충돌한 결과라고 추측했는데 혜성은 얼음과 눈, 먼지가 뭉쳐진 덩어리로 폭발할 경우 흔적이 남지 않을 수 있다는 것이다.

아무튼 필자는 이 책에서 퉁구스카 사건에 대해 묘사한 부분을 번역할 때 '과연 어떤 모습이었을까?' 궁금했는데, 이번 첼랴빈스크 소행성 폭발 현장을 영상으로 보면서 '그래 저거였구나!' 하며 무릎을 쳤다. 아래는 퉁구스카 사건을 묘사한 부분이다.

> 1908년 6월 30일 아침은 구름 한 점 없이 화창했다. 아침 8시 집 앞 계단에 앉아있던 농부 세르게이 세메노프는 하늘에서 엄청난 폭발을 목격한다. 세메노프가 과학자들에게 진술한 바에 따르면 불덩어리가 워낙 밝아 햇빛이 어둡게 느껴질 정도였고, 엄청난 열기로 입고 있던 셔츠가 탈 뻔 했으며, 한 이웃집에서는 은식기가 녹아내렸다고 한다. 훗날 과학자들이 조사한 결과 놀랍게도 이 폭발은 세메노프의 집에서 거의 60킬로미터나 떨어진 곳에서 일어났다는 사실이 밝혀졌다. 역시 농부인 바실리 일리치는 거대한 화염이 숲과 함께 순록을 비롯한 모든 동물을 재로 만들었다고 진술했다. 사건 이후 일리치와 이웃들이 현장에 가보니 순록 가운데 일부는 시커멓게 탄 채 뒹굴고 있었고 나머지는 흔적도 없이 사라져버렸다.[13]

소행성 2008TC₃을 아시나요?

심증은 있지만 물증이 없는 퉁구스카 사건과는 달리, 이번 첼랴빈스크

---

13 『반물질』 8쪽.

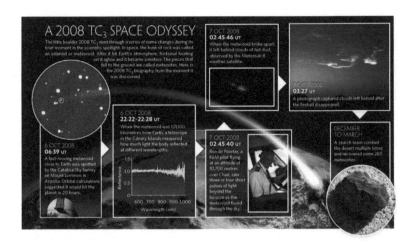

미니 소행성 2008TC₃의 마지막 하루로 왼쪽부터 시간순서대로 주요 사건을 보여주고 있다. **2008년 10월 6일 6:39(이하 세계시)** 미국 레몬산천문대에서 관측 데이터를 얻었다. **22:22~22:28** 소행성이 지구에서 12만1100킬로미터 떨어져 있을 때 카나리군도에 있는 망원경이 측정한 파장에 따른 반사율 데이터. **7일 2:45:40** KLM의 기장 론 드 포터가 서너차례 섬광을 봤다고 보고. **2:45:46** 기상위성 메터오샛-8이 소행성 폭발 직후 남은 먼지 구름 포착. **3:27** 불꽃이 사라진 뒤 남은 구름. 현지시간으로는 오전 6시 27분이다. (제공 〈네이처〉)

소행성 폭발은 여러 관측 데이터를 종합해 논문에서 당시 사건을 그럴듯하게 재현했지만 그럼에도 아쉬움은 남는다. 영화 〈아마겟돈〉처럼 지구를 향해 날아오는 소행성을 미리 확인해 그 과정을 '실시간'으로 중계했다면 아마 많은 사람들이 만사를 제쳐두고 TV앞에 모여들었을 것이다. 물론 영화 〈아마겟돈〉에 나오는 어마어마한 크기의 소행성이라면 얘기가 다르겠지만.

사실 첼랴빈스크 상공에 충돌한 소행성도 결코 얕볼 상대는 아니었다. 지상 30킬로미터에서 폭발했을 때 진행 각도가 18도에 불과했기 때문에 피해가 그 정도였지, 만약 좀 더 가파른 각도로 진입했다면 그 바로 아래 지역은 피해가 꽤 컸을 것이기 때문이다. 따라서 이 정도 규모의 소행성 충돌을 예측할 수 없는 건 단순히 구경거리를 놓친다는 차원이 아니다. 그럼에도 지금으로서는 수십 미터 크기의 천체가 지구와 충돌하기 전 그 존재를 알아차릴 확률은 희박하다고 한다.

그런데 문득 수년 전 작은 천체가 지구에 충돌하는 전후 과정을 추적한 글을 재미있게 읽은 기억이 났다. 찾아보니 〈네이처〉 2009년 3월 29일자에 실린 기사다. '2008TC$_3$'이라는, 지름 4미터에 질량 80톤인 '미니' 소행성의 죽음에 관한 이야기로 당시 논문도 함께 실렸다. 꽤 흥미로운 내용임에도 임팩트가 적어(이런 크기의 소행성 충돌은 1년에 여러 건 일어난다고 한다[14]) 당시 국내 언론이 다루지 않은 것 같다. 만일 첼랴빈스크 소행성도 폭발 전에 미리 존재를 알았다면 이와 비슷한 추적 과정을 겪었을 것이므로 뒤늦게나마 소개한다.

이야기는 2008년 10월 6일 자정 무렵 미국 애리조나 레몬산천문대에서 시작한다. 당시 지구에 근접하는 천체를 관측하고 있던 천문학자 리처드 코왈스키는 이날도 평소처럼 여명까지 관측한 데이터를 소행성센터MPC에 보내고 잠을 청했다. 그런데 MPC의 컴퓨터가 이 데이터를 처리하면서 지구에 너무 가까이 다가온 소행성이 있는 것 같다는 신호를 보냈고, 이를 확

수단 누비아사막 상공에 진입해 폭발한 소행성의 궤적과 운석의 분포. 대기권에 진입한 소행성이 폭발하며(흰 별) 흩어진 파편은 크기에 따라 떨어진 지점이 다르다. 공기의 저항 때문에 가벼운 건 얼마 못가 떨어지고 큰 건 더 멀리 간다. 운석을 찾은 지점을 빨간 점으로 표시했다. 이 운석들은 통틀어 '알마하타시타 운석'이라고 부르는데 알마하타시타Almahata Sitta는 아랍어로 '6번 역'이라는 뜻이다. 운석 대부분이 사막을 남북으로 횡단하는 철도(노란선)의 6번 역 서남쪽에서 발견됐기 때문이다. (제공 〈네이처〉)

---

14 2014년 3월 10일 경남 진주의 한 비닐하우스에서 무게가 9.4킬로그램이나 되는 커다란 운석이 발견됐고 다음날 약 4킬로미터 떨어진 밭에서 4.1킬로그램짜리 운석이 추가로 발견됐다. 그 뒤 9일 밤 굉음을 들었다는 제보가 잇달았다. 아마도 2008TC$_3$과 비슷하거나 좀 더 큰 천체가 날아와 충돌했을 것이다.

인한 팀 스패어 소장이 재빨리 궤도를 계산한 결과 이 천체가 지구를 향하고 있고 충돌이 임박하다는 게 밝혀졌다. 밝기를 토대로 크기가 수 미터에 불과한 것으로 나타났지만, 아무튼 이런 상황은 처음 있는 일이라 그는 즉시 여러 곳에 이 소식을 알렸다.

추가 계산 결과 이 소행성은 13시간 뒤인 10월 7일 아침 5시 46분(현지 시간) 아프리카 수단 상공에서 대기권으로 진입할 것으로 예측됐다. 연구자들은 마침 그 시간대에 근처를 지나가게 될 요하네스버그발 암스테르담행 항공기 KLM592편의 기장에게 이 소식을 알리고 관측을 부탁했다. 기장 론 드 포터는 5시 45분 40초에 서너 차례 짧은 섬광을 봤다고 보고했다. 그리고 기상위성 메테오샛-8은 5시 45분 46초에 소행성이 폭발하며 남긴 먼지구름을 촬영했다.

훗날 계산 결과 소행성 2008TC$_3$은 초속 12.4킬로미터의 속도로 돌진해 고도 37킬로미터에서 폭발했는데, 이때 에너지는 TNT 1~2킬로톤 규모로 이번 첼랴빈스크 폭발 에너지와 비교하면 100분의 1도 채 안 된다. 아쉽게도 소행성이 떨어진 곳은 누비아사막으로 인적이 드문 곳이라 이 장면을 촬영한 사진이나 동영상은 거의 없다. 그럼에도 현지에서는 밝은 섬광을 봤다는 목격담이 이어졌다.

행운은 발로 뛰는 과학자 차지!

천문학 역사상 최초로 천체가 지구에 충돌하는 과정을 예측하고 지켜본 사건이었음에도 그 뒤 수주가 지나도록 운석을 찾았다는 소식이 없었다. 다들 '누군가가 운석을 찾고 있겠지'라며 기다리고 있었지 아무도 직접 찾을 생각을 안 했던 것이다. 결국 궁금함을 참지 못한 미국 세티SETI연구소의 유성우 연구가 피터 제니스켄스 박사가 수단으로 날아갔다. 그는 현지 카르툼대의 천문학자 무아위아 샤다드 교수를 만나 함께 운석을 사냥하기로 의기투합했다.

12월 6일 학생과 교직원 자원자 45명과 함께 소행성이 대기권에 진입하며 지나간 궤적 아래 사막에서 운석사냥을 시작했다. 이들은 20미터 간격으로 1킬로 가까이 늘어선 뒤 천천히 걸어가면서 운석을 찾았다. 이렇게 3일 동안 사막을 훑은 결과 운석 15개를 찾았다. 다들 너무 작아 다 합쳐도 563그램에 불과했지만, 천체가

운석사냥을 기획한 미국 세티연구소의 피터 제니스켄스 박사가 누비아사막에 떨어진 운석을 흐뭇한 모습으로 지켜보고 있다. (제공 P. Jenniskens)

알려진 최초의 운석이라는 기념비적인 시료들이다. 수주 뒤 72명이 참여한 두 번째 사냥에서 운석 32개를 더 찾았고 앞의 것까지 합쳐 총 무게는 3.95킬로그램에 달했다. 수거된 운석은 29킬로미터에 걸쳐 흩어져 있었고, 콩알만한 크기(1.5그램)에서 주먹만한 것(283그램)까지 분포했다.

제니스켄스 박사는 이 운석들을 미항공우주국NASA의 우주광물학자인 마이크 졸렌스키에게 보냈다. 뜻밖에도 운석은 유레일라이트ureilite라는 흔치 않은 조성을 갖는 종류로 확인됐다. 이듬해 〈네이처〉에 실린 소행성 2008TC$_3$의 충돌과 여기서 나온 운석을 분석한 논문은 20개 기관, 35명의 연구자가 공동저자로 이름을 올렸는데, 물론 제니스켄스 박사가 제1저자이자 교신저자로 맨 앞에 이름을 올렸다. 참고로 지금까지 찾은 운석은 600여개로 다 합치면 질량이 10.5킬로그램에 이른다고 한다.

참고문헌

Artemieva, N. *Nature* **503**, 202–203 (2013)
Popova, O. P. et al. *Science* **342**, 1069–1073 (2013)
프랭크 클로우스, 강석기 반물질 (MID, 2013)
Kwok, R. *Nature* **458**, 401–403 (2009)

아세톤, 당신의 입김을
달콤하게 만드는 분자

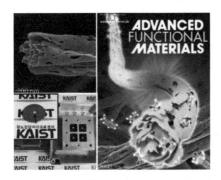

카이스트 신소재공학과 김일두 교수팀은 학술지 <Advanced Functional Materials> 2013년 5월 20일 자에 표지논문으로 날숨의 아세톤 농도를 측정할 수 있는 날숨진단센서를 개발했다고 발표했다. (제공 카이스트)

최근 카이스트 신소재공학과 김일두 교수팀이 숨만 내쉬면 당뇨병이나 폐암 같은 질병을 진단할 수 있는 휴대용 장치를 만들 수 있는 핵심 기술을 개발했다고 해서 화제다. 이 '날숨진단센서'는 백금 나노입자가 코팅돼 있는 다공성 산화금속 SnO_2 소재로, 공기 중에 존재하는 아세톤이 달라붙으면 전기저항값이 바뀌면서 그 존재를 알 수 있게 한다. 이때 농도에 비례해 저항값도 커지므로 상대적인 농도까지도 알 수 있다.

김 교수팀에 따르면, 보통 사람들은 날숨에서 아세톤의 농도가 0.3~0.9ppm(피피엠, 100만분율로 어떤 양이 전체의 100만분의 몇을 차지하는가를 뜻한다)인 반면 당뇨병 환자의 경우 1.8ppm이 넘는다고 한다. 당뇨병 환자들은 건강한 사람에 비해 날숨에서 아세톤이 2~6배 이상 존재한다는 말이다. 사실 중증 당뇨병 환자들의 날숨에서 달짝지근한 냄새가 느껴진다는 건 예전부터 알려져 있는 현상이다.

매니큐어 지우는 약의 주성분

우리 주변에는 액체가 많지만 물(또는 수용액)을 빼면 액체도 거의 사라진다. 기껏해야 주방의 식용유와 석유가 물이 섞여 있지 않은 액체가 아닐까. 평소 요리도 안 하고 주유소에서도 운전석에 앉아서 직원이 넣어줄 때까지 기다리는 사람이라면 정말 물이 아닌 액체는 볼 일이 없을 것이다. 물론 술에는 에탄올이 꽤 들어있지만 그래도 물이 더 많으니까.

그런데 여성 다수는 남자들은 잘 알지 못하는 물이 아닌 액체를 종종 쓴다. 바로 매니큐어를 지우는 네일 리무버nail polish remover로 그 주성분이 바로 아세톤이다. 손톱에 발라져 굳어 있는, 안료를 포함한 니트로셀룰로오즈는 아세톤을 만나면 다시 녹으면서 풀어진다. 이처럼 아세톤은 몸에 그다지 해롭지 않은 유기용매로 일상에서도 쓰이고 있다.

아세톤은 케톤 가운데 가장 간단한 분자로 카보닐기 탄소에 메틸기가 두개 붙어있는 구조다. 따라서 유기용매이면서도 분자의 극성이 꽤 있어 에탄올처럼 물과 섞인다. 필자처럼 대학원에서 분자생물학으로 '전향'한, 무늬만 화학도인 경우 학부 유기화학 실험을 할 때가 그나마 아세톤을 가장 자주 접한 게 아닌가 한다.

아세톤은 유기용매로서뿐 아니라 유기합성의 출발물질로도 널리 쓰이고 있기 때문에 전 세계 연간생산량이 670만 톤(2010년)이나 된다고 한다. 지구촌 인구가 70억이 좀 넘으니 1년에 한 사람당 아세톤 1킬로그램 가까이 쓰고 있는 셈이다.

그런데 사실 이런 통계에는 잡히지 않지만 우리 몸도 아세톤을 만드는 생체 공장이라고 볼 수 있다. 즉 지방산이 분해되는 과정에서 케톤체ketone body라고 불리는 화합물이 만들어지고 이 가운데 아세토아세트산이 자발적으로 분해되면서 아세톤과 이산화탄소로 바뀌기 때문

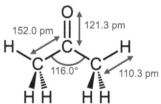

아세톤의 분자구조. 가장 간단한 케톤으로 달콤한 꽃향기가 느껴진다. pm은 피코미터로 1pm는 1조분의 1m다. (제공 위키피디아)

이다. 건강한 사람의 날숨에서도 아세톤이 감지되는 이유다.

그런데 당뇨병, 특히 인슐린을 제대로 만들지 못하는 유형1 당뇨병의 경우 몸이 포도당을 제대로 흡수하지 못하기 때문에 지방을 분해해 에너지를 충당하게 되는데, 이 과정에서 케톤체가 많이 만들어지고 따라서 아세톤도 많이 생긴다. 날숨에 포함된 수 ppm 수준의 아세톤은 우리 몸의 이상을 알려주는 달콤쌉싸름한 신호인 셈이다.

몸에서 생선 비린내가 난다?

날숨에서 아세톤 냄새가 나는 게 걱정스러운 일이지만, 사실 냄새 자체는 그렇게 문제가 되지는 않는다. 그런데 몸에서 악취가 난다면 이건 좀 얘기가 달라진다. 생리적 이상으로 몸에서 악취가 나는 대표적인 예가 '생선냄새증후군trimethylaminuria'이다. 몸에서 생선냄새가 나게 하는 주범은 휘발성 아민인 트리메틸아민trimethylamine, 줄여서 TMA이다. 질소가 포함된 휘발성 아민은 대체로 비린내가 나는데, 분자에 따라 악취로 느껴지는 정도가 다르다.

TMA는 우리 몸의 대사과정에서 만들어지는 분자로, 평소에는 TMAOtrimethylamine oxide라는 냄새가 없는 분자로 바뀌어 소변으로 배출된다. 그런데 이런 변환 메커니즘에 고장이 나면, 즉 FMO3라는 효소가 제대로 만들어지지 않으면 체내에 TMA가 쌓이면서 땀과 날숨, 오줌에 섞여 몸 밖으로 나오면서 몸에서 생선 비린내가 풍긴다.

생선 비린내가 나는 트리메틸아민의 분자구조. 여성의 생리주기에 따라 트리메틸아민의 분비량이 변한다는 연구결과가 있다. (제공 위키피디아)

한편 체내 TMA 수치가 성호르몬의 조절을 받는 것 같다는 연구결과가 있고 특히 여성의 경우 월경주기에도 영향을 받는다고 한다. 이런 경향이 두드러진 여성의 경우 생리를 전후에 일시적으로 약한 생선냄새증후군 증세를 보인다는 말이다. 흥미롭게도 사람에서 TMA에 특이하게 반응하는 냄새수용체 분자가 있다는 사실이 학술지 〈플로스 원〉 2013년 2월호에 발표됐다. TMA가 성적 측면이 포함된 무의식적인 신호인식에 관여함을 시사하는 결과다.

입 냄새의 원인은 구강미생물

여성의 월경주기와 관련된 생선 비린내 체취는 무의식적인 수준에서 감지할 수 있는 정도일 것이고 실제 생선냄새증후군은 드물다고 한다. 반면 몸에서 나는 냄새 가운데 많은 사람들이 신경쓰는 게 바로 입 냄새, 즉 구취일 것이다. 다른 냄새처럼 입 냄새도 정작 당사자는 거의 못 느낀다(후각은 피로감각이므로). 입 냄새가 심한 사람과 가까이서 대화를 나누는 것도 고역이다.

입 냄새는 원인이 다양한데, 냄새를 만들어내는 주요 부위를 꼽으라면 단연 혀다. 혀에 살고 있는 구강미생물이 대사산물로 냄새가 고약한 휘발성유기분자를 만들어내는 것. 장내미생물처럼 구강미생물도 수많은 박테리아가 서로 견제하면서 균형을 맞추고 있는데, 어떤 원인에서든지 이 균형이 깨지고 특정 박테리아가 우점종이 되면 입 냄새라는 현상으로 자신의 존재를 드러낸다. 특히 자체가 살균제이기도 한 침이 침샘에서 제대로 분비되지 않아 입이 마르게 되면 입 냄새가 심해지는 경우가 많다. 구강미생물에 대한 통제력이 떨어진 결과다.

입 냄새를 일으키는 분자로는 비린내를 풍기는 폴리아민류도 있지만 주로 삶은 달걀의 껍질을 벗길 때 나는 냄새가 연상되는 황을 함유한 분자, 즉 휘발성황화합물인 황화수소, 메틸머캡탄 등이 있다. 주로 황을 함유한 아미노산인 시스테인이나 메티오닌을 대사하는 과정에서 이런 분자들이 생겨난다고 한다. 입 냄새의 원인이 되는 박테리아를 찾는 노력도 계속되고 있는데, 혐기성 세균인 솔로박테리움 무레이*Solobacterium moorei*가 입 냄새의 주범으로 드러났다.

입 냄새를 줄이려면 식후 양치질을 하고 특히 혀를 뒤까지 잘 닦아 음식 찌꺼기가 남아있지 않게 해야 한다. 그리고 되도록 식간에는 음식을 먹지 않아야 한다. 그런데 일하다 보면 자주 마시게 되는 커피는 어떨까. 보통 커피는 입 냄새를 악화시킨다고 알려져 있는데, 특히 프림과 설탕이 들어있는 조제커피의 경우 그렇다. 게다가 커피를 마시면 카페인의 영향으로 침이 덜 나온다고 한다.

그런데 지난 2009년 이스라엘 연구팀은 커피추출물이 구강미생물의 번식을 억제해 입 냄새를 줄여준다는 뜻밖의 결과를 발표했다. 즉 프림이나 설탕을 넣지 않은 아메리카노나 드립커피 한 잔은 오히려 입 냄새를 줄이는데 도움이 된다는 말이다.

참고문헌

Wallrabenstein, I. et al. *PLOS One* **8**, e54950 (2013)

옥시토신, 찬바람이 불면
더 생각나는 호르몬

"바람 속으로 걸어갔어요
　이른 아침에 그 찻집,
　마른 꽃 걸린 창가에 앉아
　외로움을 마셔요"

이번 달(11월) 중순에 첫 추위가 찾아온다고 한다. 늦더위에 겨우 맞이한 가을이 앉자마자 일어서 떠나는 것 같아 아쉽다. 을씨년스러운 겨울이 임박하다고 생각하니 문득 조용필의 〈그 겨울의 찻집〉이 듣고 싶다. 옛날의 따뜻한 추억이 담겨있을 그 찻집에 가서 홀로 커피 향을 음미하다보면 문득 현재가 더 외롭게 느껴질지도 모르겠다.

이처럼 좋은 기억이 남아있는 장소를 다시 찾아 머무르려는 성향을 심리학 용어로 '조건화된 장소 선호

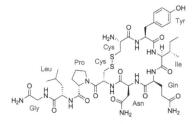

'공감의 호르몬' 옥시토신의 구조. 아미노산 9개로 이뤄진 펩티드 호르몬 옥시토신은 두 시스테인$_{Cys}$ 사이의 이황화결합(-S-S-)으로 고리를 이루고 있다. 2013년은 옥시토신 구조가 밝혀지고 합성된 지 60년이 되는 해다. (제공 위키피디아)

conditioned place preference'라고 부른다. 심리학자나 의학자들은 뇌의 보상회

로가 관여하는 행동을 연구하는 방법으로 조건화된 장소 선호를 이용한다. 즉 여러 방 가운데 특정한 방에서 마약을 투여받은 경험이 있는 실험동물은 나중에 그 방에 더 오래 머문다고 한다. 마약은 보상회로를 활성화하기 때문이다. 그런데 최근에는 이 방법이 사회적 보상을 연구하는데도 쓰이고 있다.

사회적 유대 행동에 관여

최근 국내 언론들은 학술지 〈네이처〉에 실린 흥미로운 연구결과(2013년 9월 12일자)를 소개했다. 즉 쥐 여러 마리를 특정한 방에 두고 생활하게 한 뒤 나중에 여러 방 가운데 어디에 머무르는지 한 마리씩 따로 테스트한 결과 예상대로 여럿이 함께 있던 그 방을 선호했다는 것. 물론 이 결과로 〈네이처〉 같은 일류 저널에 논문이 실린 건 아니다. 연구자들은 이때 뇌의 중격의지핵이라는, 보상회로에 관여하는 부분에서 호르몬인 옥시토신이 작용한다는 사실을 밝혀낸 것. 즉 옥시토신 수용체를 억제하는 약물을 투여한 쥐의 경우 조건화된 장소 선호 행동을 보이지 않았다. 조용필 노래 가사 속 주인공이 '그 찻집'을 찾은 것도 필시 옥시토신 때문일 거라는 말이다.

옥시토신oxytocin은 얼핏 '산소' 또는 '산화'와 관련돼 있을 것 같이 생각되지만, 어원을 보면 '빨리 출산하다'라는 뜻의 그리스어 옥시스oxys와 토코스tokos를 합친 조어다. 옥시토신은 뇌의 뇌하수체 후엽에서 분비되는 호르몬으로, 그 존재와 역할이 알려진 지 100년이 조금 넘었다. 즉 1906년 영국의 약리학자 헨리 데일 경이 옥시토신의 자궁수축oxytocic 작용을 밝혀냈다. 그 뒤 1910년 옥시토신이 산모의 젖이 나오게 하는 역할을 한다는 사실도 확인됐다. 출산과 육아에 필수적인 호르몬인 셈이다.

그런데 지난 10년 사이 옥시토신의 다른 효과가 집중적으로 연구됐고, 그 결과 언론에서는 옥시토신을 '사랑의 호르몬' 또는 '공감의 호르몬'이라고도 부르고 있다. 즉 남녀가 애정을 표현할 때 혈중 옥시토신 농도가 올라간다는 연구결과가 있고, 특히 유부남의 코에 옥시토신 스프레이를 뿌리면 낯선 매력적인 여성에 대한 관심이 떨어지고 아내만 바라본다는 행동 연구도 나왔다.

최근에는 옥시토신이 남녀관계뿐 아니라 대인 관계 전반에 걸쳐 영향을 미친다는 사실이 밝혀지고 있는데, 자신에게만 몰입하고 타인에게는 무관심한 행동을 보이는 자폐성향에 옥시토신 결핍 또는 옥시토신 수용체의 변이가 관여한다는 연구결과가 여럿 나왔다. 따라서 이런 사람들에게 옥시토신 요법을 실시하는 시도가 행해지고 있다.

따라서 동료들과 머물렀던 장소를 훗날 더 선호했다는 이번 '조건화된 장소 선호' 행동에 옥시토신이 관여한다는 건 어쩌면 예상된 결과일지도 모른다. 연구자들은 이번 연구결과가 사회적 행동에 이상을 수반하는 뇌 장애를 치료하는데 도움이 될 것으로 전망했다.

옥시토신 구조 규명 60주년

그럼에도 옥시토신이 화학하고는 별로 관계가 없을 것처럼 보이지만, 알고 보면 그렇지도 않다. 지금(2013년)으로부터 꼭 60년 전인 1953년 화학자들이 옥시토신의 구조를 밝혔고 같은 해 합성하는데도 성공했기 때문이다. 이 업적으로 미국의 화학자 빈센트 뒤비뇨는 1955년 노벨화학상을 수상하기도 했다.

필자는 노벨재단 사이트에서 뒤비뇨의 노벨강연 원고를 다운받아 읽어봤는데 꽤 흥미로웠다. 1955년이면 DNA 이중나선구조가 발견된 지 불과 2년밖에 지나지 않은

옥시토신과 바소프레신의 구조를 밝히고 합성한 공로로 1955년 노벨화학상을 받은 빈센트 뒤비뇨. (제공 노벨재단)

시점으로 오늘날 '센트럴 도그마'라고 불리는, DNA의 정보가 RNA를 거쳐 단백질의 아미노산 서열을 지정한다는 사실도 모르는 때였다. 사실 뒤비뇨가 옥시토신을 연구하던 시기는 분자 수준에서 생명의 비밀에 대해 거의 알려진 게 없었다.

이런 상황에서 뒤비뇨는 1930년대부터 췌장에서 분비되는 호르몬인 인슐린을 연구하기 시작한다. 그는 인슐린에 황이 들어있다는 사실에서 출발해 수년간 분석을 거듭한 끝에 인슐린에 황이 이황화결합의 형태로 존재한다는 결론을 내렸다. 그리고 황을 포함한 아미노산인 시스테인이 인슐린의 구성성분이라고 추정했다. 많은 단백질에서 시스테인 사이의 이황화결합이 구조를 이루는데 결정적으로 중요한 역할을 한다는 걸 교과서에서 '당연한' 사실로 배운 필자로서는 약간 감동이 느껴지는 스토리다.

한동안 인슐린과 씨름하던 뒤비뇨는 당시 화학 수준으로 이 분자를 요리하기에는 덩치가 너무 크다는 걸(아미노산 51개로 이뤄져 있다[15]) 인정하고, 뇌하수체에서 분비되는 호르몬인 옥시토신으로 관심을 돌린다. 뒤비뇨와 동료들은 연구를 시작한 지 거의 20년만인 1953년에야 마침내 아미노산 9개로 이뤄진 펩티드 호르몬 옥시토신의 구조를 밝혀냈다. 그리고 내친 김에 유기합성으로 옥시토신을 만들어내는 데도 성공했다.

옥시토신의 구조는 꽤 흥미로운데, 아미노산 9개가 숫자 '9'와 같은 모양을 하고 있다. 옥시토신의 아미노산 서열은 시스테인-타이로신-아이소류신-글루타민-아스파라긴-시스테인-프롤린-류신-글리신으로, 두 시스테인 사이에 이황화결합이 이뤄지면서 고리가 생긴다. 그리고 마지막 아마노신인 글리신에서 카르복시기의 $-OH$가 $-NH_2$로 치환돼 아미드가 된 것도 한 특징이다. 아무튼 옥시토신은 펩티드 호르몬 가운데 가장 먼저 구조가 밝혀지고 합성된 분자다.

옥시토신은 엄마와 아기 사이의 유대를 비롯해서 남녀, 친구 등 다양한

---

15 인슐린의 아미노산 서열 규명 과정에 대해서는 347쪽 '프레더릭 생어, 생명의 정보를 캐는 방법을 개발한 사람' 참조.

인간관계를 따뜻하게 만들어주는데 꼭 필요한 호르몬이다. 옥시토신 분자의 구조가 단순히 아미노산 9개로 이뤄진 멋없는 사슬이 아니라 꼬리가 달린 고리 형태인 점도 왠지 이런 기능에 더 어울리는 것 같다. 합성 옥시토신은 약물로 이미 시중에 나와 있지만, 아직 부작용 등에 관한 심도 깊은 연구가 돼 있지 않기 때문에 함부로 쓰기에는 이른 감이 있다.

올해 노벨문학상은 현대 단편의 거장인 캐나다의 작가 앨리스 먼로가 수상했다[16]. 흥미롭게도 먼로가 작가 생활을 시작한 게 1950년대 초라고 하니 옥시토신 구조가 밝혀진 시점과 얼추 비슷하다. 문학상 해설을 보니 먼로가 작품을 통해 줄기차게 보여주려고 했던 건 사람 사이의 공감의 문제라고 한다. 올 겨울은 먼로의 단편들을 읽으면서 우리의 마음을 따뜻하게 데워보는 건 어떨까.

참고문헌

Dölen, G. et al. *Nature* **501**, 179–184 (2013)
du Vigneaud, V. *Nobel Lecture* (1955)

---

16 앨리스 먼로에 대한 자세한 내용은 275쪽 '누군가에게 공감하고 싶다면 앨리스 먼로의 단편을 읽으세요' 참조.

질소산화물, 우리만 노력한다고
해결할 수는 없지만…

　최근 산성비가 더 독해져 수도권의 나무들이 병들어가고 있다는 뉴스를 보고 기분이 시큼해졌다. 산성비란 빗물의 수소이온지수$_{pH}$가 5.6미만인 비를 말하는데, 우리나라는 1990년대 산성비에 접어들었다. 그런데 최근에는 그 정도가 심해져 빗물의 pH가 4.0에 가깝게 떨어졌다는 것. pH가 1 떨어진 건 수소이온농도가 10배 높아졌다는 뜻이므로, 엄청난 산성화가 진행된 셈이다.

　빗물 속의 산은 그대로 토양에도 영향을 미친다. 실제 환경생태연구재단의 측정 결과에 따르면 1970년대 초 토양의 산성도는 pH5.4 수준이었는데 지금은 pH4.5까지 떨어졌다고. 불과 40년 사이에 이런 극적인 변화가 일어나면서 생태계도 영향을 받고 있다고 한다. 서울시립대 조경학과 이경재 교수팀의 조사 결과 산성 토양에 약한 물푸레나무, 함박꽃, 진달래 같은 식물은 줄어들고 있고, 산성 토양에 견디는 죽나무와 팥배나무가 두세 배 늘었다고 한다.

　산성비의 산성은 빗물에 들어있는 질산과 황산이 주범이다. 이 가운데 질산을 만드는 게 대기 중의 일산화질소$_{NO}$와 이산화질소$_{NO_2}$다. 이 둘을 합쳐 'NOx'('녹스'라고 발음)라고 부른다. 즉 NOx는 질소원자가 하나만 포함된 질소산화물이다. 지난 수십 년 사이 대기에서 NOx가 늘어난 건 물론 사람들의 활동 때문이다. 화석연료를 때는 화력발전소와 자동차가 NOx 배출의 주범이다.

질소산화물(NOx)인 일산화질소(왼쪽)과 이산화질소(오른쪽)의 분자구조. 대기에서 일산화질소와 이산화질소는 동적 균형을 이루고 있다. 즉 이산화질소는 햇빛의 작용으로 일산화질소로 바뀌고, 일산화질소는 오존과 반응해 다시 이산화질소로 바뀐다. (제공 위키피디아)

한국기계연구원 환경기계시스템연구실은 2013년 11월 13일 고온의 배기가스를 재순환하는 방식으로 공장이나 발전소에서 나오는 NOx를 대폭 줄일 수 있는 시스템을 개발했다고 발표했다. 연료분자에 포함된 질소원자가 고온에서 산화되며 NOx가 만들어지는데, 이를 포함한 배기가스를 그냥 배출하는 경우가 많다. 최근 일부에서는 배기가스를 모아 포함된 NOx를 촉매로 분해하기도 하는데 비용도 많이 들고 효율도 그다지 좋지 않다.

연구자들은 NOx가 포함된 배기가스를 공기와 섞어 다시 연소장으로 보내는 공정을 개발했다. 이 경우 산소의 농도가 낮아져 연소효율이 다소 떨어질 수 있지만 뜨거운 배기가스를 그대로 순환시켜 이를 보완했다. 이 공정을 쓰면 NOx 배출량을 40%이상 줄일 수 있는 것으로 나타났다.

이처럼 우리나라에서는 NOx를 비롯한 대기오염물질을 줄이려는 노력이 한창이지만, 미래는 그다지 청정하지가 못한 게 현실이다. 중국발 NOx가 우리나라에게 심각한 위협으로 떠오르고 있기 때문이다.

중국, 30년 새 자동차 21배 늘어

2013년 가을 몇 차례 중국에서 미세먼지가 포함된 공기가 밀려와 우리나라 하늘을 뿌옇게 만들었는데, 이 미세먼지의 주요성분도 바로 NOx다. TV에서 봤듯이 당시 베이징 도심은 몇 미터 앞이 안 보일 정도로 스모그가 심해 휴교령이 내려지고 자동차 통행을 제한하기도 했다. 호흡기 질환으로 병원을 찾는 사람들도 급증했다고 한다. 바람은 대체로 서쪽에서 동쪽으로 불기 때문에, 중국 공기에 문제가 생기면 우리나라도 피해를 입을 수밖에 없는(정도는 약해지겠지만) 구조다. 그런데 적어도 당분간은 중국의 상황이 더 나빠지면 나빠졌지 개선되지는 않을 것이라는데 문제의 심각성이 있다.

학술지 〈네이처〉 2013년 2월 28일자에는 1980년에서 2010년, 즉 30년에 걸쳐 중국에서 발생하는 질소화합물에 대한 논문이 실렸는데, 어느 정도 예상은 했지만 꽤 충격적인 내용이다. 1981년 실질적으로 중국의 권력을 장악한 덩샤오핑은 친자본주의 정책으로 본격적인 경제개발을 시작했고 그 결과 오늘날 중국은 경제 규모로 미국 다음 가는 나라가 됐다. 30년 사이 중국의 자동차 대수는 무려 20.8배나 늘어났고 가축수도 3.2배나 늘었다. 따라서 중국의 NOx 배출도 급증했다.

논문에 따르면 이 기간 동안 중국 대기의 반응성 질소reactive nitrogen(질소분자N_2를 뺀, 화학반응성이 있는 질소화합물로 NOx, 암모니아, 아산화질소 등이 있다)의 양이 60% 늘었다고 한다. 이는 빗물을 분석한 수치로 실제 증가폭은 이 값의 수배에 이를 것이라고 한다. 우리를 더 암울하게 하는 건 중국이 이런 식으로 나가면 2050년에는 NOx 배출량이 현재의 2~2.4배에 이른다는 것. 지금도 중국발 미세먼지로 걱정이 많은 우리나라로서는 상상하기도 싫은 상황을 겪을지도 모를 일이다.

중국정부도 이제는 심각성을 뼈저리게 느끼고 있는 것 같다. 경제성장도 좋지만 이러다가는 국민들을 다 폐병환자로 만들게 생겼으니 말이다. 2012년 2월 중국 국무원은 2015년까지 지름 2.5마이크로미터 미만의 미세먼지의 농도를 입방미터당 35마이크로그램 미만으로 낮춰 세계보건기구WHO의 권고치를 준수하기로 선언했다. 현재 중국 일부 도시의 경우 미세먼지 수치가 100마이크로그램을 넘고 있다.

그러나 중국 정부의 이런 선언이 제대로 실천될지는 미지수다. 무엇보다도 당분간은 중국의 에너지 소비량은 증가세가 멈추지 않을 것으로 보이기

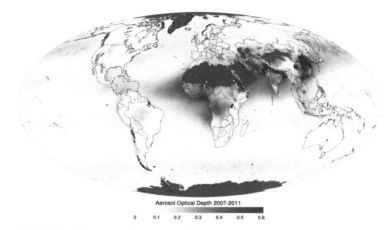

미세먼지(에어로졸) 농도로 본 지구. 갈색이 짙을수록 미세먼지 농도가 높음을 뜻한다. 우리나라에 가까운 중국 동부가 심각한 상황임을 알 수 있다. (제공 위키피디아)

때문이다. 질소화합물이나 황화합물이 많이 나오는 석탄의 경우 소비량이 2005년 22억 톤에서 2010년 31억 톤으로 5년 사이 무려 44%나 늘었다. 고유가 시대에 원자핵도 한계가 있기 때문에 중국이 석탄 의존을 줄이기는 어려운 상황이다. 중국 칭화대의 대기화학자들은 중국 정부가 화석연료사용을 제한하는 방향으로 정책을 전환하지 않는 한, 즉 제조업 중심의 성장 정책을 포기하지 않는 한 위의 목표는 달성하기 어렵다고 전망하고 있다.

매년 봄 중국에서 불어오는 황사를 조금이라도 막기 위해 우리나라 사람들이 중국으로 건너가 사막화가 진행되고 있는 지역에 나무를 심는 프로젝트를 진행하는 걸 본 적이 있다. 이제 중국의 대기오염을 줄이는 방법을 찾는데도 우리나라 과학자들이 적극 참여해야 할 때가 아닌가 싶다. 우리나라 사람들과 생태계의 건강을 위해서라도.

참고문헌

Sutton, M. A. & Bleeker, A. *Nature* **494**, 435−437 (2013)
Liu, X. et al. *Nature* **494**, 459−462 (2013)

Cheers Science

Science Cafe 3

PART 08

Cheer's Science

인물 이야기

프리츠 하젠욀, E=mc²에
다가간 물리학자

다른 누구도 프리츠 하젠욀만큼 나에게 강한 영향을 준 사람은 없다.
아버지만 빼고는. 하젠욀에게는 기사도가 느껴졌다. 그의 다정함에 그와
학생 사이의 격식이나 나이차는 더 이상 장벽이 되지 못했다.

- 에르빈 슈뢰딩거

　오스트리아 국적의 유명한 물리학자 두 사람이 있다. 볼츠만방정식
'S=klogW'로 유명한 통계역학의 아버지 루드비히 볼츠만과 슈뢰딩거방정
식으로 양자역학을 상징하는 에르빈 슈뢰
딩거다. 볼츠만은 1844년생이고 슈뢰딩거
는 1887년생인데, 슈뢰딩거가 빈대학에 입
학한 해인 1906년 볼츠만은 자살로 생을 마
감한다.

　물리학과 신입생 슈뢰딩거는 당대 최고의
물리학자였던 볼츠만의 강의를 들을 수 없
어 크게 실망했지만 18개월 뒤 공석이었던
이론물리학 교수 자리에 새로 부임한 프리
츠 하젠욀Fritz Hasenöhrl 교수의 취임 강연
을 듣고 전율하며 다시 물리학의 열정을 불
태우게 된다. 슈뢰딩거는 하젠욀의 지도 아

1904년 원통의 흑체복사 과정을 분
석하다가 E=(3/8)mc²이라는 결론을
얻은 오스트리아의 이론물리학자
프란츠 하젠욀. 최근 하젠욀의 논문
이 재해석되면서 그의 업적이 재평
가돼야 한다는 주장이 나왔다.

1905년 9월 아인슈타인은 오늘날 <질량-에너지등가원리>로 알려진 $E=mc^2$을 유도하는 과정을 담은 논문을 <물리학 연대기>에 발표했다. 이 방정식은 1945년 원자폭탄의 위력이 알려진 뒤에야 유명해졌다. 1905년 26세 때 아인슈타인의 모습. (제공 알베르트 아인슈타인 아카이브)

래 박사과정을 받게 된다. 볼츠만의 제자이자 슈뢰딩거의 스승인 하젠욀은 1915년 세상을 떠날 때까지 10여 년 간 오스트리아 물리학계를 이끌었다.

1874년 오스트리아-헝가리제국의 수도 빈의 유복한 가정에서 태어난 하젠욀은 빈대학에서 당대 최고 물리학자였던 프란츠 엑스너와 볼츠만에게 물리학을 배우는 행운을 누렸다. 1898년 볼츠만은 라이덴의 저온물리학자 캄머링 온스가 1년간 일할 연구조교를 추천해달라고 특별 부탁을 하자 하젠욀을 보낼 정도로 총애했다고 한다. 이듬해 빈에 돌아온 하젠욀은 사강사로 강의와 연구를 했는데 1904년 중요한 논문을 발표한다.

'움직이는 물체의 복사이론에 대하여'란 제목의 논문에서 하젠욀은 $E=(3/8)mc^2$이라는 수식을 유도해 낸다. 아인슈타인이 $E=mc^2$에 해당하는 결론을 내린 논문(아인슈타인은 "물체가 복사의 형태로 에너지 L을 내놓으면 그 질량은 L/c^2만큼 줄어든다"라고 표현했다)보다 1년 앞서 일이다. 아인슈타인은 논문에 참고문헌을 달지 않는 걸로 유명한데, 이 논문에서도 자신이 3개월 전에 발표한 특수상대성이론 논문만을 언급할 뿐 하젠욀에 대해서는 전혀 얘기가 없다. 두 논문 사이에는 정말 아무런 관련이 없을까?

같은 제목 논문 세 편 연달아 내

미국 하버포드대 천문학과의 스티븐 바운 교수는 <유럽물리학저널 H> 2013년 2호에 흥미로운 논문을 발표했다. 논문 제목은 '프리츠 하젠욀과 $E=mc^2$'. 바운 교수는 천체물리학자이면서 과학사에도 관심이 많은 것 같

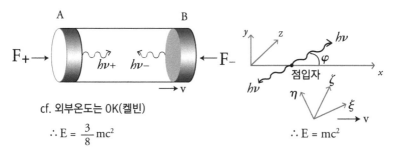

〈하젠욀의 사고실험(1904)〉　　　〈아인슈타인의 사고실험(1905)〉

cf. 외부온도는 0K(켈빈)

$$\therefore E = \frac{3}{8}mc^2$$

$$\therefore E = mc^2$$

하젠욀의 사고실험과 아인슈타인의 사고실험 비교. 하젠욀은 일정한 속도 v로 움직이는 원통 양 끝에서 흑체복사가 일어나는 과정을 상정했다. 이때 관찰자의 관점에서 원통의 움직임 방향으로 나오는 복사는 청색변이가 일어나고 반대 방향 복사는 적색편이가 일어난다. 따라서 원통이 일정한 속도를 유지하려면 외부에서 가하는 힘이 달라야 한다. 이 과정을 해석하면 E=(3/8)mc²이라는 결과가 나온다. 이듬해 하젠욀은 오류를 수정해 E=(3/4)mc²라는 결과를 얻었다.

한편 아인슈타인은 한 좌표계(x, y, z)에서 고정된 점입자에서 서로 반대 방향으로 나오는 복사를 가정한 뒤 이 좌표계의 x축 방향으로 일정한 속도로 이동하는 새로운 좌표계(ξ, η, ζ)를 설정한 뒤 두 좌표계에서 분석한 에너지의 변화를 비교해 E=mc²에 해당하는 관계식을 얻었다.

은데, 이 논문에서 그는 하젠욀이 어떻게 아이디어를 전개시켰고 도대체 어디서 틀렸기에 3/8이 나왔는가를 규명하고 있다.

질량과 에너지의 관계는 아인슈타인은 물론 하젠욀도 처음 생각해낸 사람이 아니다. 전자를 발견한 J. J. 톰슨은 1881년 전자가 전기장의 영향을 받으면 질량이 늘어난다고 제안했고, 뒤이어 막스 아브라함은 이 아이디어를 가다듬어 $m = (4/3)E_0/c^2$이라는 결과를 얻었다. 즉 움직이는 전자는 자신의 전기장 에너지 E_0의 영향으로 질량이 m만큼 늘어난다는 것. 이런 상황에서 하젠욀은 생각의 지평을 넓혀 당시 널리 연구되고 있던 흑체복사 blackbody radiation 역시 질량에 상응하는가를 알아보기로 했다. 흑체란 복사선을 완전 흡수하는 물체인데, 흑체도 온도에 따라 복사를 내고 그 파장분포를 해석하는 과정에서 1900년 독일의 막스 플랑크가 양자론을 생각해냈다.

아인슈타인이 그랬던 것처럼 하젠욀도 사고실험을 통해 흑체복사와 질량의 관계를 연구했다. 하젠욀은 양 끝이 흑체인 속이 빈 원통이 일정한 속도로 움직이고 있고 이를 정지한 관찰자가 바라본다고 가정했다. 이 경우 원통의 이동 방향으로 진행하는 빛의 파장은 짧아지고 반대 방향으로 진행하는 빛의 파장은 길어진다(도플러 효과). 그는 이때 원통이 일정한 속도로 움직이게 하는데 필요한 일을 계산했고 복사 에너지가 질량과 $E = (3/8)mc^2$의 관계를 갖고 있음을 보였다. 하젠욀은 이듬해 또 다른 사고실험을 통해 앞의 식을 수정해 그 관계가 $E = (3/4)mc^2$라고 발표했다.

바운 교수는 하젠욀의 논문을 재해석하면서 상대론적 관점을 넣지 않을 경우 오류가 불가피함을 보여줬다. 그러면서 1905년 아인슈타인의 논문에 대해서도 언급했는데, 이에 따르면 아인슈타인의 논문 역시 그렇게 명쾌한 것은 아니라고. 아인슈타인은 부피가 없는 가상의 점입자에서 서로 반대방향으로 빛을 내보내는 상황에 대해 고정 좌표계와 일정 속도로 이동하는 좌표계에서 바라볼 때(상대론적 도플러 효과)의 차이를 교묘하게 계산해 $E = mc^2$라는 관계를 발견했다. 즉 복사를 하면 점입자의 질량이 줄어든다는 것.

하젠욀은 원통의 흑체복사를, 아인슈타인은 점입자의 복사를 가정했고 둘 다 빛을 내는 대상과 관찰자(또는 좌표) 사이의 상대적인 움직임을 상정했다. 다만 해석에서 하젠욀은 고전역학의 범위를 벗어나지 못했고(빛의 속도가 일정하다고 가정하지 않았다), 아인슈타인은 상대론적인 방법론을 쓴게 차이다.

같은 저널에 몇 달 간격으로 실려

그렇다면 아인슈타인은 하젠욀의 논문을 몰랐을까. 그렇지는 않았을 거라는 게 저자의 생각이다. 왜냐하면 하젠욀의 첫 번째 논문은 1904년 〈비엔나 회의보고서〉에 실렸지만 두 번째 세 번째 논문은 1904년, 1905년 〈물리학연대기Annalen der Physik〉에 실렸기 때문이다. 1905년 아인슈타인의

1911년 제1회 솔베이학회에는 당대 최고 물리학자들이 모였다. 뒷줄 오른쪽에서 2번째에 아인슈타인, 8번째에 하젠욀의 모습이 보인다.

특수상대성 이론 논문과 $E=mc^2$ 논문 역시 당대 최고 물리학저널이었던 〈물리학연대기〉에 실렸다. $E=(3/4)mc^2$를 유도한 하젠욀의 1905년 논문은 아인슈타인의 논문보다 수개월 앞서 발표됐다. 게다가 하젠욀은 이 업적으로 오스트리아과학아카데미가 주는 '하이팅거상'까지 받았다.

이번에 저자로 이름을 올리지는 않았지만 바운 교수와 함께 하젠욀 연구를 한 미국 프린스턴대 토니 로스만 교수는 "증명할 수는 없지만 아인슈타인은 확실히 알고 있었을 것이고 이것을 개선하려고 했을 것"이라고 말했다. 사고실험의 설정을 봐도 뭔가 비슷함이 느껴지는 게 사실이다. 그러나 아인슈타인은 이 발견에 대한 자신의 우선권에 꽤 민감했다고 한다. 1907년 독일의 물리학자 요하네스 스타르크가 한 논문에서 $E=mc^2$을 막스 플랑크의 발견이라고 언급하자 아인슈타인은 즉각 "관성질량과 에너지의 관계에 대한 나의 우선권을 당신이 인식하지 못하고 있다는 게 좀 이상하군요"라고 항의했다. 스타르크는 플랑크의 논문을 다시 읽어본 뒤 이 논문이 아인슈타인의 논문을 인용하고 있다는 걸 발견하고 아인슈타인에게 사과하기도 했다. 그만큼 아인슈타인의 1905년 논문은 주목받지 못했던 것이다. 한편 1908년 물리학자 야콥 램은 아인슈타인에게 쓴 편지에서 하젠욀의 논문을 읽어봤느냐고 물어봤지만 아인슈타인은 답장에서 이 부분은 언급하지 않았다.

사실 아인슈타인 역시 자신의 1905년 논문에 대해 만족하지 못했다고 한다. 계산을 쉽게 하기 위해 설정한 점입자라는 가정을 하젠욀처럼 부피가 있는 입자로 바꿔, 즉 일반화해 증명하려고 했지만 결국 실패했다. $E = mc^2$ 에 대한 진정한 일반화된 증명은 1911년 독일의 물리학자 막스 폰 라우에 가 성공했다.

1914년 제1차 세계대전이 터졌을 때 마흔 살이었던 하젠욀은 징집대상이 아니었지만 자원입대를 했다. 그리고 전투에서 부상을 입었지만 치료를 받고 회복된 뒤 다시 전장에 뛰어들었고 1915년 10월 7일 전사했다.

참고문헌

Boughn, S. *Eur. Phys. J. H* **38**, 261–278 (2013)

닐스 보어는 어떻게 양자역학의 전설이 되었나

나는 좀머펠트에게서 낙관주의를, 괴팅겐 사람들에게서는 수학을,
보어에게서는 물리학을 배웠다.

- 베르너 하이젠베르크

2013년은 제임스 왓슨과 프랜시스 크릭이 DNA이중나선을 발견한지 60년이 되는 해다. 그런데 DNA 구조를 제안한 1953년 논문을 읽어보면 좀 당황스럽다. 불과 1000여 단어로 된 짧은 논문은 앞에 살짝 "이 구조가 지닌 새로운 특징은 생물학적으로 상당히 흥미롭다"라는 언급이 나올 뿐 대부분은 DNA, 즉 핵산의 화학에 대한 설명이다. 논문에 데이터는 전혀 없으며 DNA이중나선 구조를 묘사한 간단한 그림 모형이 전부다.

DNA구조에 대한 실험 데이터(X선 회절 사진)는 이어지는 모리스 윌킨스와 로절린드 프랭클린의 논문 두 편(각자 따로 논문을 썼다)에 나온다. 왓슨의 회고록『이중나선』에 나와 있듯이, 이들의 모형은 윌킨스가 왓슨에게 몰래 보여준 프랭클린의 X선 사진에서 큰 영감을 얻었다. 이와 함께 결정적인 역할을 한 것이 DNA의 염기조성

1922년 노벨물리학상을 받을 무렵인 37세 때 닐스 보어.

을 분석한 오스트리아 출신 생화학자 에르빈 샤가프의 1950년 논문이다. 즉 여러 시료에서 DNA를 이루는 네 염기 아데닌(A), 구아닌(G), 티민(T), 시토신(C)의 비율을 분석해봤더니, 아데닌과 티민이 1:1, 구아닌과 시토닌이 1:1로 존재하고 있더라는 것.

당시 샤가프는 이게 무얼 의미하는지 몰랐지만 왓슨과 크릭은 프랭클린의 데이터에서 DNA가 이중나선일 거라는 확신을 얻자 샤가프 논문에서 두 쌍의 1:1이 뜻하는 바를 순간 깨달으면서 아데닌과 티민, 구아닌과 시토신이 짝을 이루는 DNA이중나선 구조가 생물학적으로 필연임을 확신했다. 지금 생각하면 샤가프가 다 잡은 고기를 놓친 것처럼 보이지만, 설사 시간이 더 있었더라도 그가 자신의 데이터만으로 DNA이중나선을 떠올릴 수는 없었을 것이다.

비슷한 상황이 양자역학의 초창기에서도 일어났다. 1913년 7월, 28세인 덴마크의 이론물리학자 닐스 보어Niels Bohr는 영국에서 발행되는 학술지 〈철학매거진Philosophical Magazine〉에 '원자와 분자의 구조에 대하여(1부)'라는 제목의 논문을 실었다. 뒤이어 그해 9월과 11월에 각각 실린 2부와 3부까지 합쳐 전부 70여 쪽에 이르는 방대한 논문에서 보어는 당시까지 알려진 실험데이터와 이론을 놀라운 통찰력으로 짜 맞춰 오늘날 우리가 물리학 교과서에서도 볼 수 있는 '보어의 원자 모형'을 제안했다.

이 가운데 수소원자 모형을 제시한 1부가 기념비적인 논문이다. 학술지 〈네이처〉는 2013년 6월 6일자에 논문출간 100주년을 맞아 '양자 원자'라는 제목으로 특집을 꾸몄고, 여기에 과학사가인 미국 버클리 캘리포니아대 존 헤일브론의 글이 포함됐다. 또 학술지 〈사이언스〉 7월 19일자에도 영국 옥스퍼드대 물리화학자 데이비드 클러리 교수의 글이 실렸다. 이들 글과 보어의 1913년 논문, 기타 자료를 토대로 닐스 보어의 삶과 업적을 돌아본다.

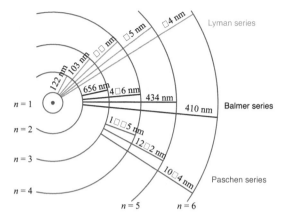

$n = 1$
$n = 2$
$n = 3$
$n = 4$
$n = 5$
$n = 6$

122 nm
103 nm
□□ nm
□ 5 nm
□ 4 nm
Lyman series

656 nm
4 □ 6 nm
434 nm
410 nm
Balmer series

1 □ 5 nm
12 □ 2 nm
10 □ 4 nm
Paschen series

수소원자의 방출선스펙트럼은 전자가 궤도를 뛰어넘을 때 나오는 빛이다. 가장 안정한 첫 번째 궤도로 옮길 때 나오는 스펙트럼이 리먼 계열, 두 번째 궤도로 옮길 때가 발머 계열, 세 번째 궤도로 옮길 때가 파셴 계열이다. 1913년 7월 발표한 보어의 수소원자모형은 방출선스펙트럼을 명쾌히 설명했다. (제공 위키피디아)

수소원자 스펙트럼, 예측은 하지만 의미는 몰라

보어 모형은 원자에서 관찰되는 스펙트럼을 해석하려는 과정에서 탄생했다. 원자에서는 연속적인 파장의 빛이 아닌 특정한 파장의 빛만 나오는데, 보어는 이를 전자의 움직임과 연관시켜 설명할 수 있음을 깨달았다. 즉 전자는 연속적인 값이 아니라 불연속적, 즉 양자화된 특정한 에너지 상태로만 존재할 수 있고 한 상태에서 다른 상태로 넘어갈 때 해당하는 에너지 차이만큼의 빛(광자)을 내보내거나 흡수한다는 것.

보어의 수소원자 모형은 마치 태양을 둘러싼 행성의 궤도를 그려놓은 것 같은데, 태양 자리에 원자핵(양성자)이 있고 전자는 여러 궤도 가운데 한 곳에 있다. 전자는 궤도가 아닌 공간에서는 존재할 수 없다. 각 궤도는 특정 에너지 상태를 뜻하므로 전자의 에너지는 양자화돼 있다. 전자는 궤도 사이를 폴짝폴짝 뛰어다니는데, 이때 에너지 차이만큼 흡수하거나 내놓는 광자가 스펙트럼으로 모습을 드러낸다는 것이다. 양자역학적 사고에 익숙한 지금 관점에서야 실감하기 어렵겠지만 당시로서는 놀라운 상상력의 도약이었다.

보어가 모형을 만드는데 결정적인 기여를 한 스펙트럼 데이터는 발머 계열Balmer series, 리먼 계열Lyman series, 파셴 계열Paschen series로 불리는 수소원

수소원자의 방출선스펙트럼 가운데 발머 계열. 가시광선 영역이기 때문에 가장 먼저 발견됐다. 오른쪽부터 각각 파장 656nm(나노미터, 빨강), 486nm(청록), 434nm(파랑), 410nm(보라)에 해당한다. (제공 위키피디아)

자 방출스펙트럼이다. 1825년생인 스위스의 수학자이자 물리학자인 요한 발머는 1885년 에두아르트 하겐바흐라는 동료 물리학자로부터 수소 원자에서 얻은 스펙트럼을 해석해달라는 요청을 받는다. 발머는 스펙트럼의 선 네 개의 파장(각각 656nm(나노미터, 빨강), 486nm(청록), 434nm(파랑), 410nm(보라))을 갖고 이리저리 맞춰보다 이를 예측할 수 있는 아래 수식을 만들어냈다.

$$\lambda = Hm^2/(m^2 - n^2), \ n = 2, \ m > n, \ \text{비례상수 } H = 3.6456 \times 10^{-7}m.$$

즉 656nm는 m이 3일 때, 486nm는 4일 때, 434nm는 5일 때, 410nm는 6일 때다. 하지만 발머는 수소원자에서 도대체 어떻게 이런 스펙트럼 패턴이 나오는지는 전혀 알 수 없었다. 아무튼 평생 이렇다 할 업적을 내지 못한 수학자 발머는 이 수식을 생각해낸 덕분에 '발머 계열'이라는 용어에 자신의 이름을 남겼다.

한편 원자의 스펙트럼을 해석하는데 골몰하고 있던 스웨덴의 물리학자 요하네스 뤼드베리는 발머의 수식을 보고 1888년 이를 파장의 역수$(1/\lambda)$인 파수wavenumber로 표현했다. 파수에 광속(c)을 곱하면 빛의 진동수(ν)다. 뤼드베리 역시 스펙트럼의 근원을 이해하지는 못했지만, 파장 대신 파수(진동수)로 표현한 것은 훗날 중요한 의미를 갖게 된다. 진동수에 플랑크상수(h)를 곱하면 에너지($h\nu$, '하뉘'로 발음)가 되기 때문이다.

$$\nu = R(1/n_1^2 - 1/n_2^2), \ n_1 < n_2, \ \text{발머 계열의 경우 } n_1 = 2,$$
R은 진동수 뤼드베리 상수.

러더퍼드 모형에 플랑크 양자이론 접목

1885년 덴마크 코펜하겐에서 코펜하겐대 생리학과 크리스티안 보어 교수의 둘째로 태어난 닐스 보어는 1903년 코펜하겐대에 입학해 본격적으로 물리학을 공부했다. 보어는 워낙 뛰어나서 덴마크에서는 그의 박사학위 논문 주제인 금속의 전자 이론을 제대로 이해할 만한 사람이 없을 정도였다고 한다. 1911년 당시 물리학을 이끌고 있던 영국 케임브리지로 건너간 보어는 이곳에서 전자를 발견한 위대한 물리학자 J. J. 톰슨 주위를 어슬렁거렸지만 이렇다 할 결과를 내지는 못했다.

이듬해 보어는 당시 떠오르는 스타인 어니스트 러더퍼드가 있는 맨체스터의 빅토리아대학으로 옮겼다. 러더퍼드는 한 해 전에 자신이 제안한 원자모형에 의미를 부여하는 연구를 진행하고 있었다. 사실 원자모형은 1903년 톰슨이 먼저 발표했는데, 이에 따르면 원자는 양이온이 퍼져 있는 공간을 음이온인 작은 전자가 분주하게 돌아다니는 모습으로 그려졌다. 소위 '건포도 푸딩plum pudding'으로 불리는 모형이다. 물론 전자가 건포도다.

케임브리지에서 톰슨 밑에 있던 러더퍼드는 빅토리아대로 자리를 옮겨 이런 저런 실험을 했는데, 그 가운데 하나가 방사성 원소인 라듐에서 나오는 알파선(헬륨이온)을 금박에 투과시키는 실험이었다. 알파선 대다수는 금박을 통과했지만 드물게 90도 이상, 심지어는 거의 180도로 산란되는 게 검출됐다. 이 데이터를 고민하던 러더퍼드는 원자의 양전하가 푸딩처럼 퍼져있는 게 아니라 원자 가운데 작은 공간에 모여 있다는, 즉 원자핵을 이루고 있다는 원자모형을 1911년 제안했다.

러더퍼드의 실험실에서 흥미로운

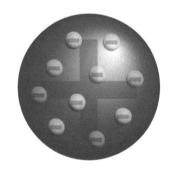

1903년 영국의 물리학자 톰슨이 제안한 원자의 '건포도푸딩 모형'. 원자는 양이온이 퍼져 있는 공간(푸딩)에 음이온인 작은 전자(건포도)가 돌아다니는 구조라고 예상했다. 톰슨의 모형은 1911년 러더퍼드의 실험으로 폐기됐다. (제공 위키피디아)

덴마크 코펜하겐에 있는 닐스보어연구소 전경. 1920년 세워진 물리학연구소를 1965년 보어 탄생 80주년을 맞아 개명했다. (제공 위키피디아)

나날을 보내고 있던 보어에게 어느 날 한 동료가 찾아와 발머가 만든 식에 대해 설명을 해 줄 것을 부탁한다. 처음 스펙트럼을 봤을 때 원자모형으로 설명하기에는 너무 복잡한 패턴이라고 느꼈지만 존 니콜슨이라는 물리학자의 논문을 보다가 문득 막스 플랑크의 에너지 양자 개념을 적용하면 어떨까 하는 생각이 떠오른다.

즉 원자핵 주위를 돌고 있는 전자는 불연속적인, 즉 양자화된 에너지를 갖고 있고 다른 에너지 상태로 옮겨갈 때 에너지 차이만큼의 광자(빛)를 내놓거나 흡수한다고 가정했다. 이에 따르면 발머 계열은 전자가 두 번째로 안정한 궤도로 떨어질 때 방출하는 광자들이라고 해석할 수 있다.

보어는 뤼드베리의 식에 플랑크상수 h를 곱해주면 전자의 두 궤도 사이의 에너지($h\nu$)가 되며, 해당하는 진동수(ν)의 빛이라고 해석했다. 그리고 여러 수식을 조합해 비례상수인 뤼드베리 상수가 $2\pi^2 m e^4 / h^3$(m은 전자의 질량, e는 전자의 전하)에 해당한다는 사실을 발견했다. 이는 놀라운 발견으로, 뤼드베리 상수가 서로 비례관계인 양변을 등가로 해주기 위해 부여한 단순한 비례상수가 아니라 물리적인 필연성을 띠는 값임을 뜻하기 때문이다. 이에 대해 아인슈타인은 "정말 주목할 만한 사실"이라고 언급했다.

한편 독일의 물리학자 프리드리히 파셴은 수소원자의 스펙트럼을 조사하다 적외선 영역에서 일련의 선들을 발견해 1908년 보고했는데(파셴 계열), 보어는 논문에서 이를 전자가 세 번째로 안정한 궤도로 떨어질 때 방출하는 광자들이라고 설명했다. 그러면서 "n_1(원문에서는 $\tau 2$라는 다른 표기법을 썼다)$=1$인 자외선 영역 계열과 $n_1=4, 5, \cdots$인 원적외선 영역 계열도 존재할 것이다"라고 예상했다. 실제로 얼마 뒤 미국 물리학자 테오도르 리먼은 자외선 영역에서 수소원자방출스펙트럼을 발견했다(리먼 계열).

멘토로서도 탁월

불과 28세에 결정적인 업적을 낸 보어는 1916년 코펜하겐대 이론물리학 교수가 됐고 1920년 '물리학연구소'를 만든 뒤 소장으로 취임했다. 보어의 등장으로 물리학의 변방이었던 덴마크가 점차 물리학의 중심지가 됐고 훗날 '코펜하겐 학파'로 불리게 된다. 세계 각지의 재능이 뛰어난 신참 물리학자들은 보어의 물리학연구소를 방문해 체류하는 게 통과의례처럼 됐다. 1922년 보어는 원자구조와 스펙트럼을 해석한 공로로 노벨물리학상을 받았다.

보어는 천재로서는 드물게 다른 천재들을 보살피고 그들이 재능을 발휘할 수 있는 환경을 만드는 데도 탁월했다. 대표적인 인물이 1901년 생으로 16년 연하인 베르너 하이젠베르크로, 1924년부터 수차례 코펜하겐의 물리학연구소에 머물며 보어와 수시로 토론을 하면서 놀라운 업적을 세웠다. 즉 현대 양자역학의 토대가 된, 1925년 행렬역학의 발견과 1927년 불확정성 원리 발견은 모두 물리학연구소에 있을 때 이룬 일들이다. 한편 1926년 오스트리아의 에르빈 슈뢰딩거가 파동역학을 개발했는데, 얼마 안 있어 하이젠베르크의 행렬역학과 같은 내용이라는 게 증

하이젠베르크(왼쪽)과 보어. 두 천재가 주도한 1927년 '코펜하겐 해석'은 양자역학의 주류가 됐다.

물리학자 파울 에른페스트가 자택에서 찍은 1925년 보어와 아인슈타인의 모습. 둘은 양자역학 해석을 둘러싸고 끊임없이 대립했지만 후배 물리학자들은 일방적으로 보어를 지지했다.

명됐다. 행렬역학과 파동역학의 등장으로 보어의 원자모형은 폐기됐지만, 보어는 이에 아랑곳하지 않고 이들의 결과를 홍보하는데 열심이었다.

한편 1927년 보어는 '상보성의 원리'를 제안한다. 이는 빛이나 물질의 파동성과 입자성이 동시에 존재할 수 없다는 것과 위치와 운동량을 동시에 정확히 알 수 없다는 불확정성의 원리의 바탕이 되는 철학이라고 볼 수 있다. '코펜하겐 해석'이라고 불리는 보어와 하이젠베르크의 양자역학 해석에 대해, 양자론의 창시자인 막스 플랑크를 비롯해 광전효과를 발견해 큰 기여를 한 아인슈타인, 심지어 파동역학을 발견한 슈뢰딩거조차 강력히 반발했고 끝까지 받아들이지 않았다.

특히 아인슈타인과 보어는 만나기만 하면 양자역학의 해석을 두고 논쟁을 벌인 것으로 유명하다. 보어보다 여섯 살 연상인 아인슈타인은 물리학계의 거성일 뿐 아니라 대중적으로도 보어와는 비교도 할 수 없는 스타였지만, 하이젠베르크나 파울리 같은 다음 세대 물리학자들이 둘의 논쟁에서 일방적으로 보어를 지지했음은 말할 필요도 없다(슈뢰딩거는 보어보다 불과 두 살 아래로 그가 파동역학을 발견했을 때 이미 39세였다!)

20세기 들어 물리학의 축은 영국에서 독일어권으로 넘어가고 있었는데, 1930년대 나치가 집권하면서 유태계 물리학자들의 대탈출이 시작됐다. 그러면서 보어의 물리학연구소에 인재들이 몰려들었지만 1940년 덴마크가 독일의 수중에 떨어지자 보어조차 위험을 느껴 1943년 스웨덴으로 탈출했다. 그 뒤 보어는 영국으로 건너갔다.

제2차 세계대전이 끝난 뒤 덴마크로 복귀한 보어는 무너진 유럽의 물리학을 재건하는데 열심이었고, 미국으로의 두뇌유출을 막기 위해 1952년 유럽입자물리학연구소CERN를 세우는 데도 중요한 역할을 했다. CERN의 이론그룹은 1957년까지 코펜하겐에 있었다. 보어는 77세인 1962년 11월 18일 자택에서 심장질환으로 사망했다. 1965년 10월 7일, 보어 탄생 80주년을 맞아 물리학연구소는 '닐스보어연구소'로 이름을 바꿨다.

다음은 20세기 가장 위대한 물리학자로 꼽히는(나치에 협력한 치명적인 오점은 있지만) 하이젠베르크가 보어에게 보낸 한 편지에서 발췌한 부분이다.

> "제가 물리학에 대해 작으나마 기여할 수 있었던 것도 대부분은 제가 코펜하겐의 분위기 속에서 자랐났고 그 속에서 선생님이 저를 인도해준 덕분이라는 것을 알고 있습니다. (중략) 저는 선생님이 베풀어준 후의에 대해서 제가 실제로는 선생님께 아무것도 드릴 게 없다는 것 때문에 종종 부끄러워질 때가 있습니다. 왜냐하면 저는 항상 선생님에게서 배우고 있고, 학문적이거나 철학적인 어려움을 풀기 위해서 선생님의 힘에 의존하기 때문입니다."

참고문헌

Bohr, N. *Philos. Mag.* **26**, 1-24 (1913)
Heilbron, J. L. *Nature* **498**, 27-30 (2013)
Clary, D. C. *Science* **341**, 244-245 (2013)

헨리에타 랙스, 죽고 나서야
세계여행을 떠난 여인

"하지만 이것은 우리 엄마예요. 알아주는 사람 하나 없어도 말이요."

"맞습니다." 크리스토프가 말했다. "과학에 관한 책을 읽을 때마다 항상
헬라 어쩌고, 헬라 저쩌고 하는 식입니다. 사람들은 헬라가 어떤 사람의 이름
첫 글자에서 따온 것인 줄은 알아도, 다들 그 사람이 누군지는 모릅니다.
그게 역사의 중요한 대목입니다."

데버러는 마치 그를 껴안아주기라도 할 것 같았다.

- 레베카 스클루트, 『헨리에타 랙스의 불멸의 삶』 중에서.

필자는 10여 년 동안 과학기자를 하다 2012년 은퇴했는데(아직 좀 더 일할

헨리에타 랙스와 남편 데이비드. 1945년
무렵 찍은 사진이다. (제공 Lacks family)

나이임에도), 돌이켜보면 이런 결정의 배
경에는 기자로서 자질부족에 대한 인식
이 있었던 것 같다. 필자는 어떤 상황
에서도 늘 한 발 물러서서 관찰자로 남
아있으려는(즉 프레임을 정하는데 만족하
는) 성향이 있는데, 저널리스트라면 필
요하다고 판단될 때 자신도 직접 뛰어
들어 상황을 변화시키는데 한 몫 해야
하기 때문이다. 정치나 사회도 아니고
과학 분야에서 사실만 충실하게 전달

하면 되지 그 정도로 할 필요까지 있을까 하고 생각할 수도 있겠지만, 2012년 한글판이 나온 책 『헨리에타 랙스의 불멸의 삶The Immortal Life of Henrietta Lacks』의 저자 레베카 스클루트Rebecca Skloot를 보면 그렇지도 않은 것 같다.

2010년 출간돼 베스트셀러가 된 『헨리에타 랙스의 불멸의 삶』의 저자 레베카 스클루트는 잡지 <퍼블리셔스 위클리>의 표지를 장식하기도 했다. (제공 PW)

정확한 나이는 모르겠지만 마흔 전후로 추정되는 스클루트는 학부에서 생물학을 전공한 뒤 '창조적 논픽션' 과정으로 석사학위를 받고, 프리랜서 저널리스트로 <뉴욕타임스>를 비롯한 여러 매체에 글을 기고하고 있다. 스클루트는 10여 년 간 준비해 지난 2010년 출간한 첫 번째 책 『헨리에타 랙스의 불멸의 삶』이 베스트셀러가 되고 10여 개의 상을 휩쓸면서 일약 유명해졌는데, 책을 읽어보면 정말 대단한 사람이라는 생각이 든다.

'헨리에타 랙스가 누구지?' 지금 이런 생각을 하는 사람이 많을 텐데, 필자도 2010년 학술지 <사이언스>에 실린 이 책에 대한 서평을 보기 전까지는 들어보지 못한 이름이었다. 1920년 태어나 1951년 불과 31살에 자궁경부암으로 죽은 흑인 여성 헨리에타 랙스는 그 유명한 '헬라세포HeLa cell'를 제공한 사람이다.

최초로 배양에 성공한 인간세포

생명과학 전공자는 물론이고 관련 과목을 수강한 사람이라면 헬라세포에 대해 들어봤을 것이다. 필자 역시 '세포배양을 통해 전 세계 실험실에서 널리 쓰이고 있는 암세포'라는 정도로 알고 있었다. 각종 약물의 안전

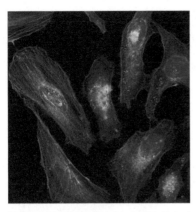

형광항체가 달라붙은 헬라세포. 녹색은 액틴 단
백질, 빨간색은 비멘틴 단백질, 파란색은 DNA다.
(제공 EnCor Biotechnology Inc.)

성 시험부터 우주공간 실험까지 지난 60여 년 동안 안 해본 게 없는 헬라세포는 지금도 세계 곳곳에서 열심히 증식하고 있다(적당한 배지만 공급해주면). 스클루트 역시 학교에서 헬라세포에 대해 처음 알게 됐는데, 이 세포의 태생이 상당히 미심쩍다는 얘기를 듣고 1990년대 후반 이에 대한 책을 쓰기로 결심한다. 그리고 정말 힘들게 헨리에타 랙스의 후손들을 만나고 취재하며 알게 된 사실을 생생히 기록했다.

헨리에타 랙스는 미국 버지니아주 클로버에서 담배농장을 하는 흑인 노예 후손의 집안에서 태어났다(헨리에타의 증조할아버지는 백인 앨버트 랙스로 흑인 노예인 마리아와 사이에 아들을 낳았다. 헨리에타의 사진을 보면 전형적인 흑인의 외모가 아님을 알 수 있다). 불과 14살에 첫 아이를 낳았고 애 아버지인 사촌 데이비드와는 20살 때 정식 결혼했다. 훗날 제철공장에 취직한 남편을 따라 메릴랜드주 볼티모어로 이주했는데, 다섯째 조를 임신했던 서른 살 무렵 자궁에 이상을 느껴 출산 뒤 인근 존스홉킨스병원을 찾았고 자궁경부암 진단을 받았다. 방사선 치료로 종양이 사라진 듯했으나 암은 다시 급격히 퍼졌고 결국 1951년 10월 4일 사망했다.

방사선 치료를 받을 때 의료진은 랙스의 암조직을 채취해 같은 병원의 조지 가이 박사팀에 보냈다. 가이 박사는 당시까지 누구도 성공하지 못한 인간세포 배양을 위해 닥치는 대로 생체시료를 모아 배양을 시도하고 있었다. 배양액 조성과 조건을 바꿔가며 수많은 시도를 했지만 세포들은 결국에는 죽고 말았고 반복 실험에 지친 연구원들이 두 손을 들 때쯤 랙스의 시료가 들어온 것이다. 실험실의 연구원 메리 쿠비체크는 기대하지 않고 여느 때처럼 세포를 키웠는데 놀랍게도 엄청난 속도로 증식했던 것. 평소 쿠비체크는 제공자의 이름과 성을 따서 시료의 이름을 만들었는데, 이 시료의 이름 헬라도 헨리에타 랙스HEnrietta LAcks의 이름과 성 각각의 앞 두 글자 모음이다.

그 뒤 헬라세포는 전 세계 연구자들에게 퍼졌고 소아마비 백신 개발을 비롯한 수많은 연구가 성과를 내는데 지대한 공헌을 했다. 헬라세포 배양이 성공한 건 이 암세포가 강력한 증식 능력을 갖는 악성 종양이었기 때문이다. 헬라세포는 세포가 분열할 때마다 짧아지는 염색체 부위인 텔로미어(소진되면 세포도 더 이상 분열을 못하고 죽는다)를 복구하는 텔로머라제라는 효소를 엄청나게 만들어 '불멸의 삶'을 획득했다.

시료가 채취되고 수개월 뒤 사망한 헨리에타는 물론이고 남은 가족들도 아내 또는 엄마의 세포가 배양을 통해 전 세계 실험실에서 증식하고 있다는 사실을 몰랐다. 그런데 1970년대 초 존스홉킨스병원에서 헬라세포를 식별하기 위한 표지를 찾기 위해 가족들의 혈액이 필요해지자 가족들에게 연락했고 가족들은 공짜로 건강검진을 해주는 줄 알고 기꺼이 시료를 제공했다.

그런데 1975년 〈롤링스톤〉이라는 잡지의 마이클 로저스라는 기자가 랙스가家 사람들을 찾아오면서 혼란이 시작된다. 우연히 헬라세포를 알게 된 로저스는 특종거리임을 직감하고 볼티모어의 전화번호부를 뒤져 헨리에타의 맏아들 로렌스의 연락처를 알아낸다. 로저스는 로렌스가 헬라세포에 대해 전혀 모른다는데 놀랐고 거꾸로 질문공세를 받는다. 고등교육을 받지 못한 로렌스는 세포의 개념도 몰랐다.

이듬해 로저스의 기사가 실렸고 사람들은 처음으로 한 흑인여성의 세포가 본인이나 가족의 동의도 받지 않은 상태에서 상품으로 거래되고 각종 실험에 쓰인다는 사실을 알게 됐다. 헨리에타의 가족들도 이 사실에 경악했다. 아들 셋은 존스홉킨스대학이 헬라세포를 팔아 떼돈을 벌었다고 오해하고 자신들은 한 푼도 못 받는 데 분노했다. 반면 넷째인 딸 데버러는 두 살

2011년 헨리에타의 후손들이 버지니아주 클로버에서 모였다. 헨리에타가 살았던 마을은 재개발로 사라졌다. (제공 Lacks family)

때 죽어 얼굴도 기억하지 못하는 엄마의 삶과 헬라세포의 의미를 모른다는 데 괴로워했다. 그 뒤로도 잊혀질 만하면 기자들이 가족들을 찾았고 궁금한 걸 다 알려주겠다고 접근했지만 결국 자기들 필요한 것만 챙기고 연락을 끊었다. 결국 가족들의 정신은 갈수록 황폐해져갔다.

1999년 스클루트가 헨리에타의 유족들과 접촉을 시도했을 때 상황이 이랬으므로 취재가 쉽지 않았음은 쉽게 짐작할 수 있다. 그러나 스클루트는 끈질기게 달라붙었고 2000년 마침내 데버러를 만나게 된다. 그 뒤 두 사람은 기자와 취재원 사이를 넘는 끈끈한 관계를 유지하며 현장취재여행을 같이 떠나기도 한다. 글 앞에서 인용한 부분은 2001년 존스홉킨스의대의 크리스토프 렌가우어 박사가 데버러와 동생 조(헨리에타의 막내)를 실험실로 초청해 현미경으로 헬라세포를 보여주는 장면이다.

공개한 데이터 며칠 만에 폐쇄해

학술지 〈네이처〉 2013년 8월 8일자에는 헬라세포와 관련된 글이 다섯 편이나 실렸다. 각각 사설, 칼럼, 기사, 논평, 논문으로 종류도 다양하다. 스클루트의 책이 출간돼 화제가 된 것도 이미 3년 전 일인데 왜 이런 이례적일 일이 일어났을까. 이야기의 발단은 이해 3월 학술지 〈유전자 게놈 유전학〉에 실린 한 논문이다. 독일의 유럽분자생물학연구소 연구진들은 헬라세포의 게놈을 해독한 결과를 논문으로 발표하면서 게놈 데이터를 인터넷에 공개했다.

이들은 이 과정에서 아무 생각도 없었던 듯한데, 논문이 실리자 스클루트의 책을 열독했던 사람들로부터 데이터 공개가 유족들의 동의를 받았는지에 대한 질문이 쇄도했고, 이 사실을 알게 된 유족들은 펄쩍 뛰었다. 사태가 심상치 않음을 깨달은 연구자들은 바로 데이터를 폐쇄했고 유족들에게 사과했다. 스클루트 역시 3월 23일 〈뉴욕타임스〉에 기고한 글에서 아직도 정신을 못 차리고 있는 과학자들을 질타했다.

그런데 학술지 〈네이처〉는 이 무렵 미국 워싱턴대의 제이 셴두어 교수팀이 보낸 논문을 검토하고 있었는데, 역시 헬라세포 게놈에 관한 연구였다. 이 연구는 미 국립보건원NIH이 연구비를 댔는데, 결국 〈네이처〉는 이 논문을 어떻게 처리해야 할지를 논하기 위해 NIH의 프랜시스 콜린스 소장과 접촉한다(인간게놈프로젝트를 이끈 그 콜린스다!).

평소 콜린스는 과학만능주의에 거부감이 있었고 이번 일을 계기로 생체시료와 관련된 연구윤리를 바로잡기로 결심한다. 그는 스클루트에게 연락해 헨리에타의 유족들과 만남을 주선해 줄 것을 부탁했고 4월 8일 유족들과 저녁을 함께 했다. 그 뒤에도 두 번 더 만남을 가졌고 많은 대화 끝에 세 가지 안을 제시한다. 즉 게놈 데이터를 완전히 공개하는 방안, NIH가 DB를 관리하며 의뢰자에게 심사를 거쳐 정보를 주는 방안, 절대 공개하지 않은 방안이다. 결국 유족들은 조건부인 두 번째 안을 택했고 DB관리 그룹에 두 사람이 참여하기로 했다.

콜린스는 〈네이처〉에 기고한 글에서 "사실 요즘은 마음만 먹으면 개인실험실에서도 헬라세포의 게놈을 해독할 수 있고 유족들도 이를 알고 있다"며 "하지만 우리는 연구자 사회가 책임감있게 행동하고 유족들의 소망을 존중해주기를 바란다"라고 쓰고 있다. 콜린스는 또 '시료의 출처를 확인할 수 없다면de-identified 데이터를 공개해도 된다'는 1970년대 제정된 현재의 법규는 시대착오적인 것이며, 오늘날 데이터 분석 기술은 이런 시료도

출처를 추적할 수 있는 수준이라고 덧붙였다. 콜린스는 "연구자와 참여자 (생체시료제공자나 임상참여자) 사이의 관계는 진화해야 한다"며 "데이터 공개에 참가자의 허락을 구하는 건 이들이 단지 '실험대상'이 아니라 '동반자' 임을 인식하는 것"이라고 덧붙였다.

헬라세포 염색체 구성 엉망

끝으로 〈네이처〉에 실린 논문을 잠깐 소개하면, 헬라세포의 게놈 염기 서열과 유전자 발현양상에 대해 분석한 내용이다. 먼저 헬라세포 역시 암세포 게놈의 특징인 이수성aneuploidy과 이형접합성상실loss-of-heterozygosity

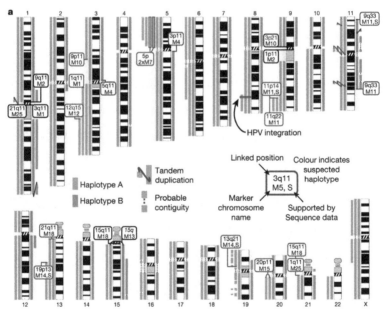

게놈해독으로 밝혀진 헬라세포의 염색체 구성. 2배체인 정상세포와는 달리 암세포의 특징인 이수성과 이형접합성상실이 뚜렷하다. 염색체 양 옆의 옅은 주황색과 청회색 막대가 각 반수체의 개수를 보여준다. 염색체 위(또는 아래) 숫자가 염색체 번호다. 4번 염색체만이 2배체이고 다른 염색체들은 부분에 따라 3배체, 4배체, 5배체, 6배체까지 존재한다. 한편 6번, 13번, 22번, X 염색체에서 한쪽 염색체가 완전히 사라졌다. (제공 〈네이처〉)

을 잘 보여주고 있다. 이수성이란 염색체의 개수가 일정하지 않은 현상인데, 정상 세포라면 염색체가 2배체(부모로부터 각각 하나씩 받으므로)여야 하지만 헬라세포의 경우 4번 염색체만이 2배체 상태를 유지하고 있다. 다른 염색체들은 부분에 따라 3배체, 4배체, 5배체, 6배체까지 존재한다. 한편 이형접합성상실은 부모에게서 받은 염색체 쌍 가운데 하나가 소멸하는 현상으로 헬라세포의 경우 6번, 13번, 22번, X 염색체에서 한쪽 염색체가 완전히 사라졌다.

한편 자궁경부암은 열에 아홉 인간유두종바이러스HPV의 감염으로 일어나는데, 헨리에타의 경우도 8번 염색체 DNA에 바이러스가 끼어들어갔다. 그 자리에서 50만 염기 떨어진 곳에 원암유전자proto-oncogene인 믹MYC이 존재한다. 원암유전자는 세포주기를 조절하는데, 정상 발현될 경우 문제가 없지만 과잉 발현되면 암세포를 만든다. 헬라세포에서는 끼어든 바이러스 유전자가 믹 유전자 발현을 수십 배 늘린다는 게 확인됐다.

연구자들은 논문 말미에서 "생의학 연구에 기여한, 이제는 고인이 된 헨리에타 랙스와 현재 살아있는 그녀의 유족들에게 감사한다"고 쓰고 있다. 이 논문은 생체조직 제공자와 그 가족들의 '권리'와 '기여'에 대해 언급한 최초의 논문으로 과학사에 기록될 것으로 보인다. 이런 인식의 변화를 일으키는 데는 2010년 출간된 레베카 스클루트의 책 『헨리에타 랙스의 불멸의 삶』이 결정적인 계기가 됐음은 물론이다.

참고문헌

레베카 스클루트, 김정한·김정부, 헨리에타 랙스의 불멸의 삶 (문학동네, 2012)

Hudson, K. L. & Collins, F. S. *Nature* **500**, 141–142 (2013)

Adey, A. et al. *Nature* **500**, 207–211 (2013)

마지 프로펫의 알레르기
독소가설을 아시나요?

예전에 법정 스님의 수필을 읽다가 스님이 11월의 산을 가장 좋아한다는 구절을 보고 '나도 그런데'라고 맞장구를 치다가 좋아하는 이유가 전혀 달라 역시 수준 차이가 난다고 깨달은 기억이 난다. 한낮에도 주위를 어두컴 컴하게 했던 무성한 잎들이 떨어지면서 숲이 밝아진 게 스님이 11월을 좋아한 이유(비움의 깨달음)였던 반면, 필자는 그저 벌레들이 사라져 맘 편히 걸어 다닐 수 있어 좋기 때문이다.

(제공 istockpoto)

특히 가을에는 말벌 같은 위협적인 곤충이 돌아다녀 정신을 사납게 하는데, 2013년 가을에는 유난히 많았다. 필자가 아침에 다니는 앞산 산책 코스 가운데는 100미터 정도 말벌들이 상존하는 지점이 있어 아예 '말벌 구역'이라고 명명했는데, 한창 때인 10월 중순에는 이 구간을 지날 때 말벌 이삼십 마리가 보였다. 따라서 왕복하면 오십여 마리와 마주치는 셈이다. 물론 말벌들은 그냥 지나치는 사람들을 건드리지 않

으므로 쏘이지는 않겠지만 여간 신
경이 쓰이는 게 아니다.

하지만 벌초를 하거나 밤을 따다
가 실수로 말벌집을 건드리면 큰일
이 난다. 실제로 말벌의 공격을 받아
사망하는 사고가 생기기도 하는데,
전국적으로는 매년 수십 명이 말벌
에 희생된다고 한다. 필자 생각에 이
가운데 말벌떼의 공격을 받아 벌독
의 작용으로 죽은 사람은 거의 없을

벌독에 대한 알레르기 반응은 독성을 중화하
는 역할을 해 과도한 양에 노출됐을 때 생존
율을 높여준다는 사실이 최근 밝혀졌다. 말벌
의 침 끝에 독이 맺혀있다. (제공 위키피디아)

것이고, 대부분은 아나필락시스anaphylaxis라는 급성 전신 알레르기 반응으
로 기도가 막혀 질식사한 경우일 것이다.

사실 아나필락시스까지는 아니더라도 오늘날 많은 사람들이 다양한 알
레르기에 시달리고 있다. 숨이 막힐 것 같은 두려움에 떨게 하는 천식, 시
도 때도 없는 재치기에 콧물이 줄줄 흐르는 알레르기성 비염, 너무 가려워
피가 날 때까지 벅벅 긁는 아토피성 피부염 등 증상도 다양하다. 문제는 이
런 사람들이 갈수록 늘어나 이제 열에 두세 명은 된다는 것.

알레르기는 정말 면역계의 오작동인가

이런 현상을 설명하는 멋진(?) 이론이 바로 '위생 가설'이다. 현대인들은
위생상태가 너무 좋아 면역계가 할 일이 없어져 예전 같으면 신경도 안 쓸
꽃가루를 적으로 인식해 죽기살기로 달려들어 알레르기 증상을 일으킨다
는 것. 이와 관련한 좀 더 구체적인 이론 하나가 바로 '기생충 가설'이다.

우리 몸에는 박테리아나 바이러스 같은 미생물을 퇴치하기 위한 '제1형
면역계'(독감백신은 이 면역계를 활성화한다)와 맨눈에도 보이는 벌레인 기생
충을 퇴치하기 위한 '제2형 면역계'가 있다. 그런데 기생충을 잡으라고 있는

제2형 면역계의 오작동이 바로 알레르기라는 것이다. 제2형 면역계의 작용을 간단하게 설명하면 이렇다(사실 필자도 잘 모르지만).

기생충이 분비하는 특정 단백질이 면역글로불린E$_{IgE}$라는 항체에 달라붙으면 T$_H$2림프구를 자극한다. 그 결과 T$_H$2림프구는 더 많은 IgE를 만들고 여러 신호분자를 분비해 일련의 대응반응을 일으킨다. 즉 호산구라는 면역세포가 기생충을 공격하고 점막에 있는 배상세포가 증식해 점액을 많이 만들어 낸다. 한편 또 다른 면역세포인 비만세포와 호염구는 히스타민을 비롯해 여러 물질을 분비한다. 그 결과 평활근 수축(기침), 가려움증(긁으면 이 같은 해충을 쫓는 효과가 있다) 등의 증상이 나타난다.

그런데 오늘날 웬만큼 사는 나라에서는 기생충은 거의 사라졌기 때문에(반면 미생물에는 여전히 시달리고 있다) 제2형 면역계가 할 일이 없어져 알레르기가 만연하게 됐다는 것. 실제로 알레르기성 장염증질환을 고치는 방법으로 기생충을 먹는 요법이 실시돼 효과를 보기도 했다. 그런데 이토록 광범위한 알레르기가 단지 기생충을 통제하는 면역계의 오작동 결과일 뿐일까. 정말 그렇다면 우리 몸은 너무 엉성하게 진화한 게 아닐까.

학술지 〈면역학〉 2013년 11월 14일자에는 알레르기를 다른 관점에서 바라보아야 함을 시사하는 연구결과 두 편이 나란히 실렸다. 꿀벌의 독이 유발하는 알레르기 반응이 결국은 생존에 도움이 된다는 연구인데, 비슷한 내용이므로 그 가운데 하나인 미국 하워드휴즈의학연구소의 루슬란 메디즈히토브 교수팀의 실험을 소개한다. 연구자들은 먼저 쥐에게 꿀벌 독을 약간 주입했다. 그 결과 벌독에 들어있는 포스포리파아제A2라는 효소가 제2형 면역계를 작동시킨다는 사실이 밝혀졌다.

포스포리파아제A2는 세포막을 이루는 인지질을 녹여내 결과적으로 세포를 파괴시키는 효소로 벌독뿐 아니라 여러 독의 주성분이다. 연구자들은 다음으로 치사량의 독을 위의 한 번 노출된 쥐와 대조군인 그렇지 않은 쥐에 주입했다. 그 결과 처음 독을 접한 쥐는 여럿 죽은 반면 한 번 노출돼 제2형 면역계가 활성화된 쥐는 살아남았다. 알레르기 반응으로 분비된 단백질분해효소가 포스포리파아제A2를 바로 파괴했기 때문으로 보인다. 결국 아나필락시스라는 치명적인 알레르기 반응 역시 벌독에 대한 제2형 면역반응의 극단적인 형태로 봐야 한다는 것이다.

배출이 존재 이유인 세 가지 현상

연구자들은 논문에서 마지 프로펫Margie Profet의 1991년 논문을 여러 차례 인용하고 있는데, 이 논문에서 알레르기를 독소에 대한 면역방어체계로 본 '독소 가설toxin hypothesis'이 처음 제안됐기 때문이다. 즉 이번 연구결과는 알레르기 독소 가설을 입증한 셈이다. 1958년생인 마지 프로펫은 정말 기이한 인물이다. 그녀 자신이 학계의 알레르기 같은 존재라고나 할까.

하버드대에서 정치철학을 전공한 프로펫은 졸업 뒤 돌연 버클리 캘리포니아대 물리학과에 입학한다. 이미 죽어버린 뇌의 '수학 영역'을 되살리고 싶다는 게 이유였다! 1985년 졸업을 한 프로펫은 웨이트리스로 일하면서 '생각해보고 싶었던 걸 생각해볼 시간을 갖기로' 하고 진화생물학을 혼자 공부하고 있었다. 어느날 물리학과 학생들을 대상으로 독성학 세미나를 하던 저명한 독성학자인 브루스 에임스는 날카로운 질문을 하는 프로펫의 영민함에 깊은 인상을 받고 나중에 이야기를 나누다 프로펫이 웨이트리스 일을 하고 있다는 얘기에 놀라 그녀를 고용해 논문 편집 일을 맡긴다.

그런데 그 일 가운데 하나가 훗날 '에임스 테스트'로 불리는, 특정 물질이 암이나 돌연변이를 일으킬 가능성

1990년대 초 유해 외부 물질에 대한 인체의 배출반응이라는 관점에서 입덧과 월경, 알레르기의 기능을 제안해 생물학계를 떠들썩하게 했던 마지 프로펫. 생활력이 없는 천재의 삶을 보여줘 주위를 안타깝게 했다. (제공 <Psychology Today>)

이 있는지를 시험하는 방법을 다룬 작업이었다. 에임스 테스트에 관한 문헌을 정리하던 이 팔자 좋은 여인은 1986년 어느 날 기발한 아이디어를 떠올린다. 임신 초기 입덧을 하는 건 태아 형성기에 문제를 일으킬 수도 있는 물질을 배출하려는 행동이라는 해석이다.

이렇게 시작된 인체의 배출 패러다임은 곧 알레르기로 이어진다. 즉 기침을 하고 콧물을 흘리는 알레르기 역시 우리 몸에 들어온 해로운 물질을 내보내기 위한 배출의 몸짓이라는 것이다. 그리고 1988년 어느 날 프로펫은 월경 역시 성관계 등으로 질내에 있을지 모를 유해한 물질(세균)을 배출하기 위한 메커니즘이라는 아이디어를 떠올렸다. 이렇게 '배출 3부작'의 개념이 완성됐다.

프로펫은 1988년 학술지 〈진화이론〉에 입덧이 기형유발물질로부터 태아를 보호하기 위해 진화했다는 가설을 담은 논문을 실었다. 에임스 교수의 작업도 마무리가 되고 돈이 떨어진 프로펫은 장학금을 받고 하버드대 인류학과 박사과정을 등록하는데, 적성에 맞지 않아 괴로워한다. 이런 와중에 1991년 알레르기 독성 가설 논문을 〈계간생물학리뷰〉에 실었고 1993년 같은 학술지에 월경이 정자에 딸려온 병원균을 배출하는 방어기작이라는 주장을 담은 논문을 게재했다.

진화생물학 박사학위는커녕 학부수업도 제대로 받지 않은 30대 초반의 늦깎이 인류학도의 외도에 많은 생물학자들이 불쾌해했지만, 20세기의 다윈이라는 저명한 진화생물학자인 조지 윌리엄스 같은 거장이 프로펫의 편을 들어주면서(월경 가설은 빼고) 프로펫은 맥아더재단이 주는 '천재' 장학금의 수여자로 선정됐다.

이제 의식주 걱정을 덜게 된 프로펫은 박사과정을 때려치우고 시애틀로 가서 워싱턴대에서 수학을 공부한다. 그리고 천문학과의 객원연구원 생활을 몇 년 한다. 1996년 한 잡지와 한 인터뷰를 보면 그녀는 이미 배출 3부작에 대한 흥미를 잃은 것으로 보인다. 좋은 이론이 되려면 좋은 실험이 따라야 하는데 자신은 "실험에 재능이 없기" 때문에 더 이상 할 일이 없다는 것이다.

2000년 여전히 맥아더 장학금으로 생활하고 있던 프로펫은 다시 하버드대로 돌아와 수학을 공부했는데 당시 이미 정신적으로 문제가 있었다고 지인들은 회상했다. 결국 프로펫은 2005년 무렵 홀연히 사라졌고 누구도 그녀의 생사를 알지 못했다. 그런데 2012년 월간지 〈심리학 투데이〉 5월호에 프로펫을 다룬 장문의 기사가 실렸고, 얼마 뒤 보스턴에서 가난과 질병에 피폐해진 모습으로 발견됐다. 5월 16일 프로펫은 가족(어머니)의 품으로 돌아갔다고 한다.

1993년 맥아더 천재 장학금 수상자로 선정된 뒤 프로펫은 한 인터뷰에서 "역사를 뒤돌아보면 진짜 뛰어난 과학자들은 다 부적응자였다"며 "과학성과가 나오는 한 부적응자로 사는 것도 좋다"고 말한 바 있다. 2000년대 들어 심해진 프로펫의 방황은 과학성과가 나오지 않은 결과였을까. 아무튼 프로펫의 배출 3부작 가운데 입덧 가설은 이미 널리 받아들여졌고 알레르기 가설도 점점 설득력을 얻고 있는 분위기다.

알레르기 없는 게 다행?

다시 알레르기 얘기로 돌아가서 이번에 벌독 실험 결과를 낸 하워드휴즈의학연구소 루슬란 메디즈히토브 교수는 2012년 학술지 〈네이처〉에 방어체계로서의 알레르기를 바라보는 관점에 대한 논문을 기고했는데, 이에 따르면 제2형 면역계는 크게 네 가지 유형의 환경 위협으로부터 우리 몸을 방어하기 위해 진화했다.

즉 기생충, 독성 비생체성분xenobiotics, 독과 흡혈체액(모기 타액 같은), 자극유발물질(매연 같은)이다. 이 가운데 기생충을 제외한 나머지 세 유형, 즉 제2형 면역반응을 일으킬 수 있는 비감염성 환경자극을 뭉뚱그려 알레르기유발물질allergens이라고 불러왔던 것. 그런데 우리 몸이 알레르기 반응을 일으키는 이런 물질들이 과연 인체에는 해가 없는 것일까.

새집증후군으로 아토피가 심한 아이들을 시골의 나무집에 보내면 증상이 사라지는데, 새집증후군을 일으키는 휘발성유기화합물이 몸에 유해한 작용을 하는 건 잘 알려진 사실이다. 우리는 알레르기 하면 꽃가루를 생각하고 알레르기가 몸에 무해한 물질에 대한 면역계의 오작동이라고 간주해버리지만, 곰곰이 생각해보면 오늘날 알레르기를 일으키는 물질의 상당수는 정말 몸에 해로운 것들임을 알 수 있을 것이다.

알레르기 독소 가설을 따라가면 평소 알레르기 증상이 없는 사람들은 몸에 독소가 많이 쌓여 그로 인한 질병에 걸릴 가능성이 높다는 결론에 자연스럽게 이르게 된다. 과연 그럴까. 미국 코넬대의 저명한 신경생물학자 폴 셔먼과 아내인 진화생물학자 자넷 쉘먼-셔먼은 1953년 이후의 논문을 뒤져 알레르기와 암의 관계를 조사했다. 발암물질이야말로 대표적인 독소이기 때문이다. 그 결과 놀랍게도 알레르기와 암발생이 서로 반비례한다는 사실을 확인했다. 특히 인체에서 외부와 닿아있는, 즉 알레르기 증상이 나타나는 부위인 입과 목, 대장, 피부, 폐 등에서 이런 관계가 두드러졌다.

평소 주위에서 알레르기로 시달리는 사람을 보면서 '안됐다'라거나 '까다롭기는…' 같은 생각을 했던 사람들은 어쩌면 자신들이 독소도 분별할 줄 모르는 '둔감한' 사람일지도 모른다는 생각을 한번 해보면 어떨까. 물론 지금도 알레르기성 비염으로 코를 훌쩍거리며 이 글을 쓰고 있는 필자 같은 사람은 자신을 민감하다고 자책할 게 아니라 '섬세한' 사람이라고 위안해도 좋을 것이다.

참고문헌

Palm, N. W. et al. *Immunity* **39**, 976–985 (2013)
Palm, N. W. et al. *Nature* **484**, 465–472 (2012)
Martin, M. *Psychology Today* May (2012)

코트니-래티머와 스미스, 화석에 숨결을 불어넣은 사람들

1938년 남아프리카공화국 이스트런던박물관에서 학예사로 일하고 있던 32살의 마조리 코트니-래티머는 7년차임에도 여전히 열정을 잃지 않고 있었다. 수도 케이프타운의 북동쪽에 있는 항구소도시인 이스트런던 East London에 있는 작은 박물관을 많은 사람들이 찾을 리는 없음에도 전시할만한 특이한 해양생물을 찾는데 열심이어서 어부들이 잡은 물고기를 조사하는 게 일상이었다.

크리스마스를 이틀 앞둔 12월 23일, 코트니-래티머는 어느새 친구가 된 저인망 어선 네리네호의 선장 헨드릭 구센에게 크리스마스 인사를 하러 배가 들어오는 항구로 나

2013년 4월 18일자 <네이처>는 실러캔스 게놈 해독과 관련해 아프리카 연안 해저에서 실러캔스를 탐사하는 장면을 담은 사진을 표지에 실었다. 실러캔스는 최대 1.8미터까지 자라는 것으로 알려져 있다. (제공 <네이처>)

섰다. 반갑게 덕담을 나눈 뒤 돌아서는데 문득 가오리와 상어가 가득 담긴 통 안에서 푸르스름한 지느러미가 눈에 들어왔다. 순간 호기심이 발동한 코트니-래티머는 가오리와 상어 밑에 있던 물고기의 몸통이 드러나자 눈을 의심했다. 훗날 코트니-래티머는 이때의 인상을 이렇게 쓰고 있다.

"그때까지 내가 본 가장 아름다운 물고기였는데, 몸길이는 1.5미터이고

반짝거리는 은빛 반점이 있는 연한 남색이었다."

코트니-래티머는 이 물고기에 대해 아는 바가 없었지만 박물관에 소장할 가치가 있다고 판단하고 택시를 불렀다. 박물관에 도착해 참고문헌을 뒤적인 결과 이 물고기가 화석으로만 남아있는 오래 전 멸종한 물고기와 비슷하게 생겼다는 사실을 발견했다. 흥분한 코트니-래티머는 어류에 대해 전문가 수준의 지식을 갖고 있는 화학자인 인근 로즈대학교의 제임스 스미스 교수에게 스케치를 곁들인 편지를 보내 이 사실을 알렸다. 한편 이 물고기가 농어류의 일종이라고 생각한 박물관장은 호들갑을 떠는 학예사를 한심한 눈으로 바라보았다.

14년 만에 온전한 견본 확보

'MOST IMPORTANT PRESERVE SKELETON AND GILLS = FISH DESCRIBED' (언급한 물고기의 골격과 아가미를 보존하는 게 무엇보다도 중요하다)

크리스마스휴가를 떠났던 스미스 교수는 해가 바뀐 1939년 1월 3일에야 코트니-래티머에게 전보를 보냈다. 하지만 물고기 표본을 만드는 과정에서 뼈와 내장은 이미 버린 상태였다. 당황한 코트니-래티머는 박물관은 물론 읍내의 쓰레기장까지 뒤졌지만 결국 찾지 못했다.

1939년 남아공 로즈대 제임스 스미스 교수는 박물관의 견본을 보고 이 물고기가 백악기에 멸종한 것으로 알려진 실러캔스임을 즉각 알아차렸다. 오랫동안 온전한 실러캔스를 찾던 스미스는 1952년 마침내 코모로스 군도에서 실러캔스를 확보하는 데 성공했다.

2월 16일 이스트런던박물관에 온 스미스 교수는 즉시 이 물고기가 실러캔스coelacanth임을 알아차렸다. 실러캔스는 1839년 첫 화석이 발견된 물고기로, 데본기에서 백악기에 걸쳐 살다가 6500만 년 전에 공룡과 함께 멸종했다고 알려져 있었다. 그런데 공룡 시대 물고기가 여전히 살아있다는 증거를 바로 눈앞에서 보게 된 것이다. 이 사실이 공표되자 언론들은 즉시 세기의 발견이라며 대서특필했고 코트니-래티머와 스미스는 하루아침에 유명인사가 됐다.

스미스 교수는 과학저널 〈네이처〉에 실러캔스의 발견을 보고하면서 이 물고기의 학명을 '래티머리아 챌룸니*Latimeria chalumnae*'라고 붙여줬다. 첫 발견자인 코트니-래티머를 기린 이름이다. 이후 스미스의 삶은 온전한 실러캔스 견본을 찾는데 바쳐졌다. 그는 남아공에서 케냐, 마다가스카르에 이르는 아프리카 동쪽 해안 일대를 돌아다니며 전단을 뿌리고 강의를 하며 어부들에게 실러캔스를 잡을 경우 꼭 연락을 해달라고 당부했다. 이렇게 14년이 지난 1952년 12월 21일, 코모로스 군도의 교사 아판 모하메드는 한 어부가 들고 가는 커다란 물고기가 실러캔스임을 직감하고 이 사실을 알렸다. 코모로스로 날아간 스미스 교수는 사례비로 100파운드를 지불하고 귀중한 견본을 갖고 돌아온다.

오늘날 '살아있는 화석'의 대표적인 예로 꼽히는 실러캔스는 이렇게 세상의 빛을 본 것이다. 그 뒤 1997년에는 인도네시아의 연안에서 또 다른 실러캔스가 발견됐고 '래티머리아 메나도엔시스*Latimeria menadoensis*'라고 명명됐다. 이후 이 종은 인도네시아 실러캔스라고 부르고 앞의 종은 서인도양 실러캔스라고 부른다. 2013년 현재 보고된 실러캔스는 309마리에 불과하다. 지금까지 실러캔스목目에 속하는 물고기는 80여종이 발견됐는데, 이 두 종을 제외한 모두가 최소한 6500만 년 전에 멸종한 종들이다.

어류와 육상동물 잇는 다리

실러캔스는 상당히 특이하게 생겨 비전문가가 봐도 심상치 않은 생명체라는 느낌을 준다. 실러캔스는 지느러미가 8개인데 특이한 형태의 꼬리지느러미와 살집이 통통한 가슴지느러미 한 쌍, 배지느러미 한 쌍이 특히 눈길을 끈다. 나머지는 등지느러미 2개와 뒷지느러미 1개다.

참고로 물고기는 '계문강목과속종'으로 나누는 분류학상으로 상어 같은 연골어강綱와 고등어 같은 경골어강로 나뉘는데, 경골어강은 또 고등어처럼 우리가 익숙한 형태의 지느러미를 지닌 조기아강亞綱과 통통한 지느러미를 지닌 육기아강으로 나눈다. 경골어류는 거의 다 조기아강에 속하고, 현존하는 경골어류로는 실러캔스와 폐어lungfish만이 육기아강에 속한다.

폐어는 말 그대로 아가미 대신 육상동물의 폐(허파)와 비슷한 구조의 호흡기관을 갖는 민물고기로, 고생대와 중생대에는 번성했으나 현재는 불과 6종만이 남아있다. 폐어는 등지느러미와 뒷지느러미가 꼬리지느러미와 합쳐져 뱀장어가 연상되는 형태이나 실러캔스처럼 가슴지느러미 한 쌍과 배지느러미 한 쌍은 살집이 있다.

실러캔스나 폐어가 주목받는 이유는 이들의 몸 구조가 바로 물고기와 사지四肢 육상동물의 중간형태를 띠기 때문이다. 즉 부챗살 같은 가슴지느러미와 배지느러미가 살집이 있는 형태로 바뀌어있다. 이들의 조상 가운데 일부가 뭍으로 올라오면서 이 지느러미로 이동하다가 결국 다리로 진화했고 발가락도 생겨나게 됐다는 시나리오다. 고생물학자들은 화석을 토대로 대

약 1억 5000만 년 전 쥐라기 후기 지층에서 발견된 실러캔스인 운디나 페니실라타*Undina penicillata* 화석.
꼬리지느러미가 현생 실러캔스와 매우 비슷하다. (제공 위키피디아)

략 3억 9000만 년 전에 실러캔스의 조상과 폐어의 조상이 육상동물의 조
상과 갈라졌다고 추정해왔다. 하지만 실러캔스와 폐어 가운데 누가 육상동
물과 더 가까운지는 불분명했다.

　과학저널 〈네이처〉 2013년 4월 18일자에는 서인도양 실러캔스의 게놈
을 해독한 연구결과가 실렸다. 실러캔스의 게놈은 약 29억 염기쌍으로 30
억 염기쌍인 사람의 게놈보다 약간 작고 유전자 개수도 19000여개로 역
시 21000여개인 사람보다 약간 적다. 참고로 폐어의 게놈은 크기가 무려
1300억 염기쌍으로 추정돼 현실적으로 당분간 해독되기는 어렵다.

　연구자들은 실러캔스와 폐어를 비롯한 척추동물 22종의 251가지 유전
자의 염기서열을 비교해 이들의 분류학상의 관계를 살펴봤다. 염기서열의
차이가 적을수록 서로 가까운, 즉 좀 더 최근에 공통조상에서 갈라진 종
들이라고 볼 수 있기 때문이다. 그 결과 실러캔스보다는 폐어가 육상동물
에 좀 더 가까운 것으로 나타났다. 즉 이 세 그룹의 공통조상에서 먼저 실
러캔스와 폐어/육상동물 공통조상이 갈라졌고, 그 뒤 후자에서 폐어와 육
상동물이 갈라졌다는 말이다.

　그럼에도 실러캔스의 게놈을 분석하자 물고기와 육상동물의 과도기적인
특징을 띠고 있다는 사실이 밝혀졌다. 즉 경골어류에서 육상동물로 진화
하면서 사라진 유전자 가운데 50여 개가, 여전히 경골어류에 속하는 실러

캔스의 게놈에서도 발견되지 않았다. 이 유전자들 가운데 13개는 지느러미가 만들어질 때 관여한다. 결국 경골어류 대다수가 속하는 조기아강 어류의 지느러미 형성 유전자 가운데 13개는 실러캔스 같은 육기아강 어류에서 이미 작동을 멈췄고 그 대신 다른 유전자들이 관여해 이렇게 다른 형태의 지느러미가 나온 것으로 보인다. 그리고 육상동물의 다리로 진화하는데는 또 다른 유전자들이 개입했을 것이다.

한편 게놈 분석 결과 실러캔스의 유전자는 돌연변이 속도가 다른 동물들보다 절반 수준으로 느리다는 사실도 밝혀졌다. 옆의 계통수를 보면 가로선이 길수록 돌연변이가 많았다는 뜻으로 실러캔스는 선이 가장 짧음을 알수 있다. 현생 실러캔스가 수천만 년 전 화석의 실러캔스와 겉모습이 큰 차이가 없어 보이는 현상도 이런 느린 돌연변이 속도로 어느 정도 설명할 수 있다. 그렇다면 왜 실러캔스의 유전자는 이처럼 돌연변이 속도가 느릴까.

연구자들은 실러캔스의 생태에서 실마리를 찾고 있다. 즉 실러캔스는 야행성 물고기로 낮에는 수심 100~500미터인 바다 밑 굴에서 은신하고 있다가 어둠이 찾아오면 외출해 다른 물고기를 잡아먹고 산다. 가끔 천적인 상어를 만나 잡아먹히기도 하지만 비늘이 두껍고 덩치도 꽤 크기 때문에 공격당하는 일이 흔하지는 않다.

그럼에도 실러캔스의 개체수는 많지 않아서 서인도양 실러캔스의 경우 1000~1만 마리 정도로 추정되고 있다. 수천만 년 전이나 지금이나 큰 차이가 없는 연안 바다 밑 환경에서만 살아갈 수 있기 때문이다. 한편 예전에는 실러캔스가 잡히면 어부들이 다시 놔줬는데(기름기가 너무 많고 고약한 냄새가 나서 식용으로는 부적합하다), 유명한 물고기라는 걸 알고 난 뒤부터는 가져와 팔면서 개체수가 줄어들고 있다고 추정하기도 한다.

앞으로 실러캔스 게놈을 좀 더 면밀히 분석하면 어류에서 육상동물이 진화한 과정을 이해하는데 큰 도움이 될 것으로 보인다. 아울러 실러캔스가 앞으로도 '살아있는 화석'으로 불릴 수 있도록 이들의 서식처 일대를 보존하는 노력을 게을리 하지 말아야겠다.

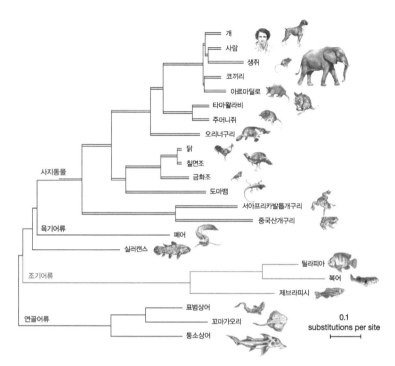

개
사람
생쥐
코끼리
아르마딜로
타마왈라비
주머니쥐
오리너구리
닭
칠면조
금화조
도마뱀
서아프리카발톱개구리
중국산개구리
폐어
실러캔스
틸라피아
복어
제브라피시
표범상어
꼬마가오리
통소상어

사지동물
육기어류
조기어류
연골어류

0.1
substitutions per site

척추동물 22종의 251가지 유전자의 염기서열을 분석해 만든 계통수. 폐어가 실러캔스보다 육상동
물에 더 가까움을 알 수 있다. 한편 가로선이 길수록 돌연변이가 많았다는 뜻인데, 현생 실러캔스
가 수천만 년 전 모습을 여전히 많이 지니고 있는 건 돌연변이 속도가 느린 것이 한 이유로 보인다.
(제공 <네이처>)

코트니-래티머는 20대 때 사귄 애인이 죽자 그를 잊지 못해 평생 독신으
로 살다 2004년 97세에 타계했다. 평소 아내에게 70 넘게 살고 싶지는 않다
고 말하던 제임스 스미스는 1968년 71세로 세상을 떠났다. 스미스는 1956
년 『The Search Beneath the Sea : The Story of the Coelacanth바다밑을 찾아
서 : 실러캔스 이야기』라는 책을 펴냈다.

참고문헌

www.dinofish.com/discoaprnt.html
Amemiya, C. T. et al. *Nature* **496**, 311-316 (2013)

PART 09

Science Cafe 3

Cheers Science

문학/영화

누군가에게 공감하고 싶다면
앨리스 먼로의 단편을 읽으세요

한 사람이 한 사람을 이해하려는 노력, 그것은 언제나 좌절감을 안겨주는
일에 불과한 것일까요? 라고 우리에게 묻는 듯 한 앨리스 먼로의 작품에는
특별한 사람의 특별한 이야기는 거의 없다.

- 소설가 조경란

앨리스 먼로의 작품을 읽을 때마다 예전에는 미처 생각하지 못했던
무엇인가를 반드시 깨닫게 된다.

- 2009 '맨 부커상' 인터내셔널 부문 선정 경위 중에서

2013년은 노벨물리학상을 지난 수십
년간 대중의 관심을 받았던 피터 힉스
가 수상했음에도 뜻밖에 조용했다. 지
난해 힉스입자가 발견되면서 사실상 예
정된 수순이었기 때문일까[17]. 대신 노벨
문학상이 화제다. 국내에도 수많은 팬
이 있는 일본 소설가 무라카미 하루키
가 받은 것도 아닌데 별일이다 싶었다.

그런데 수상자인 캐나다의 작가 앨리
스 먼로에 대한 기사를 보니 화제가 될

올해 노벨문학상을 받은 캐나다의 소설가
앨리스 먼로. 단편에 대한 수상은 이번이
처음이다. (제공 shapton 09)

---

17   피터 힉스와 힉스입자에 대해서는 『사이언스 소믈리에』 226쪽 '2012년은 힉스의 해!' 참조.

만하다. 1931년 태어난 먼로는 2012년 단편집 『Dear Life친애하는 삶에게』를 출간한 뒤 지병(암)으로 60여년의 작가 생활을 접었다고 한다. 먼로는 단편 전문 작가로 1968년 출간한 첫 단편집 『행복한 그림자의 춤』을 시작으로 총 14권의 단편집을 냈고 '맨 부커상' 등 여러 상을 수상했다. 먼로는 단편소설가로는 최초로 노벨상을 받은 경우라고 한다. 먼로는 수상소감을 묻는 질문에 "지금까지 노벨문학상을 받은 여성이 고작 열세 명 뿐"이라고 말해 사람들을 당황시켰다.

2013년 10월 10일 노벨문학상이 발표된 시점에서 국내에는 먼로의 단편집 가운데 네 권이 번역돼 있었는데(한 권은 절판), 며칠 뒤 필자는 점심을 먹은 뒤 단골카페에서 케냐AA 원두로 내린 핸드드립 커피를 홀짝이며 『행복한 그림자의 춤』을 펼쳤다. 먼로가 작가생활을 시작한 1950~1960년대 작품들이 수록돼 있는데, 두 세대 전에 썼다고 생각되지 않을 정도로 모던했다. 앞의 '맨 부커상' 선정 경위 코멘트처럼 단편 하나를 읽을 때마다 '예전에는 미처 생각하지 못했던 무엇인가'를 깨달을 수 있었다.

실험에 먼로 단편 포함돼

그런데 문득 며칠 전 학술지 〈사이언스〉에 소설을 읽으면 타인에게 공감하는 능력이 향상된다는 연구결과가 실렸다는 뉴스를 본 기억이 났다. 집에 와서 검색해보니 2013년 10월 3일 온라인에 공개된 논문으로 '문학소설을 읽으면 마음의 이론이 향상된다Reading Literary Fiction Improves Theory of Mind'라는 제목이다.

미국의 '사회 연구를 위한 뉴스쿨'의 데이비드 키드와 에마누엘 카스타노는 소설 가운데서도 스릴러나 로맨스 같은 대중소설이 아닌 문학성이 높은 소설을 읽으면 마음의 이론, 즉 타인의 입장을 이해하는 공감 능력을 높일 수 있다고 가정하고 실험을 설계했다. 저자들은 5가지 실험을 했는데 첫 번째 실험은 문학성이 높은 단편 세 편과 비소설 세 편 가운데 피험자들이 임의로 한 편을 읽게 하고 공감 능력을 테스트했다. 혹시나 하고 단편 목록을 봤는데 먼로의 작품은 없고 단편의 거장 안톤 체홉의 작품 「카멜레온」이 포함돼 있다.

두 번째 실험은 문학성이 높은 소설과 대중소설을 비교했는데 전자는 최근 '전미도서상' 후보 가운데 세 작품을, 후자는 인터넷 서점 아마존의 최근 베스트셀러에서 세 작품을 골랐다. 역시 먼로의 작품은 없다.

세 번째 실험도 문학성이 높은 소설과 대중소설을 비교했는데 전자는 2012년 '오 헨리 상' 수상 단편에서 세 작품을, 후자는 1998년 펴낸 『대중소설집』에서 세 편

문학소설을 읽으면 타인에 공감하는 능력이 향상된다는 최근 <사이언스>에 발표된 연구에는 앨리스 먼로의 단편 「Corrie」가 텍스트 가운데 하나로 쓰였다. 「코리」는 2012년 출간된 단편집 『디어 라이프』에 수록돼 있다.

을 골랐다. '기대할 걸 기대해야지…'라고 생각하며 목록을 훑어봤는데 전율이 느껴졌다. '오 헨리 상' 수상작 가운데 앨리스 먼로의 작품 「Corrie」가 포함돼 있는 게 아닌가! 26년 전 대학 합격자 명단에서 필자 이름을 확인했을 때보다 더 신났다. 「코리」는 네 번째, 다섯 번째 실험에서도 쓰였다.

「코리」는 2010년 잡지 <뉴요커>에 발표됐고 단편집 『Dear Life』에 수록됐다. 아직 번역이 안 돼 아마존에서 이북을 구매해, 보던 논문은 던져두고 「코리」를 읽었다[18]. 필자의 영어실력으로 제대로 독해했는지 의심스럽지만[19], 잔잔히 흘러가던 이야기가 놀라운 반전으로 끝맺음을 하면서 마음이 짠했다. '오 헨리 상'을 받은 이유를 알겠다. 다음은 「코리」의 줄거리다.

부유한 사업가 칼턴 씨의 무남독녀인 코리는 소아마비로 다리를 저는 다소 억세게 생긴 26세 처녀로 아버지와 둘이 시골 저택에 살고 있다. 오지랖

---

18 2013년 12월 한국어판 『디어 라이프』가 나왔다.

19 실제로 오독이 꽤 있었다. 아래 요약은 번역된 글을 읽고 난 뒤 고친 것이다.

이 넓은 칼턴 씨는 성공회 신자도 아니면서 동네 명소인 성공회 교회를 자비를 들여 보수하는데, 젊은 건축가 하워드 리치가 공사를 맡았다. 하워드는 칼턴 씨의 집에 드나들게 되고 유부남이었지만 마음이 통하는 코리와 관계를 갖게 된다. 수년이 지나 칼턴 씨는 사망했고 혼자 남은 코리는 소일거리삼아 동네 도서관 사서로 일하고 있다.

그런데 어느 날 하워드는 자신의 사무실로 둘의 관계를 언급한 편지가 왔다며 코리를 찾아온다. 예전에 코리의 집에서 가정부로 일하던 릴리언 올프라는 여성이 보낸 것이다. 결국은 그녀에게 매년 두 차례씩 돈을 건네기로 한다. 코리가 하워드에게 수표를 주면 하워드가 릴리언의 사서함에 넣는 방식이다. 그 뒤 더 이상 협박편지는 오지 않았다.

이렇게 십수 년의 세월이 흐른 어느 날 코리는 우연히 릴리언의 사망소식을 듣는다. 장례식 날 도서관 근무를 핑계로 참석하지 않기로 한 코리는 결국 참지 못하고 장례식이 열린 교회로 간다. 그런데 한 여성이 그녀를 알아보고 왜 이제야 왔냐며 반긴다. 그녀는 릴리언에 대해 아주 좋게 말하는데다 생전에 릴리언에게서 코리 얘기를 많이 들었다고 이야기한다. 코리는 릴리언이 받은 돈 대부분을 이 교회에 기부했다고 생각한다.

집에 돌아온 코리는 가족과 함께 2주간 산장에 머무르고 있는 하워드에게 릴리언의 죽음을 알리는 편지를 쓴다. 늘 가슴 한구석 불안감을 갖게 했던 존재인 릴리언이 사라진 것에 대한 홀가분함에 기분이 들뜬 코리는 편지를 마무리하지 못하고 잠이 든다. 그리고 다음날 잠이 깬 코리는 문득 모든 걸 깨닫는다. 릴리언은 자신과 하워드 사이의 일에서 아무 관계가 없는 존재라는 사실을.

릴리언이 20여 년 전 가정부로 일하다 떠날 때 코리는 그녀가 집안일만 하기에는 너무 똑똑하다며 타자를 배우라고 돈을 줬고, 이 일에 감동한 릴리언이 주위사람들에게 코리에 대한 덕담을 했을 것이다. 결국 하워드는 부유한 상속녀인 코리에게서 뜯어낸 돈으로 가족들과 이 나라 저 나라 여행을 하며 풍족하게 살았던 것이다. 물론 코리에게 돈은 문제가 되지 않았다. 결국 코리는 릴리언의 죽음을 알리는 한 줄짜리 편지를 하워드의 사무실로 보낸다.

"릴리언이 죽었어, 어제 묻혔어."

곧 답장이 왔다. 역시 한 줄이다.

"이제 다 잘됐군, 기뻐. 곧 만나."

마음을 움직이는 순수문학의 힘

다시 논문으로 돌아와서, 저자들은 공감의 능력을 평가하는 여러 방법을 써서 문학소설을 읽은 사람들이 비소설이나 대중소설을 읽은 사람들보다 공감 능력이 높다는 사실을 확인했다. 뒤의 두 그룹은 아무 것도 읽지 않은 사람들과도 차이가 없었다. 이들이 사용한 방법 가운데 하나인 '눈으로 마음 읽기 시험RMET'을 소개한다.

피험자들은 눈 부분만 클로즈업된 얼굴사진 36장을 보고 각각에 대해 어떤 감정상태인지를 추측하면 된다. 물론 주관식이면 피험자들이 견디지 못할 것이므로, 사진 오른쪽 옆에 감정상태를 나타내는 단어 네 개가 있다. 즉 이 가운데 하나를 고르면 된다. 따라서 다 맞추면 36점이다. 첫 번

연구자들은 '눈으로 마음 읽기 시험' 등의 방법으로 독서가 공감능력에 미치는 영향을 조사했다. 눈으로 마음 읽기 시험은 피험자가 눈 부분이 클로즈업된 사진 36장을 보고 각각의 감정 상태를 맞추게 한다. 점수가 높을수록 타인에 대한 공감능력이 큼을 의미한다. (제공 Glenn Rowe)

째 실험결과를 보면 문학소설을 읽은 그룹은 평균 25.9점인 반면 논픽션을 읽은 그룹은 23.47점이었다. 세 번째 실험결과에서도 문학소설을 읽은 그룹은 평균 25.92점인 반면 대중소설을 읽은 그룹은 23.22점이었다. 구글에서 'RMET'로 검색해보면 직접 테스트해볼 수 있는 사이트가 나오는데, 필자는 25점을 받았다. 영어 형용사의 뉘앙스를 제대로 파악했다면 2~3점은 더 높게 나오지 않았을까.

한편 텍스트의 재미를 묻은 질문에 피험자들은 예상대로 문학소설은 3.54점을 준 반면 대중소설은 4.07점을 줬다. 반면 문학성은 전자를 4.84점으로 후자의 4.43점보다 높게 평가했다. 문학평론가가 아닌 피험자들도 문학소설이 재미는 덜 하지만 작품성은 높다는 걸 안다는 말이다. 그런데 왜 같은 소설인데 문학성이 높은 작품은 공감력을 높여주고 대중소설은 그렇지 못한 것일까.

저자들은 논문에서 "문학소설은 음운적, 문법적, 의미적으로 참신한 장치를 써서 독자들에게 낯선 경험을 선사한다"며 "독자의 예상을 뒤엎고 독자의 사고방식에 도전하는 문학소설의 힘이 독자들 역시 작가처럼 창조적으로 만들어준다"고 설명했다. 반면 대중소설은 상황이나 인물을 일관성 있고 예측가능하게 기술하는 경향이 있기 때문에 독자들의 예상에 부응할 뿐 마음의 이론을 향상하는데 도움을 주지 못한다는 것. 저자들은 문학소설뿐 아니라 다른 예술 장르에서도 공감의 능력을 끌어올리는 효과가 있을 것으로 추측했다.

참고문헌

앨리스 먼로, 정연희 *디어 라이프* (문학동네, 2013)
Kidd, D. C. & Castano, E. *Science* **342**, 377–380 (2013)

광합성의 양자생물학

> "잎이 에너지를 한 분자계에서 다른 분자계로 옮기는 과정은 기적이라고
> 볼 수 있습니다. 알다시피 양자 결맞음이 모든 에너지 경로에서 단번에 길을 찾게
> 하는 높은 효율의 열쇠니까요. 나노기술이 지향하는 방식으로, 우리는 알맞은
> 재료를 써서 이 방식을 모방할 수 있을 것입니다."
>
> - 이언 매큐언, 『Solar』

오늘날 영어권 최고의 소설가 중 한 명으로 꼽히는 이언 매큐언은 정말 독특한 사람이다. 그의 여러 소설은 과학에서 소재를 얻었고 따라서 과학자가 많이 등장한다. 〈뉴욕 타임스〉 '올해의 책'에 선정된 1997년 작 『이런 사랑』의 경우 심지어 과학자의 미련을 버리지 못한 과학작가가 주인공이다 (책을 읽으며 필자가 얼마나 공감했는지!).

매큐언이 2010년 발표한 소설 『Solar태양에너지』는 50대의 물리학자 마이클 비어드가 주인공이다. '비어드-아인슈타인 융합 이론'으로 노벨물리학상을 받은(물론 이런 이론은 없다) 저명한 물리학자인 그는 그러나 성격에 결함이 있는지 네 번이나 이혼을 하고 다섯 번째 아내와 살고 있다. 비어드는 독일 훔볼트대의 수학자와 바람을 피우다 걸렸는데, 34살 미모의 아내는 젊은 건축업자 타르핀과 맞바람을 피우며 복수한다. 뒤늦게 아내의 가치(?)를 깨달은 비어드는 괴로워한다.

사실 비어드가 과학자로서 본격 연구를 접은 지는 20년이 돼 간다. 젊은 시절 업적으로 노벨상을 타고 유명인사가 된 대가다. 그는 국립재생에너지

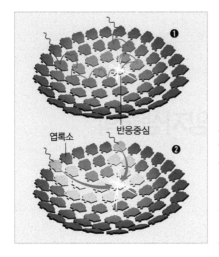

엽록체 막에는 엽록소가 깔때기처럼 배열돼 있어 흡수한 빛에너지를 가운데 반응중심으로 모아 광합성 다음 단계를 진행한다. 한 엽록소에서 빛에너지를 흡수한 전자가 단계적으로 이동해 반응중심에 도달한다는 기존 메커니즘은 높은 효율을 설명하지 못한다(1). 2007년 실험결과는 빛에너지를 흡수한 전자가 양자 결맞음에 따라 파동처럼 전체 깔때기에 퍼져 순식간에 반응중심으로 흘러들어가는 새로운 메커니즘을 제안했다(2).

연구소의 소장을 맡고 있는데 관심도 없는 풍력에너지 프로젝트를 진행하고 있다. 그런데 연구소에 탐 알두스라는 입자물리학자가 들어온다. 탐은 인류의 에너지 위기를 해결할 유일한 방안이 양자역학을 도입한 인공광합성 연구라고 비어드를 끈질기게 설득한다.

비어드는 수 주간 출장을 갔다가 항공편을 당겨 오전에 도착해 집 현관문을 여는데 뜻밖에도 자기 잠옷을 입고 소파에 앉아 있는 알두스를 발견한다(아내는 출근했다). 폭력을 휘두르는 타르핀을 힘들어하던 아내가 예전에 집에 온 적이 있는 젊은 물리학도를 유혹해 새 애인으로 삼은 것. 비어드는 노발대발했지만 알두스의 변명을 듣다 지쳐 꺼지라며 자리를 피하고, 선처해 달라며 그를 쫓아가던 알두스는 그만 미끄러져 넘어지다 머리를 크게 다쳐 죽는다. 갑작스런 사고에 당황한 비어드는 신고할 타이밍을 놓치고, 결국 타르핀이 질투에 눈이 멀어 살인한 것처럼 상황을 꾸민다.

글 맨 앞의 인용구는 알두스가 불륜을 변명하는 과정에서 비어드의 융합 이론을 인공광합성에 적용할 경우 놀라운 결과를 얻을 수 있을 것이라고 설명하는 장면이다. 그는 비어드를 위해 자신의 아이디어를 담은 파일을 남겨뒀는데, 비어드는 이를 읽고 인공광합성 연구에 뛰어든다.

2007년 광합성 분자에서 양자 현상 첫 발견

이언 매큐언은 이 소설을 쓰기 위해 영국 케임브리지대의 물리학자 그레엄 미치슨 교수의 도움을 많이 받았다고 하는데, 사실 매큐언이 소설을 구상하게 된 계기는 미국 UC 버클리 화학과 글레이엄 플레밍 교수팀이 2007년 과학저널 〈네이처〉에 발표한 논문이다. 논문의 제목은 '광합성계에서 양자 결맞음을 통한, 파동 같은 에너지 이동의 증거'로 벌써부터 머리가 아프다.

광합성이 어떻게 일어나는가는 오래 전부터 화학자들의 관심사였고(복잡한 생체분자복합체에서 일어나는 현상으로, 사실상 생물학자는 건드려볼 엄두를 내기 어려운 영역이다), 노벨화학상도 세 차례나 나왔다. 1915년 독일의 리하르트 빌슈테터는 엽록소를 분리·정제해 그 특성을 규명한 공로로 수상했고, 1961년 미국의 화학자 멜빈 캘빈은 빛에너지를 써서 물과 이산화탄소를 유기물로 바꾸는 광합성 과정을 밝힌 공로로 수상했다. 1988년에는 독일의 요한 다이젠호퍼와 로베르트 후버, 하르트무트 미헬이 광합성반응센터의 3차원구조를 규명한 공로로 수상했다.

이렇게 100년에 걸쳐 많은 사실이 밝혀졌음에도 불구하고 과학자들은 전통적인 화학의 해석만으로는 광합성이라는 현상을 완전히 이해할 수 없다는 사실을 알고 있다. 엽록체가 빛에너지를 모아 전기에너지로 전환하는 효율은 95%가 넘는데, 이는 화학의 관점으로는 설명할 수 없는 현상이기 때문이다.

엽록체에는 엽록소 분자들이 모여 깔때기 같은 구조를 이루고 있는데, 깔때기에 배열한 엽록소에 도달한 빛에너지가 전자를 높은 에너지 상태로 만들고 이 고

영국의 작가 이언 매큐언이 2010년 발표한 소설 『Solar』는 광합성의 양자 결맞음 현상에서 아이디어를 얻었다. 아직 번역되지 않았다. (제공 강석기)

에너지 전자가 엽록소 분자 사이를 통통 튀어 깔때기 중심으로 모여 광합성의 다음 단계로 넘어간다는 게 기존 설명이다. 그런데 이런 식이면 중간에 에너지 손실이 꽤 커 결코 95%의 효율을 낼 수 없기 때문이다.

따라서 1930년대 이미 일부 과학자들은 광합성의 과정에서 양자역학적 현상이 일어날 것이라고 예측했지만 이를 증명할 수는 없었다. 그런데 2007년 플레밍 교수팀이 마침내 광합성에서 '양자 결맞음'이라는 현상이 일어날 것이라는 강력한 증거를 내놓은 것이다. 양자 결맞음quantum coherence이란, 어떤 입자가 존재할 수 있는 여러 공간이 서로 가까이 있을 때 그 입자가 동시에 전 공간에 퍼져 있을 수 있는 현상이다. 즉 입자의 파동성을 가정해야 성립되는 성질이다.

이를 광합성에 적용하면 빛(광자) 에너지를 흡수한 전자가 깔때기를 이루고 있는 엽록소에 동시에 공간적으로 퍼져 존재할 수 있게 되고 따라서 다음 반응으로 넘어가는 입구에 순식간에 도달할 수 있다는 말이다. 즉 콩이 깔때기 내벽에 통통 튀어 가운데 구멍으로 빠지는 게 아니라, 호수에 돌을 던지면 물결이 사방으로 퍼지듯 전자 파동이 퍼져나가 순식간에 사라진다는 것이다. 다른 양자역학 현상들도 그렇듯이 직관적으로는 납득이 잘되지 않지만, 어쨌든 측정 결과는 그렇게 일어난다고 해석할 수밖에 없다.

당시 플레밍 교수팀은 클로로비움 테피둠Chlorobium tepidum이라는 광합

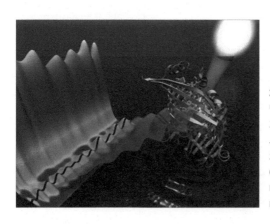

2007년 그레이엄 플레밍 교수팀은 광합성 박테리아의 광합성계 분자복합체를 분리해 저온에서 양자 결맞음 현상이 일어남을 처음 관찰했다. 빛을 받은 분자에서 나온 전자가 파동으로 퍼져나가는 장면을 도식화했다. (제공 버클리대)

성 박테리아의 광합성계 분자복합체를 분리해 영하 196도에서 양자 결맞음 현상을 관찰하는데 성공했다. 이처럼 낮은 온도 조건이 필요했던 건, 온도가 높을수록 분자가 불안정해져 양자 현상을 관찰할 수 없었기 때문이었다. 따라서 일부에서는 이 실험으로 실제 광합성이 일어나는 상온에서도 양자 결맞음이 일어난다고 볼 수는 없다고 주장했다.

그러나 몇 달 뒤 다른 광합성 박테리아에서 추출한 분자로 영하 93도에서 양자 결맞음 현상을 관찰하는데 성공했고 2010년 마침내 상온에서도 성공했다. 이제 광합성의 양자 결맞음을 의심하는 사람은 거의 없고, 생물학에서 일어나는 현상을 양자역학으로 설명하는 '양자생물학quantum biology'이라는 용어도 자리를 잡았다.

작은 이합체 분자에서도 양자 결맞음 구현

대략 27억 년 전에 시작된 것으로 보이는 광합성에서 어떤 과정을 거쳐 양자 결맞음이 진화했는지는 아직 모르지만, 광합성을 모방한 인공광합성 연구에 양자 결맞음을 도입한다면 에너지 변환 효율이 극적으로 높아질 것이다. 그럼에도 과학자들은 아직까지 그 실마리를 찾지 못했다. 생체의 광합성계가 너무 복잡하기 때문이다.

그런데 과학저널 〈사이언스〉 2013년 6월 21일자에 마침내 화학자들이 양자 결맞음 현상을 보이는 분자를 합성하는데 성공했다는 연구결과가 실렸다. 미국 시카고대 화학과 그레고리 엔겔 교수팀은 플루오레세

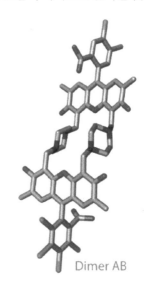

Dimer AB

미국 시카고대의 그레고리 엔겔 교수팀은 2013년 양자 결맞음 현상을 보이는 분자를 합성하는데 성공했다고 〈사이언스〉에 발표했다. 이들이 발표한 분자의 구조다. (제공 〈사이언스〉)

인이라는 분자를 출발점으로 해서 몇 단계 반응을 거쳐 이합체dimer 분자를 만들었는데 여기서 양자 결맞음 현상이 관찰됐던 것. 참고로 엔젤 교수는 2007년 플레밍 교수팀의 박사후연구원으로 당시 논문의 제1저자였다.

실제 광합성계보다 훨씬 간단한 분자에서 양자 결맞음이 일어난다는 게 확인됨에 따라 앞으로 인공광합성 연구는 '양자도약quantum jump'을 할 수 있을 것으로 보인다. 매큐언의 소설 속 비운의 물리학자 알두스의 꿈이 현실이 될 날도 머지않았다는 말이다.

참고문헌

Ian McEwan *Solar* (Anchor, 2010)
Ball, P. *Nature* **474**, 272–274 (2011)
Engel, G. S. et al. *Nature* **446**, 782–786 (2007)
Hayes, D. et al. *Science* **340**, 1431–1434 (2013)

질투는 나의 힘!

2001년 개봉한 영화 <금발이 너무해>는 뮤지컬로 각색돼 2007년 브로드웨이에서 공연됐고 2009
년 우리나라에서도 뮤지컬로 만들어져 큰 인기를 끌었다. (제공 위키피디아)

"법대?" (아빠)

"괜찮은 곳이에요." (엘르)

"너는 미인대회에서 2등까지 한 애야. 왜 사서 고생이야?" (엄마)

"그래야 워너를 되찾죠." (엘르)

"넌 법대에 갈 필요 없어. 법대는 못생기고 지루한 사람만 가는 곳이야.

네겐 전혀 해당사항이 없잖니?" (아빠)

- 영화 <금발이 너무해> 중에서

예전에 어디선가 질투와 선망의 차이에 대해서 설명하는 걸 흥미롭게 읽
은 기억이 있다. 얼핏 비슷한 개념 같지만 둘의 결정적인 차이는 그 대상이

내가 가질 수 있는 것인가 없는 것인가에 있다고 한다. 즉 질투는 내 것이 될 수 있는 대상을 빼앗을 잠재적인 위협이 되는 사람에게 느끼는 감정이고, 선망 즉 부러움은 어차피 나는 가질 수 없는 대상이지만 그걸 갖게 된 사람을 보면서 느끼는 감정이라는 말이다.

회사의 호감이 가는 여직원하고 간신히 점심을 같이 먹었는데 그 직원이 다른 남성과 카페에서 다정하게 담소를 나누는 모습을 볼 때 느끼는 감정이 질투이고, 탤런트 이병헌 씨가 이민정 씨와 결혼한다는 소식을 들었을 때 느끼는 감정이 선망이다(이때 질투를 느낀다면 과대망상이라고 부른다). 어떤 책에서 읽었는지는 기억이 나지 않지만, 아무튼 그 글의 요지는 질투보다 선망이 정신 건강에 더 좋지 않은 감정이라는 것이었다.

국내에서 뮤지컬로도 각색돼 큰 인기를 끈 영화 〈금발이 너무해Legally Blonde〉는 사실 좀 말이 안 되는 이야기인데 재미는 있다. LA시립대 의상학과 학생인 엘르는 질투와 선망을 한 몸에 받아 마땅한 금발의 미녀다. 그런데 영화는 엘르의 똑똑한 남친으로 하버드대 법대에 입학 예정인 워너가 결별을 선언하면서 반전이 시작된다. 머리가 빈 금발의 미녀보다는 자기 일

영화 〈금발이 너무해〉의 한 장면. 하버드대 법대 입학을 앞둔 워너와 엘르의 다정한 분위기는 잠시 뒤 워너가 결별을 선언하면서 급반전한다. (제공 이십세기폭스코리아(주))

을 이해할 수 있는 여자와 사귀기로 했다는 것.

충격을 받고 며칠간 두문불출하던 엘르는 지성을 갖춘 여성에게 마음을 뺏겨 자신을 떠난 남친을 되찾기 위해 자신도 하버드 법대에 들어가기로 결심한다. 주위에서는 말도 안 되는 일이라며 말렸지만(글 맨 앞의 인용문은 법대에 가겠다는 엘르의 말에 대한 부모의 반응이다), 우여곡절 끝에 정말 엘르는 하버드대 법대에 입학한다!

예습해야 하는 걸 몰랐던 엘르는 첫 수업에서 쫓겨나고 워너와 그의 새 여친으로 역시 법대생인 비비언의 무시를 받는다. 엘르는 거의 왕따 지경에 이르지만 특유의 쾌활함과 선배인 에멧의 도움으로 서서히 생활에 적응한다. 급기야 인턴으로 살인사건 재판에 참여해 패션과 미용에 대한 '해박한' 지식을 활용해 진범을 찾아낸다. 워너는 뒤늦게 자기가 어리석었다며 다시 사귀자고 간청하지만, 이제 그가 멍청이라는 걸 간파할 정도로 '지성'을 갖춘 엘르는 거들떠보지도 않는다. 그녀에겐 에멧이 있기 때문이다.

연적의 장점을 나도 가졌다고 생각하게 돼

무척 재미있는 영화이기는 하지만 스토리를 다소 장황하게 늘어놓은 건, 학술지 〈성격과 사회심리학회지〉 2013년 10월호에 발표된 한 논문이 이 영화를 인용하면서 시작되기 때문이다. 논문의 제목은 '당신을 지키기 위해 나를 바꾸려고 해요Changing Me to Keep You'로, 연적에 대한 질투에서 결국 연적을 모방하려고 하는 심리가 나온다는 연구결과다. 연적인 비비언과 비슷해지기 위해 명문대 법대생이 되려고 한 엘르의 행동을 해석한 논문인 셈이다.

미국 빌라노바대 심리학과 에리카 슬로터 교수를 비롯한 연구자들은 애인이나 배우자가 있는 피험자를 대상으로 설문과 가상의 상황설정 실험을 진행했다. 그 결과 피험자들이 연인이 끌리는 잠재적인 연적의 성향을 자신도 갖고 있다고 생각하게 된다는 사실을 발견했다.

이번 연구를 이끈 빌라노바대 심리학과 에리카 슬로터 교수. 주로 남녀관계의 심리학을 연구하고 있다. (제공 빌라노바대)

먼저 피험자들은 설문을 통해 열 가지 성향에 대한 자신의 점수를 매긴다. 즉 운동을 좋아한다, 예술 취향이다, 음악을 좋아한다, 마음이 따뜻하다, 지적이다 등의 성향에 대해 '1점＝내 특징이 전혀 아니다'에서 '7점＝바로 내 특징이다'까지에서 고른다.

그 뒤 가상의 상황이 주어진다. 즉 테이트 약속시간에 5분 늦어 서둘러 가는데 멀리 연인이 보인다. 그런데 웬 남자(피험자가 여성이면 여자)가 연인에게 오더니 길을 묻는다. 첫 번째 피험자 집단은 '중립 조건'으로, 두 남녀가 담담하게 길을 묻고 가르쳐주는 상황이다. 두 번째 집단은 '(잠재적인) 연적이 추근대는 조건'으로, 길을 묻는 척하면서 계속 말을 걸고 전화번호를 따려고 한다. 피험자의 연인은 정중하게 대하지만 불편해하는 기색이 역력하다. 세 번째 집단은 '연인이 꼬리를 치는 조건'으로, 길을 묻는 상대에게 과잉 친절을 베풀고 연락하라라며 전화번호까지 알려준다.

이런 상황을 상상한 뒤 피험자들은 잠재적인 연적의 성향에 대한 정보를 얻는다. 이때 주어지는 성향은 네 가지로, 그 가운데 하나는 피험자가 3점 이하를 준, 즉 나는 해당하지 않는 성향이다. 예를 들어 예술 취향에 대해 2점이라고 쓴 피험자에게 잠재적인 연적은 예술 취향이 6점이라고 알려주는 것이다.

끝으로 피험자들은 다시 10가지 성향에 대한 자신의 점수를 매긴다. 이렇게 얻은 데이터를 모아 분석해보니 흥미로운 결과가 나왔다. 즉 질투심을 유발하지 않는 '중립 조건'이나 '연적이 추근대는 조건'에서는 연적은 점수가 높지만 나는 해당사항이 없는 성향에 대한 점수가 그대로였지만, 질투심을 유발하는 '연인이 꼬리를 치는 조건'에서는 이런 성향에 대해 점수가 평균 1점정도 높아졌다. 즉 예술 취향에 대해 3점이라고 답한 것이다.

이에 대해 연구자들은 "이전 연구들은 '질투를 유발하는 상황에서 연인에 대해서는 더 친절하려고 하거나 지키려고 하는 반면 연적에 대해서는 적대적으로 반응한다'고 설명했다"며 "그러나 이번 연구는 연인이 연적에 대해 호감을 표시할 경우, 연적이 갖고 있는 성향을 자신도 갖고 있다고 자아관을 바꾸게 함을 보여준다"고 설명했다. 연구자들은 추가 연구를 통해 이런 생각의 변화가 실제 행동의 변화로까지 이어지는지 확인할 필요가 있다고 덧붙였다.

논문을 읽다가 문득 제1저자이자 교신저자인 에리카 슬로터 교수가 혹시 영화 속 주인공처럼 '지성과 미모를 겸비한 금발의 미녀'가 아닐까 하는 생각이 머리를 스치고 지나갔다. 구글 검색창에 'erica slotter'를 입력하고 엔터 버튼을 눌렀다.

"오우! 슬로터 교수님, 정말 금발이 너무하네요!"

참고문헌

Slotter, E. B. et al. *Pers Soc Psychol Bull* **39**, 1280–1292 (2013)

동화의 재구성, 「빨간모자」와 「해님달님」의 경우

「신데렐라」와 「콩쥐팥쥐」.

지금처럼 실시간으로 무슨 일이 일어났는가를 알 수 있기는커녕 대부분의 사람들은 상대의 존재조차도 몰랐을 시절부터 전해져 내려왔을 유럽의 동화 「신데렐라」와 우리나라의 동화 「콩쥐팥쥐」는 이야기의 구성이 놀라울 정도로 비슷하다. 계모의 구박에서 파티(잔치) 갔다가 신을 잃어버리는 것까지.

교역이나 전쟁 같은 접촉을 통해 한쪽의 이야기가 흘러들어가 모방 이야기가 생겨난 것일까 아니면 인류의 보편적 정서가 비슷한 스토리를 만들어낸 우연일까. 아마 필자뿐 아니라 많은 사람들이 한번쯤은 두 이야기의 관계를 궁금해 한 적이 있을 것이다. 그런데 최근 학술지 〈플로스 원PLOS One〉에 이런 궁금증에 대한 답을 줄 수도 있는 연구결과가 실렸다.

58가지 이야기 비교

영국 더럼대 인류학과 얌시드 테라니 교수는 생물학 교과서에 나오는 계통분류학 방법을 이용해 동화 「빨간모자」 계열 이야기들의 계통수를 만들었다. 테라니 교수는 세계 33개 지역에서 전해져 내려오는, 「빨간모자」와 구성이 비슷한 동화 58편에 대해 '진화적으로' 서로 어떤 관계인지를 규명

했다. 여기에는 우리나라의 전래동화
두 편도 포함돼 있다.

논문에서 테라니 교수는 먼저 전래
동화를 분류하는 기존의 방법인 '역
사적-지리적' 접근법을 비판한다. 즉
기록의 시기를 토대로 하나의 원형(대
체로 오래된 것)을 설정한 뒤 여기에서
파생된 이야기들의 자리를 잡아주는
방법인데, 아무래도 유럽 위주로 편
향될 수밖에 없다는 것. 아무튼 오늘
날 세계의 전래동화는 '아네-톰슨-우
터ATU 지수'에 따라 300여 문화에 걸
쳐 2000가지가 넘는 국제유형으로 분
류돼 있다고 한다. 이에 따르면 『빨간
모자Little Red Riding Hood』는 국제유형
ATU 333이다.

대표적인 고전동화 「빨간모자」는 여러 버전
이 존재하고 세계 각지에 비슷한 이야기가
있어 민속학 연구자들의 주목을 받아왔다.
19세기 프랑스 판화가 귀스타프 도레의 삽
화(1861년)로, 늑대가 할머니 집으로 가고
있는 빨간모자에게 이것저것 묻고 있는 장
면이다.

여기서 '빨간모자가 뭐지?'라고 궁금해 할, 기억력이 좋지 않거나 어릴 때
동화를 별로 읽지 않은 어른들을 위해 「빨간모자」를 잠깐 소개한다. 유럽
에서 구전돼 온 이 이야기는 프랑스의 작가 샤를 페로가 각색해 1691년 펴
낸 동화집 『어미 거위 이야기』에 수록했다. 페로는 1697년 펴낸 동화집 『교
훈을 곁들인 옛이야기』에도 실었는데, 이 책이 유명해지면서 페로 버전의
「빨간모자」가 널리 퍼졌다.

옛날 옛적에 예쁜 소녀가 살았는데 할머니가 만들어준 빨간 모자를 쓰고
다녀 사람들이 빨간모자라고 불렀다. 어느 날 할머니가 아프다는 얘기를
들은 어머니가 빨간모자에게 빵과 버터를 갖다 드리라고 얘기한다. 숲을 지
나가는 빨간모자를 본 늑대는 다가가 자초지종을 물었고 빨간모자가 할머
니에게 줄 꽃다발을 만들려고 꽃을 꺾는 사이 할머니 집에 가 할머니를 잡

아먹고 침대에 누워 빨간모자를 기다린다. 뒤늦게 집에 도착한 빨간모자는 할머니의 모습을 보고 깜짝 놀라고, 그 유명한 질문과 대답 장면이 나온다.

> "할머니는 팔이 왜 이렇게 길어요?"
>
> "그건 너를 잘 안아 주기 위해서야."
>
> "할머니는 발이 왜 이렇게 커요?"
>
> "그건 너에게 더 빨리 달려가기 위해서지."
>
> "할머니는 귀가 왜 이렇게 커요?"
>
> "그건 너의 말을 잘 듣기 위해서야."
>
> "할머니는 눈이 왜 이렇게 커요?"
>
> "그건 너를 잘 보기 위해서지."
>
> "할머니는 이가 왜 이렇게 날카로워요?"
>
> "그건 너를 잡아먹기 위해서야."
>
> 이렇게 말한 나쁜 늑대는 와락 달려들어 빨간모자를 한 입에 잡아먹고 말 았습니다[20].

한편 독일의 그림 형제는 페로 버전의 결말이 너무 잔혹하다고 생각해 이 부분을 바꾼 「빨간모자」를 1812년 펴낸 민담집 『어린이와 가정을 위한 이 야기』에 수록한다. 이 버전에서는 빨간모자를 잡아먹고 포만감에 코를 골 고 자던 늑대를 마침 지나가던 사냥꾼이 발견하고 가위로 배를 갈라 할머 니와 빨간모자를 꺼내 목숨을 구한다.

한편 저자가 비교를 위해 선택한 우리나라 전래동화 두 편의 영어제목 은 「The Sun and the Moon」과 「The Three Little Girls」다. 앞의 작품은 「해님달님」(또는 「해와 달이 된 오누이」)일 텐데, 뒤의 작품은 아무래도 모르 겠다. 이 작품이 수록된 책 『The Story Bag: A Collection of Korean Folk Tales』를 인터넷 서점 아마존에서 검색하니 마침 이북이 있다. 별수 없이 사서 읽어보니 「해순이달순이별순이」라는, 「해님달님」의 다른 버전이다. 저

---

20 『샤를 페로가 들려주는 프랑스 옛이야기』, 최내경 옮김, 웅진닷컴

자는 영역본을 토대로 분석을 했을 것이므로 영역본의 줄거리를 소개한다.

깊은 산속 외딴집에 어머니와 어린 딸 셋이 살았는데 첫째가 해순이, 둘째가 달순이, 막내가 별순이다. 어느 날 어머니가 땔감을 팔러 나가면서 아이들에게 호랑이가 돌아다니니 절대 문을 열어주지 말라고 당부한다. 멀리서 어머니가 떠나는 걸 지켜본 호랑이가 집으로 와 달콤한 목소리로 이야기한다.

"해순이, 달순이, 별순이야. 엄마가 왔다. 문 열어라."

해순이가 묻는다. "진짜 엄마 맞아요? 엄마 목소리 같지가 않아요."

1955년 간행된 한국의 전래동화 영어판 『The Story Bag』에 실려있는 「해순이달순이별순이」도 이번 분석에 포함됐다. 엄마로 변장한 호랑이가 소나무로 피신한 세 자매를 바라보는 장면이다.

"엄마야. 잔칫집에서 노래를 많이 불렀더니 목소리가 쉬었나보네."

달순이가 눈을 보여 달라고 한다. "세상에! 눈이 왜 그렇게 빨게요?"

"할아버지댁에 들러 고추 빻는 걸 도와드리다 고춧가루가 들어갔구나."

별순이가 손을 보여 달라고 한다. "손이 노래요!"

"옆 마을 친척이 집에 벽 바르는 걸 도와주다 황토가 묻었어."

결국 아이들은 문을 열어줬고 들어온 호랑이를 보고 방구석에서 벌벌 떤다. 호랑이가 잠깐 부엌에 간 틈을 타 아이들은 재빨리 소나무로 올라갔다. 아이들을 발견한 호랑이는 나무에 오르려고 하지만 잘 안 된다.

"애들아, 어떻게 나무를 탔는지 엄마한테 얘기해줄래?"

해순이가 대답한다. "부엌 찬장에 참기름이 있어요. 나무에 바르면 쉽게 올라올 수 있어요."

호랑이는 나무에 참기름을 잔뜩 발랐지만 물론 미끄러지기만 했다. "착하지. 제대로 얘기해봐."

달순이가 아무 생각없이 알려준다. "저기 있는 도끼로 나무를 찍으면 올라올 수 있어요."

호랑이가 다가오자 아이들은 살려달라고 기도를 했고 하늘에서 두레박이 내려와 얼른 올라탄다. 이 모습을 본 호랑이도 기도를 하자 역시 두레박이 내려왔고 호랑이가 올라탔다. 그러나 밧줄이 끊어지면서 호랑이는 수수밭에 떨어져 죽었고, 수숫대에는 호랑이의 피가 붉은 얼룩으로 남았다. 하늘에 올라간 해순이는 해가, 달순이는 달이, 별순이는 별이 되었다.

한편 「해님달님」은 비슷한 이야기인데 다른 점은 호랑이가 먼저 어머니를 잡아먹고("떡 하나 주면 안 잡아먹지~") 집으로 가 막내(아기)까지 잡아먹는다. 간신히 나무 위로 도망친 오누이는 두레박을 타고 하늘에 올라 해와 달이 됐고 호랑이는 수수밭에 떨어져 죽었다.

「빨간모자」가 「해님달님」의 조상?

「빨간모자」와 「해님달님」 이야기를 보면 구성이 꽤 비슷함을 알 수 있을 것이다. 저자가 분석한 58편은 기존 방식을 따르면 크게 네 가지로 분류된다. 「빨간모자」가 대표하는 ATU 333 유형과 「늑대와 새끼 염소The Wolf and the Kids」가 대표하는 ATU 123유형, 「해님달님」이 속하는 동아시아 ATU 333/123 유형, 아프리카 ATU 333/123 유형이다. 참고로 늑대와 새끼 염소 이야기는 역시 집에 남겨진 새끼 염소들이 늑대에 속아 문을 열어줘 잡아먹힌다는 이야기로 여러 버전이 존재한다.

테라니 교수는 세 가지 계통분류학 방법을 써서 이들 58가지 이야기의 계통수를 만들었다. 그는 이야기를 구성하는 72가지 변수(주인공이 아이 한 명이냐 자매냐, 나쁜 짐승이 늑대냐 호랑이냐, 잡아먹혔냐 도망쳤냐 등)를 설정해 각 이야기 사이의 진화적 거리를 계산했다. 그 결과 방법에 따라 조금씩 차이는 있었지만 전체적으로는 일관된 구조가 나왔다.

즉 58가지 이야기는 크게 세 무리로 나뉘는데, 하나는 ATU 333, 다른 하나는 동아시아, 나머지는 ATU 123과 아프리카였다. 298쪽의 그림은

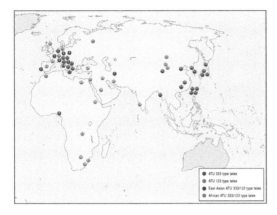

「빨간모자」와 연관된 민담 58 종의 지리적 분포. 빨간색이 국제유형 ATU 333인 「빨간모자」 계열이고 녹색이 ATU 123 인 「늑대와 새끼 염소」 계열이다. 보라색은 동아시아 ATU 333/123, 하늘색은 아프리카 ATU 333/123이다. (제공 <플로스원>)

분지분석법에 따른 계통도로, 왼쪽 아래에 「해님달님」(TG12)과 「해순이달순이별순이」(TG13)가 보인다. 흥미롭게도 「해순이달순이별순이」는 TG14와 아주 가까운 사이인데(즉 내용이 많이 비슷하다는 뜻이다), TG14는 미얀마의 전래동화로 영역본의 제목은 'The Sun, the Moon and the Evening Star'다.

이 계통수에서 주목할 점 가운데 하나는 아프리카의 민담이 ATU 123과 묶이는 반면, 동아시아 민담은 ATU 333과 ATU 123 어디에도 속하지 않는 별도의 그룹을 형성한다는 걸 뚜렷하게 보여준다는 데 있다. 사실 이에 대해서는 예전부터 민속학자 사이에 의견이 분분했다. 한 학설은 동아시아 민담이, 「빨간모자」(ATU 333)와 「늑대와 새끼 염소」(ATU 123) 이야기로 갈라지기 전 원형의 이야기와 밀접한 관계가 있다고 해석했다. 중국학자인 배런드 터 하는 한 걸음 더 나아가 동아시아 민담에서 ATU 333과 ATU 123이 나왔다고 주장했다.

그러나 테라니 교수는 계통수를 면밀히 조사한 뒤 이와 반대되는 입장을 내놓았다. 즉 위의 주장대로라면 ATU 333과 ATU 123은 동아시아 민담에 비해 서로 더 가까우므로(최근에 갈라졌으므로) 둘만이 공유하는, 동아시아 민담에는 없는 '파생형질derived characters'이 있어야 하는데 그런 게 없

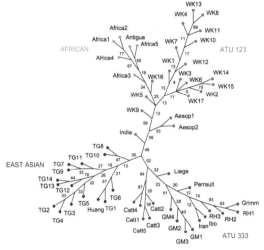

계통분류학 방법으로 얻은 「빨간모자」와 연관된 민담 58종의 계통수로 크게 세 가지 그룹으로 묶임을 알 수 있다. 「빨간모자」 페로 버전(Perrault)과 그림형제 버전(Grimm)이 오른쪽 아래에 보인다. 왼쪽 아래에는 우리나라의 「해님달님」(TG12)과 「해순이달순이별순이」(TG13)가 위치한다. (제공 <플로스 원>)

다는 것. 또 ATU 333과 ATU 123 초기 버전일수록 동아시아 민담에 더 가까워야 하는데 역시 그렇지 않다는 것.

대신 동아시아 민담이 ATU 333과 ATU 123의 잡종이라고 주장한다. 즉 ATU 333과 ATU 123 사이에는 겹치지 않지만 동아시아 민담에는 둘과 겹치는 에피소드가 있다. 예를 들어 손을 테스트하는 장면은 ATU 333에는 한 예도 없고 지나가는 사람이 구해주는 장면은 ATU 123에서 한 예도 없다. 반면 동아시아 민담에서는 둘 다 몇 편에서 보인다. 이 밖에도 저자는 여러 통계분석 방법을 통해 이 가설을 뒷받침하고 있다. 물론 언제 어디서 어떻게 두 유형이 조합돼 하나의 새로운 이야기로 태어났는지는 아직 미스터리다.

생물을 분류하고 진화적 관계를 결정하는데 있어 계통분류학은 기존 린네 분류 체계를 훌쩍 뛰어넘어 혁신을 가져왔다. 예를 들어 예전에는 파충류와 조류가 대등한 분류단위로 여겨졌지만 계통발생 연구를 통해 지금은 조류가 파충류의 부분집합으로 재배치됐다. 즉 계통발생에 따르면 새와 악어 사이의 거리(둘 다 조룡류)가 악어와 도마뱀(인룡류) 사이의 거리보다 더 가깝다. 직관적으로는 받아들이기 어려운 사실이지만, 오늘날 많은 생물학자들은 계통분류학을 신뢰하고 있다.

　최근 10여년 사이 계통분류학의 방법론이 언어학이나 인류학에 도입되면서 참신한 결과들이 나오고 있다. 계통분류학적 방법은 기존의 인문, 사회학적 방법들에 비해 정량적이고 선입견이 개입될 여지가 적기 때문이다. 「신데렐라」와 「콩쥐팥쥐」의 관계도 조만간 밝혀지기를 기대한다.

참고문헌

Tehrani, J. J. *PLOS One* **8**, e78871 (2013)

그래비티, SF영화의 전설로 남나…

허블망원경을 수리하는 임무를 띤 과학자 라이언 스톤(샌드라 블록)의 작업이 여의치 않자 우주왕복선 조종사 맷 코왈스키(조지 클루니)가 도움을 주려고 다가간 장면. 클루니가 실없는 농담을 건네는 와중에 폭파된 위성 잔해가 다가오고 있다는 위기경보가 울리면서 이야기는 본론으로 넘어간다. (제공 워너브라더스코리아)

〈네이처〉는 보통 영화 리뷰는 하지 않지만, 〈그래비티〉는 진정 위대한 영화다.

- 〈네이처〉 2013년 11월 21일자 사설에서

영화 시작할 때 등장인물은 셋. 10분(아마도) 뒤 둘. 30분(아마도) 뒤 한 명. 그 뒤 영화가 끝날 때까지 한 시간 동안 모노드라마. 우주왕복선 익스플로러호 조종사 맷 코왈스키(조지 클루니)가 연결선을 풀고 우주 미아가 되면서 홀로 남은 과학자 라이언 스톤(샌드라 블록)의 외로운, 그러나 숨막히는 사투를 지켜보면서 필자는 우리 나이로 50인 이 강인한 여성의 매력에 푹 빠지지 않을 수 없었다!

현란한 컴퓨터그래픽으로 눈을 어지럽힐 뿐, 느슨한 플롯과 뻔한 스토리

(권선징악)로 지리멸렬했던 지난 수년간의 SF영화들에 식상해있던 필자는, 3D에 커다란 스크린이라는 이유로 표 한 장에 1만6000원을 지불하며 내심 불안했다. 그냥 동네 영화관에서 볼 걸 그랬나 하면서. 결론은 6만1000원이었더라도 봤어야 할 영화였다.

영화를 보면서 문득 필자는 이 영화를 누군가에게 헌정해야 한다면 그는 아마도 아이작 뉴턴이 아닐까 하는 생각이 들었다. 영화는 우리가 소위 '고전 역학'이라고 부르는 뉴턴의 운동 법칙이 그림처럼 작용하는 이상적인 공간을 보여주기 때문이다. 지금은 중학교 물리학 시간에 배우지만 사실 뉴턴의 '관성의 법칙'(제1법칙)은 직관적으로는 받아들이기 어려운 개념이다. 공중에 떠 있는 풍선을 손가락 끝으로 톡 건드리기만 했는데 어떻게 풍선이 영원히 움직일 수 있단 말인가. 공간을 채우고 있는 기체분자(공기)에 부딪쳐 풍선은 몇 센티미터 못 가 뒤뚱거리는 것이지만, 기체분자는 눈에 보이지 않기에 뉴턴 이전의 인류는 이를 깨닫지 못했다. 무중력 상태에 사실상 진공인 우주 공간에서 관성의 법칙이 얼마나 무시무시한지 영화는 잘 보여주고 있다.

지상 600킬로미터 상공의 우주에서 허블우주망원경을 수리하는 스톤 박사와 보조역을 자처하며 옆에서 실없는 농담을 던지는 코왈스키. 이처럼 한적하기까지 한 장면은 폭파된 러시아 인공위성 잔해가 엄청난 속도로 몰려오면서 순식간에 아수라장으로 바뀐다. 결국 이들은 파괴된 우주왕복선을 포기하고 우주정거장을 향해 떠난다. 다행히 코왈스키가 입은 우주복에는 분사장치가 있었기 때문. 그러나 우주정거장에 연착륙하는데 실패하고 설상가상으로 줄이 엉켜 팽이처럼 돌아가는 두 사람.

더 먼 쪽에 있던 코왈스키는 자칫 줄이 끊어지면 둘 다 우주미아가 될 것을 우려해 연결줄을 몸에서 뗀다. 우주정거장과 스톤 박사로부터 멀어지는 코왈스키는 쿨하게 자신이 우주유영의 기록을 세울 거라고 농담을 던졌지만(여성들이 조지 클루니를 가장 멋진 남자로 꼽는 이유를 알 것 같다!), 필자처럼 생에 집착하는 사람이 그 상황에 놓인다면 소용이 없을 것임을 알면서도 우주정거장을 향해 사지를 버둥거릴 것이다(물론 그 전에 절대로 끈을 놓지 않아 이런 상황이 되지도 않겠지만).

이처럼 코왈스키가 관성에 굴복하게 된 건 분사 장치(제트팩)의 연료가 다 떨어졌기 때문이다. 무중력 진공 상태에서 외부의 도움 없이 내가 원하는 방향으로 움직일 수 있는 유일한 해결책은 그 반대 방향으로 뭔가를 내보내는 방법뿐이다. 이 역시 뉴턴의 '작용-반작용의 법칙'(제3법칙)이 기술하는 내용이다. 이를 다른 말로 하면 운동량이 보존된다는 뜻이다.

가정이지만 코왈스키가 우주정거장에서 초속 1미터의 속도로 멀어지는데 만일 질량 5킬로그램인 스패너를 갖고 있었다면, 그는 어쩌면 스톤 박사와 다시 만날 수도 있을 것이다. 우주복을 입은 그의 질량이 95킬로그램이라면, 스패너를 우주정거장 반대방향으로 힘껏 던져 속도가 초속 20미터만 넘으면(우주정거장 기준) 코왈스키는 스톤 박사를 향해 이동할 수 있기 때문이다. (20미터일 때 코왈스키는 더 이상 멀어지지 않는다. $100 \times 1 = 95 \times 0 + 5 \times 20$) 영화는 중력을 받고 공기에 휩싸여 살아가는 우리가 미처 깨닫지 못했던 뉴턴의 두 법칙의 위력을 여실히 보여주고 있다.

오스카상 7개 부문 석권

필자처럼 과학 언저리를 맴도는 사람들만 〈그래비티〉에서 진한 감동을 느꼈던 건 아닌가보다. 미 시사주간지 〈타임〉은 2013년 10대 영화를 선정해 발표했는데 〈그래비티〉가 1위에 올랐다. 또 영국의 영화잡지 〈엠파이어〉도 2013년 50대 영화를 선정했는데 역시 〈그래비티〉가 1위를 차지했다. 영국의 과학저널 〈네이처〉는 11월 21일자에 이례적으로 〈그래비티〉에 대한 사설을 싣기도 했다.

실제로 이 영화는 5년 전부터 구상됐으며 진공의 우주공간을 재현하기 위해 수많은 기술을 동원했다. 〈엠파이어〉의 기사를 보면 샌드라 블록은 사방 3미터인 입방체 구조의 '라이트박스lightbox'의 한 가운데서 와이어

영화 제작 장면. 좁은 공간에서 홀로 갇혀 한 번에 수 시간씩 촬영한 샌드라 블록은 당시 상황을 "신체적으로나 정신적으로 미칠 것 같은, 정말 기괴하고 도전적인 경험이었다"라고 회상했다. (제공 워너브라더스코리아)

에 매달린 채 한 번에 수 시간씩 홀로 고립된 채 연기했다고 한다. 블록은 "신체적으로나 정신적으로 미칠 것 같은, 정말 기괴하고 도전적인 경험이었다"라고 회상했다.

〈그래비티〉는 2014년 오스카상(아카데미상) 10개 부문에서 후보작으로 선정돼 7개 부문에서 수상작이 됐다. 아쉽게도 여우주연상은 샌드라 블록에게 돌아가지 않았지만, 놀라운 영화를 구상하고 각본을 쓰고 메가폰을 잡은 알폰소 쿠아론 감독은 편집상과 감독상을 받았다.

사실 영화 〈그래비티〉에는 우주를 둘러싼 정치적 의미도 없지는 않은데, 미국과 함께 오늘날 우주개발의 주도권을 다투고 있는 러시아, 중국이 등장하기 때문이다. 특히 주인공이 중국의 우주정거장에서 귀환선 선저우를 타고 지구로 돌아온다는 설정은 우주강국으로서의 중국을 부각시키고 있다.

2013년 12월 14일 오후 9시 11분(중국 시각) 중국의 달 탐사 위성 '창어3호'가 달 착륙에 성공했다. 미국, 러시아에 이어 세 번째다. 창어3호에 실린 무인 달 탐사 차량 '옥토끼玉兔'는 15일 오전 4시 35분 위성에서 성공적으로 분리돼 달 탐사 작업에 들어갔다. 예전 같으면 그런가보다 했겠지만 달 표면을 배경으로 한 옥토끼 사진을 보니 가슴이 두근거렸다. 〈그래비티〉를 보면서 샌드라 블록에게 감정이입이 돼 한 시간 내내 마치 내가 우주공간에 홀로 남겨진 것처럼 가슴을 조였던 기억 때문일까.

참고문헌

Editorials *Nature* **503**, 312 (2013)

www.empireonline.com/features/films-of-the-year-2013/p14

Cheers
Science

Science Cafe 3

★

APPENDIX

Cheers Science

★

과학은 길고
인생은 짧다

과학은 길고 인생은 짧다

자유로운 사람은 죽음을 생각하지 않는다.
그리고 그의 지혜는 죽음이 아니라 삶의 숙고에 있다.

- 바뤼흐 스피노자, 『에티카』

필자는 2013년 출간한 에세이집 『사이언스 소믈리에』에, 2012년 타계한 과학자들의 삶과 업적을 뒤돌아본 '과학은 길고 인생은 짧다'라는 제목의 부록을 실었다. 시간은 강물처럼 흘러 문득 정신을 차려보니 어느새 일 년이 흘렀고, 이 책에서도 같은 제목의 부록으로 2013년 세상을 떠난 저명한 과학자들을 기억하는 자리를 마련했다.

지난번과 마찬가지로 과학저널 〈네이처〉와 〈사이언스〉에 부고가 실린 과학자들을 대상으로 했다. 〈네이처〉에는 '부고obituary', 〈사이언스〉에는 '회고retrospective'라는 제목의 란에 주로 동료나 제자들이 글을 기고했는데 이를 바탕으로 했다.

〈네이처〉가 24명, 〈사이언스〉가 9명의 부고를 실었는데, 두 저널에 함께 나온 사람은 6명이다. 결국 두 곳을 합치면 모두 27명으로 28명이었던 지난해와 비슷하다. 다만 올해 〈사이언스〉의 부고 건수가 지난해 17명에서 절반 수준으로 줄어들었다. 웬만하면 다루지 않기로 편집방향이 바뀐 건지는 잘 모르겠다.

오래 살고 싶으면 정말 과학자를 직업으로 택해야 하는 걸까. 지난해에 타계한 28명의 평균수명이 83.5세였는데, 올해 세상을 떠난 27명의 평균

수명도 84.2세다. 이 가운데 남자 24명의 평균 수명은 84.5세로 미국인 남성 평균인 76세보다 8년 넘게 더 살았다. 여성은 81.7세로 평균(82세)이지만 세 명뿐이라 통계적으로 의미는 없다. 가장 장수한 사람은 1991년 노벨 경제학 수상자인 로널드 코스로 1910년 생이다.

한편 27명 가운데 뉴질랜드 사람인 인류학자 마이클 모우드와 남아공의 넬슨 만델라 전 대통령, 호주에서 태어난 화학자 존 콘포스를 제외한 24명이 유럽이나 북미 출신이다. 이들이 활약한 한 세대 전 과학계는 흔히 '백인'이라고 부르는 서구인들의 세상이었음을 다시 한 번 확인할 수 있다. 물론 과학의 관점에서 진리의 발견 그 자체가 중요한 것이지 발견자의 국적이나 피부색은 의미가 없겠지만.

1. 브리지트 아스코나스 1923. 4. 1 ~ 2013. 1. 9
교과서에 실린 연구를 한 면역학의 대모

1923년 빈에서 태어난 브리지트 아스코나스Brigitte Askonas는 1938년 나치를 피해 가족과 함께 오스트리아를 떠났고 1940년 캐나다에 정착했다.

맥길대에서 생화학을 공부한 뒤 영국으로 건너가 케임브리지대에서 역시 생화학으로 박사학위를 받았다. 1952년 평생직장이 될 영국 국립의학연구소NIMR에 들어가 처음에는 우유단백질이 어떻게 만들어지는가를 연구했다.

그러던 어느 날 아스코나스는 항원이 혈액의 항체를 침전시키는 현상에 대한 면역학자 존 험프리의 세미나를 듣고 면역계로 관심을 돌렸다. 때마침 1957년 연구소가 험프리의 제안에 따라 면역학 분

브리지트 아스코나스 (제공 MRC NIMR)

과를 열면서 아스코나스는 창설 멤버로 참여했다. 아스코나스는 백혈구 가운데 항체를 만드는 B세포를 집중적으로 연구했다. 그 결과 특정 B세포 클론이 특정 항체를 만든다는 사실을 발견했다. 뒤이어 또 다른 백혈구인 대식세포가 항원을 잡아먹고 분해해 일부를 세포 표면에 내놓아(항원 제시) B세포가 항체를 만들게 유도한다는 사실을 발견했다. 면역학 교과서에서 볼 수 있는 근본적인 발견들이다. 1976년 면역학 분과 책임자가 된 아스코나스는 동료들을 이끌며 세포독성T세포가 바이러스에 감염된 세포를 죽인다는 사실 등 중요한 결과를 잇달아 내놓았다.

아스코나스가 과학자의 삶을 시작할 무렵만 해도 여성 과학자는 드물었다. 아스코나스는 케임브리지대 생화학과에서 박사과정을 할 때 영국왕립학회 최초의 여성 회원이었던 마가렛 스테펜슨과 도로시 니담을 롤 모델로 삼았는데, 훗날 그녀 자신도 많은 여성 과학자들의 롤 모델이 됐고 실제로 뛰어난 면역학자들을 여럿 길러냈다. 아스코나스는 1973년 50세에 영국왕립학회 회원으로 선출됐다.

2. 로버트 리처드슨 1937. 6.26 ~ 2013. 2.19
색맹이 전화위복이 된 실험물리학자

고교시절 과학을 좋아했는데 색맹 때문에 이과 대신 문과를 택했다는 사람들이 가끔 있다. 물론 화학이나 생물학을 전공할 경우는 문제가 될 수 있겠지만 수학이나 물리학(많은 부분)은 총천연색을 제대로 못 보더라도 큰 문제가 없다. 1937년 미국 수도 워싱턴에서 태어난 로버트 리처드슨Robert Richardson은 1954년 버지니아공대에서 화학을 전공했으나 색맹이 문제가 될 것 같아 물리학으로 전공을 바꿨다.

물리학과 졸업 뒤 석사과정으로 경영학을 공부할까 시도했지만 영 흥미를 못 느끼고 다시 물리학으로 돌아와 듀크대에서 박사과정을 들어갔고 여기서 아내가 될 매카시를 만났다. 그는 극저온에서 원자 무리가 어떻게 행

로버트 리처드슨 (제공 코넬대)

동하는가를 연구했다. 1966년 학위를 마친 뒤 코넬대의 저명한 저온물리학자 데이비드 리 교수의 실험실에서 박사후연구원으로 있다가 1968년 교수가 됐다.

1970년대 초 리 교수와 리처드슨, 그리고 리 교수 실험실의 대학원생 더글러스 오셔러프는 헬륨의 동위원소인 헬륨-3이 초저온일 때 보이는 행동을 연구하다가 절대온도 0.002도에서 헬륨-3이 초유체가 된다는 사실을 발견했다. 헬륨-4가 절대온도 2.2도에서 초유체가 된다는 사실은 이미 1937년에 발견됐지만, 헬륨-3도 초유체가 될 수 있다는 건 놀라운 발견이었다.

헬륨-3과 헬륨-4는 원자핵에서 중성자 개수가 하나 차이인 동위원소이지만, 둘은 양자역학의 관점에서는 근본적으로 다른 입자다. 즉 헬륨-4가 원자핵 스핀이 정수인 보손인 반면 헬륨-3은 반$\pm$정수인 페르미온이기 때문이다. 보손의 행동은 보스-아인슈타인 통계를 따르고 페르미온은 페르미-디랙 통계를 따르는데, 둘 사이의 큰 차이는 여러 입자가 동일한 양자상태를 가질 수 있느냐 여부다. 헬륨-4가 저온에서 초유체가 되는 건 입자가 모두 바닥상태로 응축될 수 있기 때문이다. 한편 헬륨-3이 극저온에서 초유체가 되는 현상은 페르미온인 헬륨-3 원자 두 개가 쌍을 이뤄 보손처럼 행동하기 때문이다.

이 업적으로 세 사람은 1996년 노벨물리학상을 수상했다. 〈네이처〉에 리처드슨 부고를 쓴 사람이 오셔러프 스탠퍼드대 명예교수다. 오셔러프는 부고 말미에 리처드슨의 슬픈 가족사를 언급했는데, 1998년 그의 둘째 딸 파밀라가 28살에 심장질환으로 세상을 뜬 사건이다. 이 슬픔을 잊기 위해 리처드슨 부부는 코넬대의 동료 앨런 지암바티스타와 함께 물리학 교재 『College Physics』를 집필했다고 한다.

3. 도널드 글레이저1926. 9.21 ~ 2013. 2.28
맥주거품에서 노벨상을 발견한 물리학자

어떤 종류의 일을 하던 간에 술을 좋아하는 사람들은 업무가 끝나면 술집에 들러 한 잔 걸쳐야 하루가 마무리된 것 같다고 한다. 2013년 2월 28일 세상을 떠난 도널드 글레이저Donald Glaser도 그런 사람이었을까.

1926년 미국 클리블랜드에서 태어난 글레이저는 케이스응용과학대에서 물리학과 수학을 공부했다. 그는 음악에도 소질이 있어 대학시절 클리블랜드 필하모닉 오케스트라에서 비올라 연주자로 활약하기도 했다. 1946년 졸업 뒤 명문 칼텍의 물리학과에서 박사과정을 했는데, 그의 지도교수는 1932년 우주선cosmic rays에서 반물질인 양전자를 발견해 1936년 노벨물리학상을 받은 칼 앤더슨이었다.[21] 글레이저는 지도 교수가 역사적인 발견을 한 장비인 안개상자cloud chamber를 여전히 이용했지만, 이 과정에서 실험장비를 디자인하고 만드는 노하우를 쌓았다.

1949년 불과 23살에 미시건대 교수가 된 글레이저는 1952년 어느 날 술집에서 맥주잔을 멍하니 바라보다가 거품이 생기는 모습에서 영감을 얻어 거품상자bubble chamber를 발명했다. 우주선 입자가 지나갈 때 안개상자에서는 기체 안에 액체 방울이 만들어지지만(제트기가 지나간 자리에 생기는 구름처럼), 거품상자에서는 액체 안에 기포가 만들어진다. 거품상자는 안개상자에 비해 감도가 훨씬 뛰어났고 이를 이용해 수많은 입자들의 존재가 밝혀졌다. 글레이저는 거품상자를 발명한 공로로

거품상자를 바라보는 포즈를 취한 도널드 글레이저. 노벨상을 받은 해인 1960년 34살 때의 모습이다. (제공 LBNL photo)

---

21 칼 앤더슨이 양전자를 발견한 과정은 프랭크 클로우스 교수의 저서 『반물질』(MID, 2013) 78~91쪽에 자세히 소개돼 있다.

1960년 불과 34살의 나이에 단독으로 노벨물리학상을 받았다.

한편 1959년 캘리포니아대(버클리)로 자리를 옮긴 글레이저는 입자물리학에 싫증을 느끼고 다른 많은 뛰어난 물리학자들이 그랬듯이 분자생물학을 기웃거리기 시작했고 1964년 아예 분자생물학과로 자리를 옮겼다. 그는 여러 실험장비를 고안했고 1971년에는 미국 최초의 생명공학회사인 세투스Cetus를 설립했다. 1980년대 이 회사를 다니던 괴짜 화학자 캐리 멀리스는 생명과학 분야의 가장 혁신적인 기술의 하나인 PCR(중합효소연쇄반응)을 발명했고 1993년 노벨화학상을 받았다.

분자생물학도 시들해진 글레이저는 1980년대 초 안식년을 맞아 롤랜드연구소의 에드윈 랜드 박사 실험실에 머물며 우리 눈이 색채를 지각하는 메커니즘에 관심을 보였다. 그 뒤 그는 지각을 정량적으로 측정하는 시각심리물리학과 시각계의 계산모형을 연구했다. 〈네이처〉에 MIT의 뇌·인지과학과 교수인 토마소 포지오가 부고를 쓴 이유다. 글 말미에서 포지오는 글레이저의 천재성을 부러운 듯이 이렇게 묘사했다.

"그에게 세계는 신기한 게 가득한 정원이었다. 글레이저는 분명 별다른 노력을 하지 않았음에도 사물이나 사람에 대해 놀랍도록 반反직관적인 관찰을 해내곤 했다."

4. 로버트 에드워즈 1925. 9. 27 ~ 2013. 4. 10
500만 시험관아기들의 대부 잠들다

결혼이 갈수록 늦어지면서 알게 모르게 시험관아기의 비율이 늘어나고 있다. 적정 임신 시기를 놓쳐 자연임신이 잘 안 되기 때문이다. 만일 이 기술이 없었다면 예전만큼은 아니겠지만 자식을 보기 위해 두 집 살림을 하는 경우가 적지 않았을 것이다. 2013년 4월 10일 시험관아기 기술을 개발한 로버트 에드워즈Robert Edwards 교수가 88세를 일기로 타계했다.

1925년 영국 배틀리에서 태어난 에드워즈는 웨일즈대에서 농학과 동물

지난 2008년 로버트 에드워즈 교수(왼쪽)가 세계 최초의 시험관 아기 탄생 30주년을 맞아 당시 산모 레슬리 브라운(가운데)과 아기 루이즈 브라운(오른쪽)과 함께 했다. 루이즈가 안고 있는 아기는 아들 캐머런이다. (제공 Bourn Hall Clinic)

학을 공부한 뒤 4년간의 군복무를 마치고 에든버러대에서 동물유전학으로 박사과정을 하면서 쥐의 배란을 조작하는 기법을 익혔다. 브리지트 아스코나스[22]보다 몇 년 늦게 국립의학연구소NIMR에 취직한 에드워즈는 여성용 피임약으로 쓸 백신을 개발하는 업무를 하면서 틈틈이 난자를 연구했다.

그런데 1960년대 초 신임 소장이 부임하면서 인간 시험관아기에 대한 연구를 금지시켰다. 이에 실망한 에드워즈는 케임브리지대로 자리를 옮긴 앨런 파케스를 따라갔고 거기에 눌러앉았다. 에드워즈는 실험동물을 대상으로 시험관아기의 기초연구를 진행했고, 사람을 대상으로 본격적인 연구를 하고 싶은 열망이 갈수록 커졌지만 난자를 구하지 못해 애를 태웠다. 그의 과격한 연구 주제 때문에 의사들이 그를 기피했기 때문이다.

그러던 어느 날 한 학회에서 부인학 전문의 패트릭 스텝토 박사를 만났다. 복강경 기술의 개척자인 스텝토 박사 역시 주위 의사들로부터 기피대상이었는데, 에드워즈는 복강경이 난자 채취에 이상적인 기구임을 알아차렸고 둘은 의기투합했다. 에드워즈는 간호사 진 퍼디를 훈련시켜 실험을 맡겼다. 이들은 인공수정을 한 뒤 자궁에 착상시키는 시도를 했으나 번번이 실패했다. 고민하던 에드워즈는 자연 월경 주기 동안 성숙한 난자를 채취해야 함을 깨달았고, 1978년 7월 26일 마침내 첫 번째 시험관아기 루이즈 브라운Louise Brown이 태어났다.

---

22 308쪽 참조.

첫 시험관아기가 태어난 뒤에도 그 전처럼 언론과 학계는 여전히 에드워즈를 맹비난했고, 에드워즈는 여덟 차례나 명예훼손소송을 벌이기도 했다. 시험관아기는 어딘가 비정상일 거라는 '기대'와는 달리 자연임신으로 태어난 아이들과 별 차이가 없다는 게 확인되면서 시술은 점차 확대됐고 전 세계로 퍼져 지금까지 500만 명이 넘는 시험관아기가 태어난 것으로 추정된다.

2010년 노벨위원회는 30여 년 전 시험관아기 기술을 개발한 공로로 에드워즈를 노벨생리의학상 수상자로 선정했는데, 두 가지 측면에서 이왕 줄거였으면 좀 더 빨리 줄 것이지 하는 아쉬움이 든다. 먼저 공동 개발자였던 스텝토 박사가 1988년 타계한 것. 그가 살아 있었다면 당연히 공동수상이었을 것이기 때문이다. 그리고 더 슬픈 건 2010년 수상자 발표 때 에드워즈는 이미 치매가 중증이어서 시상식에 참여하지 못했을 뿐 아니라 자신이 상을 받았는지도 몰랐을 거라는 점이다. '인공' 수정으로 수많은 불임부부들에게 큰 기쁨을 안겨다준 과학자에게 '자연'은 왜 이토록 잔인했던 것일까.

5. 프랑수아 자콥 1920. 6.17~2013. 4.19
분자생물학의 거성ᄐ로 떨어지다

> 대장균에서 맞는 사실은 코끼리에서도 맞는 사실이다.
>
> - 프랑수아 자콥

20세기 중반 분자생물학을 개척한 과학자들 가운데는 두 사람이 짝을 이룬 경우가 종종 있다. 2013년 발견 60주년을 맞은, DNA이중나선 구조를 밝힌 제임스 왓슨과 프랜시스 크릭이 대표적인 예다. 이들만큼 유명하지는 않지만 대장균에서 오페론이라는, 유전자 발현의 조절 단위를 밝힌 프랑스 파스퇴르연구소의 프랑수아 자콥과 자크 모노도 떠오른다. 지난 4월 19일 프랑수아 자콥François Jacob이 93세를 일기로 세상을 떠났다.

『이중나선』을 쓴 왓슨이 크릭보다 대중에게 더 친숙한 것처럼, 1971년 『우연과 필연』을 출간한 모노가 자콥보다 더 알려져 있다. 사실 『우연과 필연』은 베르너 하이젠베르크의 책 『부분과 전체』와 함께 과학과 철학을 아우르는 최고의 명저라는 게 필자 개인의 생각이다. 물론 격조 높은 책 제목도 한 몫 했겠지만.

1965년 노벨상을 받은 45세 무렵의 프랑수아 자콥. (제공 노벨재단)

필자는 수년 전 헤모글로빈의 구조를 밝힌 노벨화학상 수상자 막스 페루츠의 과학 에세이집 『과학자는 인류의 친구인가 적인가?』에서 프랑수아 자콥의 삶을 다룬 한 장을 인상 깊게 읽은 기억이 나서 이번에 다시 찾아 읽어봤다. 1988년 출간된 자콥의 자서전 영문판 『The Statue Within』에 대한 서평인데, 역시 그때의 감동이 틀린 기억은 아니었다. 아마 유명한 과학자 가운데 자콥만큼 극적인 삶을 산 사람도 없을 것이다. 찾아보니 1987년 출간된 자콥의 자서전(프랑스어)은 1997년 『내 마음의 초상』이라는 제목으로 한글판도 나왔다. 페루츠의 서평과 『내 마음의 초상』을 바탕으로 자콥의 삶과 업적을 요약한다.

부상으로 외과의사의 꿈 버려

1920년 프랑스 파리의 유복한 유태인 가정에서 태어난 자콥은 사성장군이었던 외할아버지의 영향을 많이 받았다. 그는 자서전 곳곳에서 할아버지의 말을 회상하고 있는데, 예를 들어 다음과 같은 구절이다(어린 아이한테 할 말은 아닌 것 같지만).

"찬미하는 것은 좋지만 숭배하는 것은 좋지 않단다. 신도 인간도 말이야. 왜냐하면 신은 존재하지 않기 때문이고, 인간은 신이 아니기 때문이란다."

훗날 자콥이 보통 사람 같으면 견디기 어려운 시련을 겪으면서도 무신론

자콥과 함께 유전자 발현 메커니즘을 밝힌 자크 모노. 10살 연상인 모노에 대해 자콥은 자서전에서 "실로 매우 드문, 위대한 인물이었다. 놀라울 정도로 지적인 메커니즘의 소유자였고 모든 분야에 관심을 가지고 있는 인물이었다"라고 평가하고 있다. 모노는 1976년 66세에 사망했다. (제공 노벨재단)

을 버리지 않았고 운 좋게 파스퇴르연구소 같은 일류 지성들의 집단에 들어가서도 주눅이 들지 않고 자리를 잡을 수 있었던 데는 외할아버지의 영향이 컸다고 볼 수 있다.

외할아버지를 쫓아 군인이 되려고 했던 소년은 그러나 고등학교 사관학교 준비반의 엄격함에 질려 외과의사가 되기로 진로를 바꿨다. 의대에 진학해 수년이 지나면 외과의사로 탄탄한 삶을 살 것 같았던 자콥에게 엄청난 일들이 일어난다. 1940년 히틀러의 나치가 프랑스를 침공해 파리를 점령한 것이다. 이 사건이 있기 며칠 전 어머니가 암으로 숨진 시련을 겪은 자콥은 고통과 환멸 속에서 영국으로 탈출하고 외할아버지를 떠올리며 드골 장군이 이끄는 자유 프랑스에 참여해 전쟁에 뛰어든다.

4년간 아프리카에서 군의관으로 전쟁터를 누비며 숱한 죽음의 위기를 넘긴 자콥은(한번은 튀니지 사막을 헤매다가 독일 병사에게 딱 걸렸는데 모른척해줘서 그 자리를 벗어난 적도 있다) 그러나 1944년 노르만 해안에 상륙해 이제 고생도 끝이라고 생각할 때 퇴각하는 독일군 포탄에 맞아 중상을 입었다. 1년간 병상생활을 한 자콥은 간신히 회복됐지만 그를 기다리는 건 좌절뿐이었다.

친 나치 비시정부 아래서 공부한 대학동기들은 이미 인턴이 됐지만 5년간 조국을 해방시키기 위해 목숨을 건 그에게 돌아온 건 불편해하는 시선뿐이었다. 열다섯 살 때부터 공을 들인 여자 친구 오딜은 그의 병실을 찾은 걸 마지막으로 다른 남자와 결혼했다. 자콥은 자서전에서 4년 만에 재회한 그때의 심정을 이렇게 쓰고 있다.

"마치, 서로를 위해, 젊은 시절의 잊을 수 없는 사랑을 그대로 간직하기로 무언중에 동의한 것처럼, 그러고 나서 그녀가 떠나갔을 때, 이제 다시 돌아오지 않을 그 시절이 그리워 몹시 고통스러웠다."

부상 후유증으로 꿈꾸던 외과의사는 될 수 없었지만 자크는 억지를 쓰다시피 해서 1947년 의대를 졸업했고(대학은 전쟁영웅에게 많은 걸 눈감아줬다) 박사논문 주제였던 항생제를 만드는 작은 제약회사에 취직했다. 그러나 이런 삶에 만족할 수 없었던 자크는 방황을 멈추지 못했는데 어느 날 음악회에서 유태계 아가씨 리자를 만난다. 자유 프랑스에서 싸우다가 전사한 오빠를 둔 리자와 자콥은 몇 달 뒤 결혼했다. 하루는 리자의 사촌과 저녁식사를 하게 된다. 자콥과 거의 비슷한 삶을 살았던 그 사촌은 뒤늦게 진로를 바꿔 저명한 생물학자의 실험실에서 연구를 하고 있었다. 문득 자콥은 자신도 그처럼 제2의 인생을 시작할 수 있지 않을까 하는 생각이 들었다.

당시 회사를 막 그만두고 뭘 해야 할지 몰라 의기소침해 있던 자콥은 다음날부터 생물학자가 되기로 계획을 세우고 먼저 안면이 있는 국립과학연구소 에밀 테루안느 교수를 찾아가 "아는 건 없지만 유전학에 헌신하고자 하는 굳은 의지와 욕망이 있다"고 자신을 소개했지만 정중하게 거절당했다. 다음으로 국립위생연구소 뷔이나 소장을 찾아갔지만 역시 정중한(어쨌든 그는 전쟁영웅이었으므로) 거절이었다. 그리고 세 번째로 찾아간 게 파스퇴르연구소의 자크 트레푸엘 소장. 항생제를 개발한 경험을 높이 샀는지 트레푸엘 소장은 연구장학금까지 주는 조건으로 자콥이 들어올 수 있게 해줬다. 이렇게 해서 29세의 엉터리 의학박사 자콥의 새로운 인생이 시작됐다.

30살에 시작한 연구원 생활

이듬해 역시 우여곡절 끝에 자콥은 선망했던 저명한 미생물학자 앙드레 르보프의 실험실에 들어갈 수 있게 됐고 이때부터 본격적인 연구생활이 시작됐다. 르보프는 소수의 인원만으로 실험실을 끌어가는 걸로 유명했는데, 자콥 자신도 자서전에서 그가 어떻게 받아들여질 수 있었는지 도저히 모르겠다며 다음과 같이 쓰고 있다.

"반대로 내가 알고 있는 것은 내가 그의 자리에 있었다면, 나 같은 사람은 내 실험실에 받아들이지 않았을 것이 분명하다는 점이다."

자콥은 이곳에서 대장균의 접합, 즉 대장균 사이의 유전자 이동에 대해 연구했다. 1950년대는 말 그대로 유전학 분야의 혁명기로 유전물질이 단백질이냐 핵산(DNA)이냐는 문제조차도 해결되지 않은 상태였다. 1953년 DNA이중나선 구조 발견은 유전학의 양자도약을 가능하게 한 사건이었다.

수년간 대장균의 접합을 연구해온 자콥은 싫증을 느끼고 새로운 연구주제를 찾다가 같은 연구소의 대선배 자크 모노와 공동연구를 하게 된다. 즉 모노가 십수 년 전부터 고민하고 있던 대장균의 특이한 생태를 규명하는 연구에 뛰어든 것. 평소 대장균은 설탕을 선호하는데 만일 설탕이 없고 젖당만 있는 환경에 놓이면 처음에는 잘 못 자라다가 다시 잘 자라기 시작한다. 젖당을 분해하는 효소가 만들어졌기 때문이다. 당시 지식으로는 이런 현상을 설명할 수 없었기 때문에 모노의 고민은 깊었지만 이 현상에는 뭔가 중요한 게 있다는 걸 직감하고 있었다.

'그리스 영웅과 할리우드 배우를 섞은 것 같은 미남'인 10살 연상인 모노의 '비웃는 듯한 잔잔한 웃음을 띤' 얼굴을 맞대며 때로는 자신의 무지에 얼굴을 붉히면서도(반면 모노는 과학뿐 아니라 철학, 문학, 예술 등 광범위한 분야에서 모르는 게 없는 천재였다) 끊임없이 대화를 나누면서 자크는 대장균 젖당 대사의 미스터리를 고민했고 어느 날 아내와 영화를 보다가 순식간에 그 비밀을 알아버렸다. 즉 대장균의 접합 연구에서 영감을 받아 어떤 유전자 발현 억제 인자가 평소에는 필요없는 젖당분해효소 유전자를 억제하고 있다가 환경의 변화(설탕 부재 젖당 존재)가 오면 억제 인자가 풀리면서 필요한 유전자가 발현된다는 것.

처음 모노는 자콥의 가설에 고개를 갸웃했지만 계속된 토론과 실험을 통해 그의 가설이 본질적으로 맞다는 걸 깨닫고 실험을 계속하고 이론을 가다듬어 그 유명한 '오페론operon 가설'을 내놓는다. 즉 대장균에서는 어떤 기능을 하는데 필요한 일련의 유전자들의 발현이 동시에 조절되는데 그

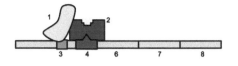

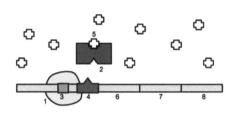

자콥과 모노가 밝힌 락lac 오페론의 작동 메커니즘. 위는 억제된 상태로 억제인자(녹색)가 DNA의 특정 염기서열(빨간색)에 결합돼 RNA중합효소(노란색)의 접근을 막기 때문에 전사가 일어나지 않는다. 아래는 활성화된 상태로 젖당(흰색)이 결합한 억제인자의 구조가 바뀌면서 DNA에서 떨어져 나가고 RNA중합효소가 작동을 시작해 젖당 분해와 관련된 유전자(6, 7, 8)가 발현된다.

단위가 오페론이라는 것이다. 이들이 생각해낸 유전자 발현 조절의 개념은 그 뒤 다세포 생물의 분화는 물론 생명체의 활동을 유전자 차원에서 이해하는데 출발점이 됐다. 이 업적으로 자콥과 모노는 르보프와 함께 1965년 노벨생리의학상을 받았다. 1950년 르보프가 자신의 실험실에 자콥을 받아들이지 않았다면, 그가 노벨상을 타는 일은 없었을 것이다.

자콥은 그뒤로도 파스퇴르연구소에 머무르며 1970년대 들어 훨씬 복잡한 생명체인 생쥐로 대상을 바꿔 중요한 기초연구결과를 내놓았다. 2012년 11월 14일 파스퇴르연구소에서는 자콥이 참석한 가운데 그의 이름을 붙인 신축건물 완공식이 거행됐다고 한다.

6. 크리스티앙 드 뒤브1917. 10. 2 ~ 2013. 5. 4
리소좀을 발견한 생화학자

1917년 런던 근교에서 태어난 크리스티앙 드 뒤브Christian de Duve는 이름에서 짐작하듯이 영국인은 아니다. 그의 부모는 1차 세계대전을 피해 영국으로 건너온 벨기에사람으로 전쟁이 끝나자 다시 벨기에로 돌아갔다. 1934년 루뱅카톨릭대에서 의학공부를 시작한 드 뒤브는 인체가 연료인 포도당을 대사할 때 췌장 호르몬인 인슐린과 글루카곤이 어떤 영향을 미치는가

크리스티앙 드 뒤브 (제공 록펠러대)

를 연구했다. 그는 다소 역마살이 있었는지 스웨덴과 미국의 실험실을 전전하다가 1947년 마침내 루뱅으로 돌아와 의대 교수가 됐다.

그런데 귀국길에 록펠러대에 잠깐 들렀는데 여기서 벨기에인 과학자 알베르 클로드를 만났다. 클로드는 당시 막 개발된 실험장비인 전자현미경과 고속원심분리기로 세포 내부의 구조를 들여다보고 있었다. 그는 1945년 세포핵 주변의 주름 같은 구조인 소포체를 발견해 유명해진 인물이다. 드 뒤브는 루뱅에서 인슐린과 글루카곤 연구를 계속하면서 클로드의 방법론을 적용하기 시작했다. 그 결과 포도당-6-인산가수분해효소가 소포체에 존재한다는 사실을 발견했다.

인슐린에서 세포 구조로 관심이 옮겨간 드 뒤브는 1950년대 중반 세포내소기관인 리소좀lysosome을 발견한다. 수많은 가수분해효소가 들어있는 리소좀은 침입한 세균이나 손상된 세포내소기관 등을 분해하는 역할을 한다. 드 뒤브 교수팀은 뒤이어 산화와 관련된 효소를 지니고 있는 세포내소기관인 퍼옥시좀peroxisome을 발견했다. 1974년 드 뒤브는 클로드, 조지 펄레이드와 함께 세포내 구조와 기능을 규명한 공로로 노벨생리의학상을 수상했다.

드 뒤브는 루뱅의 실험실과 함께 1962년부터 1987년까지 미국 록펠러대에도 실험실을 운영하며 대서양을 오갔다. 또 여성과학자를 대상으로 하는 로레알-유네스코상 제정에도 큰 역할을 했다고 한다. 참고로 한국과학기술연구원 유명희 박사(1998년)와 서울대 생명과학부 김빛내리 교수(2008년)가 이 상을 수상했다.

7. 조 파먼 1930. 8. 7 ~ 2013. 5.11
남극 오존층 구멍을 발견한 지구물리학자

1970년대 대기화학자 셔우드 롤런드[23]와 마리오 몰리나는 프레온이 성층권 상부의 오존층을 파괴해 지표가 자외선에 노출될 위험에 처했음을 경고하는 논문을 발표했지만 격한 반발에 부딪쳐 고전하고 있었다. 그런데 1985년 남극 오존층에 구멍이 뚫렸다는 연구결과가 발표되면서 전세는 일시에 역전이 됐고 1987년 프레온 사용을 규제하는 국제환경협약인 몬트리올 의정서가 만들어졌다. 남극 오존층 구멍을 발견한 과학자 조 파먼Joe Farman이 지난 5월 11일 83세로 타계했다.

영국 노퍽에서 태어난 파먼은 케임브리지대에서 자연과학을 공부한 뒤 군수업체에서 유도미사일을 연구하다 1956년 포클랜드제도보호령조사단(훗날 영국남극조사단BAS으로 개명)에 들어가 1990년 은퇴할 때까지 근무했다. 그는 오존수치와 복사수치 등 기본 지구물리 데이터를 측정하는 임무를 수행했는데, 1980년대 초 남극 핼리만Halley bay 상공 성층권에서 측정한 오존수치가 비정상적으로 낮다는 걸 발견했다. 파먼과 동료들은 측정오차를 비롯한 모든 가능성을 조사하며 반복해서 데이터를 얻었지만 결과는 같았다. 결국 파먼은 프레온의 분해산물이 오존층을 파괴했다는 주장을 담은 논문을 1985년 〈네이처〉에 발표해 센세이션을 불러일으켰다.

영국남극조사단의 조 파먼(왼쪽)과 브리언 가디너(가운데), 존 섄클린. 이들의 1980년대 남극 성층권 오존수치 연구결과는 프레온이 오존층을 파괴할 수 있다는 과학자들의 우려를 확증했다. (제공 BAS)

---

23 셔우드 롤런드의 삶과 업적은 『사이언스 소믈리에』 278~280쪽 참조.

파먼은 굉장히 깐깐한 사람으로 데이터의 디테일에 집착했다고 한다. 반면 컴퓨터 시뮬레이션은 신뢰하지 않아 시뮬레이션 결과에서 오류를 찾을 때마다 무척 통쾌해했다. 파먼은 1990년 은퇴한 뒤에도 유럽오존연구조정단위와 영국남극조사단 등 여러 기관에서 무보수로 자원봉사하며 자신의 지식과 경험을 나눠줬다. 또 당시 마거릿 대처 행정부가 세계 기후 협약을 주도할 수 있게 자문을 하기도 했다.

8. 하인리히 로러 1933. 6. 6 ~ 2013. 5. 16
주사터널링현미경을 발명한 고체물리학자

1933년 스위스 부크스에서 이란성쌍둥이로 태어난 하인리히 로러Heinrich Rohrer는 아인슈타인이 다녔던 스위스연방공대에서 물리학을 공부했다. 그의 전공은 초전도체였는데, 1963년 스위스 뤼슐리콘에 있는 IBM연구소에 들어가서는 반강자성체를 연구했다. 반강자성antiferromagnetism은 자성체가 특정 온도 밑에서 이웃한 원자의 자기모멘트가 서로 상쇄돼 전체적으로 자성이 없는 상태가 되는 성질이다.

1970년대 들어 로러는 물질의 표면구조로 관심을 옮겼는데, 막상 연구를 하려하자 마땅한 실험도구가 없다는 사실을 알고 스스로 장비를 만들기로 결심했다. 그는 뛰어난 젊은 독일 물리학자 게르트 비니히를 고용해 함

하인리히 로러 (제공 IBM연구소)

께 연구에 착수했고, 1981년 마침내 주사터널링현미경STM을 개발하는데 성공했다. STM은 통상적인 현미경과는 달리 렌즈가 없고 대신 탐침을 물체 표면에 가까이 댄 뒤 전자를 쏘아 보내 전자가 투과하는 (터널링) 패턴을 스캔해 표면의 구조를 원자 차원에서 해석하는 장비다.

STM과 함께 원자힘현미경AFM 등 탐침을 이용해 표면의 구조를 밝히는 장비가 개발되면서 나노분야는 새로운 전기를 마련했다. 로러와 비니히는 STM을 개발한 공로로 주사전자현미경을 발명한 에른스트 루스카와 함께 1986년 노벨물리학상을 받았다. 〈네이처〉에 부고를 기고한 IBM연구소의 크리스토프 거버 박사는 글 말미에 로러의 한국 대중 강연 장면을 회상하고 있다(정확히 언제 어디서 한 건지는 언급하지 않았다). 고등학생과 대학생 4000여 명은 STM개발 과정을 드라마틱하게 묘사한 로러의 강연에 매료됐고, 훗날 거버는 한 한국 학생으로부터 "당시 로러의 강연에 감명을 받아 물리학과 나노과학을 연구하게 됐다"는 말을 들었다고 한다.

9. 제롬 칼1918. 6.18 ~ 2013. 6. 6
영재 동창끼리 일낸 결정학자

정규교육 과정으로는 감당이 안 될 정도로 지적으로 조숙한 아이들이 커서는 빛을 발하지 못하는 걸 보면, 지식을 습득하는 능력과 창조하는 능력은 다른 영역이라는 생각이 든다. 그럼에도 쿼크를 생각해낸 이론물리학자 머리 겔만처럼 영재 출신 위대한 과학자가 없는 건 아니다. 지난 6월 6일 타계한 이론화학자 제롬 칼Jerome Karle도 그런 경우로, 또 다른 영재 출신 수학자 허버트 하우프트만과 함께 X선 결정학을 한 단계 끌어올린 방법론인 '직접법direct methods'을 고안했다. 이 업적으로 두 사람은 1985년 노벨화학상을 받았다.

1918년 뉴욕 브루클린에서 태어난 칼은 15살에 뉴욕의 시티칼리지에 입학했고 19살에 졸업했다. 당시 졸업 동기가 한 살 연상인 하우프트만이다.

제롬 칼 (제공 미 해군연구소)

칼은 하버드에서 생물학으로 석사학위를 받고 미시건대 화학과에서 기체에 전자를 쏘았을 때 나오는 회절패턴을 연구했다. 이때 동료 대학원생인 이사벨라 루고스키를 만났고 둘은 1942년 결혼했다.

1943년 박사학위를 받은 뒤 미 해군의 프로젝트인 탄화수소 윤활제의 구조 연구를 하다가 1946년 아내와 함께 미 해군연구소NRL에 자리를 잡았다. 둘은 2009년 은퇴할 때까지 무려 63년 동안 근무했다. 한편 하우프트만은 컬럼비아대 수학과에서 석사학위를 마친 뒤 제2차 세계대전이 끝난 뒤 해군연구소에 들어와 친구 칼과 함께 결정학 연구를 시작했다.

X선을 결정에 쪼였을 때 회절하는 빛의 패턴을 분석해 결정의 구조를 밝히는 X선 결정학은 1910년대 영국의 물리학자 로렌스 브래그가 개척했지만[24], 그 방법이 불완전해 실제 구조를 밝히기까지는 많은 시행착오를 거쳐야 했다. 칼과 하우프트만은 1952년 결정학자 데이비드 세이어가 유도한 '세이어 방정식'을 이용해 혁신적인 회절 데이터 해석 방법을 개발했다. '직접법'이라고 불리는 이 방법은 X선 회절 데이터로 분자 구조를 밝히는데 들어가는 시간과 노력을 대폭 줄여 오늘날 화학 발전에 크게 기여했다.

이 업적으로 칼과 하우프트만은 1985년 노벨화학상을 받았는데 정작 세이어는 수상하지 못해 당시 논란이 되기도 했다[25]. 칼은 해군연구소의 물질구조실험실을 이끌며 결정학 외에도 양자화학, 유리질과 비결정물질 등 여러 분야에 손을 댔다. 〈네이처〉에 부고를 쓴 웨인 헨드릭슨 컬럼비아대 교수는 1969년부터 1984년까지 물질구조실험실에서 일했는데, 글 말미에 쓴 걸 보면 칼은 '가까이 하기에는 너무 먼 당신'이었던 것 같다.

"이런 다양한 활동은 여러 연구그룹 사람들이 필요하고 대규모 실험도 수반되지만, 내가 아는 한 제리Jerry(제롬의 애칭)는 고독한 이론가였다. 그는 많은 논문을 단독 저자로 게재했고, 주로 상대하는 사람은 그의 이론을

---

24 X선 결정학의 탄생 과정은 『사이언스 소믈리에』 232쪽 '로렌스 브래그, 25살에 노벨상을 받은 물리학자'에 자세히 소개돼 있다.

25 데이비드 세이어의 삶과 업적은 『사이언스 소믈리에』 277~278쪽 참조.

(시뮬레이션으로) 테스트할 컴퓨터 프로그래머들이었다."

10. 케네스 윌슨 1936. 6. 8 ~ 2013. 6.15
6년간 논문 한 편 안 낸 이론물리학자

연말이면 대학 친구 몇이 만나 저녁을 하는데, 올해는 한 명이 미국에 있어 넷이 봤다. 필자를 뺀 세 명은 교수로 한창 연구에 물이 올랐을 때다. 예전에는 실없는 여자 얘기도 했지만 이제는 모든 관심이 연구로 쏠려있다. 가끔 필자를 의식해 자기들 얘기만 해서 미안하다며 화제를 돌리다가도, 대화는 다시 연구로 돌아가 유명저널에 논문 내는 얘기, 연구비 따내는 얘기, 실험실 학생 문제, 신규 교수 채용 갈등 등 이야기가 끝이 없다. 2차도 모자라 카페로 3차를 가자는데(술도 제쳤다!), 필자는 편하게들 얘기하게 원고 마감이 있다는 핑계로 자리를 피해줬다.

우리나라 연구 환경에서 아직 정년보장을 받지 않은 교수가 일 년에 논문 한편 내지 않는다면 다들 '저 친구 간이 배 밖으로 나왔나'하며 의아해할 것이다. 하물며 조교수로 갓 부임한 젊은 학자가 무려 6년 동안이나 논문을 안 쓰고 버틴다는 건 상상하기도 어려울 것이다. 1936년 미국 월섬에서 태어난 케네스 윌슨 Kenneth Wilson은 MIT에서 공학을 가르친 할아버지와 하버드대 교수로 이론화학자인 아버지의 피를 물려받았다.

리처드 파인만도 쩔쩔맨 칼텍의 천재 이론물리학자 머리 겔만을 지도교수로 박사과정을 마친 윌슨은 1963년 불과 27세에 명문 코넬대에 조교수로 스카웃됐다. 그러나 6년이 지나도록 논문 한 편 안 써 학과 교수들을 크게 실망시키더니 마침내 1969년부터 결과물을 내놓기 시작했고 깜짝 놀란 대학은 1971년

케네스 윌슨 (제공 코넬대)

윌슨의 정년을 보장해줬다.

윌슨이 오랫동안 홀로 고민한 것은 물리학의 근본적인 문제로, 측정 장비의 한계 때문에 아주 작은 크기에서 일어나는 현상을 제대로 설명할 수 없다는 것이다. 그 결과 계산에서 무한값이 종종 나오는데 '재규격화renormalization'라는 방법으로 무한값을 없애는 기법이 개발돼 있었으나 너무 작위적이어서 다들 불만스러워했다. 윌슨은 상전이현상을 설명하는 새로운 재규격화 기법을 개발했고 이를 입자물리학에 적용해 쿼크의 움직임을 설명하는 격자게이지이론을 내놓았다. 그는 이 업적으로 1982년 노벨물리학상을 단독 수상했다.

11. 마이클 모우드1950.10.27 ~ 2013. 7.23
호모 플로레시엔시스 발견한 인류학자

아직 한창 일할 나이에 그만 병이나 사고로 타계한 사람 소식을 들으면 안타깝기 마련이다. 그 정도 지식과 식견을 갖추기 위해 평생 각고의 노력을 했을 걸 생각하면 인간의 운명이 야속하기도 하다. 8월 22일자 〈네이처〉에 부고가 실린 호주 울런공대의 인류학자 마이클 모우드Michael Morwood가 그런 경우다. 모우드는 2003년 '세기의 발견'으로 불리는 호모 플로레시엔시스Homo floresiensis, 일명 '호빗Hobbit'의 발굴을 이끈 인류학자다.

1950년 뉴질랜드 오클랜드에서 태어난 모우드는 오세아니아 원주민의

마이클 모우드 (제공 〈네이처〉)

조상들이 바위에 남긴 그림rock art에 매료돼 인류학자가 됐다. 1981년 호주 뉴잉글랜드대학에 자리를 잡은 뒤에 많은 연구를 진행했고, 1992년부터 2000년까지 호주암각화연구협회 회장을 맡기도 했다. 모우드는 암각화에서 암각화를 그린 사람들로 관심의 폭을 넓혀 이들이 언제 어떻게 아시아에서 오세아니

동아시아	동남아시아	아프리카	유럽

호모 플로레시엔시스의 발견은 인류의 진화계보를 다시 그리게 했다. 현생인류와 100만 년 전 이전에 갈라진 호모 에렉투스의 후손이 불과 5만 년 전까지 살고 있었다는 건 누구도 예상하지 못했던 충격적인 발견이었다. (제공 〈네이처〉)

아로 건너왔는지를 연구하기 시작했다. 그는 인도네시아 동남부와 호주 북서부 사이에 있는 플로레스섬Flores을 주목했고 인도네시아고고학센터와 공동으로 탐사에 들어갔다.

모우드 발굴팀은 2001년 플로레스섬의 석회동굴인 '리앙 부아Liang Bua'에서 작업을 시작했다. 2003년 모우드 교수가 자카르타에 있는 사이 발굴팀은 두개골이 온전히 보존된 작은 인류의 뼈를 발굴했다. 조심스럽게 회수한 뼈들을 정밀하게 조사한 결과 모우드 교수는 이 화석이 현생인류가 아닌 미지의 인류라는 결론을 내린다. 2004년 〈네이처〉에 발표한 논문에서 연구자들은 이 인류에게 '플로레스섬의 인간'이란 뜻의 호모 플로레시엔시스라는 학명을 붙였다. 모우드 교수는 톨킨의 소설 『반지의 제왕』에 나오는 키 작은 종족 호빗을 떠올려 이 작은 인류에게 '호빗'이라는 별칭을 붙여주기도 했다.

두개골을 비롯해 꽤 많은 뼈가 회수된, LB1이라고 명명된 사람은 30세가

량의 여성으로 키가 불과 106센티미터인데다 뇌용적은 380cc(후에 정밀한 측정 결과 426cc로 약간 커졌다)로 추정됐다. 보통 체형일 경우 몸무게는 25 킬로그램에 불과하다. 어른이 초등학교 1학년생 만하다는 말이다. 물론 현생인류 가운데도 세계 곳곳에 피그미족이 있지만, 키는 작아도 140센티미터는 된다. 연구자들은 이들이 아마도 호모 에렉투스의 일족으로 섬에 고립되면서 왜소화가 일어나 이렇게 작아졌을 것이라고 해석했다.

현생인류와 가장 가깝다는 네안데르탈인조차 4만 년 전에 멸종했는데 100만 년도 더 이전에 갈라진 것으로 추정되는 인류가 1만 8000년 전에도 살고 있었다는 충격적인 이야기였다. 그 뒤 연대측정의 오류가 발견돼 현재는 호모 플로레시엔스가 19만 년 전에서 5만 년 전 사이에 살았던 것으로 추정하고 있다.

병든 현생인류라는 주장과 논쟁 벌여

그러나 모든 사람이 이들의 발견에 찬사를 보낸 건 아니었다. 일부 인류학자들은 호빗이 병든 현생인류라고 반박했다. 인도네시아의 저명한 인류학자인 가자마다대 테우쿠 자콥 교수는 LB1이 현재 플로렌스섬에 살고 있는 피그미족인 람파사사의 조상으로 '이상소두증'이라는, 뇌가 비정상적으로 작은 질환에 걸린 사람이라고 주장했다. 그러나 이에 대해서는 두개골 전문가인 미국 플로리다주립대 딘 폴크 교수 등 여러 전문가들이 재반박하는 연구결과를 내놓았다.

한편 호빗의 손목뼈나 어깨뼈, 정강이와 발의 길이 비율 등이 현생인류보다는 원시적인 인류와 가깝다는 결과도 있다. 이에 대해서도 반대 의견이 있는데 '라론증후군Laron syndrome(성장호르몬을 제대로 인식하지 못해 생기는 왜소증)'에 걸린 환자였다는 주장도 있고 '풍토성 크레틴병endemic cretinism (선천성 갑상선 기능 저하로 일어나는 심신 발육부전 질환)'이라는 주장도 있다.

모우드 교수와 동료들은 추가 발굴한 화석 시료와 정밀한 측정 자료들을 토대로 이런 주장을 반박하는 논문을 발표해 왔다. 2007년 반대 진영

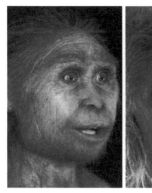

같은 뼈 다른 얼굴. 화석을 바탕으로 한 복원은 작업한 사람의 상상력이 많이 개입된다. 호모 플로레시엔시스의 두 가지 복원 모습. 오른쪽 이미지가 널리 쓰이고 있다. (제공 <사이언스>)

을 이끈 자콥 교수가 사망하고 그 뒤 이렇다 할 반증 결과가 나오지 않으면서 지금은 대다수가 호모 플로레시엔시스를 인정하는 분위기라고 한다. 물론 DNA를 분석하면 이 문제는 완벽하게 해결이 되겠지만, 몇 차례 DNA 추출을 시도했으나 아쉽게도 분석할만한 수준의 DNA를 얻지 못했다. 한편 이들이 인류 진화 계보에서 차지하는 위치와 지리적 분포, 존재한 시기 (앞에 언급한 범위는 추정치) 등 답해야 할 물음들이 여전히 산적해 있다. 모우드 교수의 때 이른 죽음이 더 안타까운 이유다.

모우드 교수는 진지하게 생각한 것 같지 않지만, 호모 플로레시엔시스와 관련해 흥미로운 가설 하나가 있다. 이들이 멸종하지 않고 지금도 어디선가 살아있을지 모른다는 것. 캐나다 앨버타대 인류학과 그레고리 포스 교수는 2005년 학술지 <인류학 투데이>에 발표한 논문에서 플로레스섬의 토착부족인 나지Nage족에서 전해져 내려오고 있는 '에부 고고Ebu Gogo' 전설이 바로 호빗족을 보고 나온 이야기일지도 모른다고 주장했다.

'에부'는 나지어로 '할머니', '고고'는 '가리지 않고 먹는다'는 뜻이라고 한다. 즉 '식탐 많은 할머니'라는 말인 것 같은데, 아무튼 전설이 묘사하는 에부 고고는 키가 작고 몸에 털이 많고 얼굴이 넓적하고 코도 펑퍼짐하다. 게다가 이들은 17세기는 물론, 20세기에도 목격됐다고 한다. 깊은 숲 어딘가에서 호빗족들이 지금도 살아있다는 상상만으로도 흥미진진하다.

Deaths >>

A GIGANTIC PRESENCE. As Indonesia's "king of paleoanthropology," Teuku Jacob ruled over a vital collection of hominid fossils. He was a formidable skeptic of the 1-meter-tall "hobbit" remains from the Indonesian island of Flores, arguing that they instead represented a diseased modern human. On 17 October, at the age of 76, the professor emeritus and former rector of Gadjah Mada University in Yogyakarta died of liver problems.

Jacob studied fossil hominids under famed paleontologist G. H. R. von Koenigswald, then found and was curator of many important specimens, particularly of *Homo erectus*. He

<사이언스> 2007년 11월 9일자에는 인도네시아의 저명한 고인류학자 테우쿠 자콥의 사망을 알리는 단신이 실렸다. 많은 업적에도 불구하고 과학사에서 그는 호모 플로레시엔시스 연구를 집요하게 방해한 인물로 남지 않을까. (제공 <사이언스>)

두 거장의 다른 죽음

모우드 교수의 때 이른 죽음을 안타까워하면서 앞에서 언급한 테우쿠 자콥 교수의 죽음과 비교하게 된다. 인도네시아가 아직 네덜란드의 식민지였던 1929년 태어난 자콥은 독립운동의 주요인사일뿐 아니라 인도네시아에서 호모 에렉투스의 화석을 여럿 발견한 저명한 고생물학자다. 앞서 언급한대로 자콥은 호빗이 이상소두증에 걸린 현생인류라고 주장했는데, 2004년 12월 자카르타의 국립고고학연구센터에 보관돼 있는 화석을 무단으로 가져가 3개월이나 반환하지 않는 돌출행동을 했다. 국제적인 비난에 마지못해 반환한 시료는 이미 많이 훼손돼 있어서, 모우드 교수는 "역겨운 일이다. 자콥은 탐욕스러운 사람이고 완전히 무책임하게 행동했다"고 비난하기도 했다.

그런데 더 놀라운 일이 기다리고 있었다. 인도네시아 당국이 리앙 부아 동굴을 폐쇄한 것. 이에 대해 발굴 과정에서 호빗이 현생인류가 아니라는 결정적인 증거가 나올 경우 국민 영웅인 자콥 교수가 곤란해질 것을 우려한 조치라는 얘기가 있었다. 그런데 이를 입증이라도 하듯이 2007년 자콥 교수가 사망하자 동굴은 다시 학자들에게 공개됐다.

모우드 교수의 동료 두 사람이 쓴 부고를 보면 "호모 플로레시엔시스가 새로운 종이 아니라 병든 호모 사피엔스라는 우려에 대한 반응으로, 모우드는 외부의 인간진화연구자들을 초청해 화석을 연구하고 시료를 채취하게 했다. 이 열린 의문의 정신은 투명성에 대한 모우드의 일관성과 강조를 잘 보여주고 있다"는 부분이 나온다. 어떤 분야의 권위자가 죽으면서 주변에서 그 분야의 발전이 더뎌질 것을 우려하는가 하면 때로는 권위자의 존재가 오히려 그 분야의 발전을 막고 있을 수도 있다는 걸 두 사람의 삶과 죽음이 극명하게 보여주고 있다.

12. 휴 헉슬리|1924. 2. 25 ~ 2013. 7. 25
근육수축 메커니즘을 밝힌 생물리학자

노인사회가 되면서 단순히 오래 사는 게 아니라 건강하게 오래 살아야 한다는 말이 공감을 받고 있다. 건강한 노년을 보내는 비결이 많겠지만 근육을 유지하는 게 특히 중요하다는 주장이 많이 들린다. 『평생 살찌지 않는 몸으로 건강하게 사는 근육 만들기』라는, 일본 근육생리학자 이시이 나오카타 도쿄대 교수의 책이 2009년 번역돼 나오기도 했다.

1924년 영국 체셔에서 태어난 휴 헉슬리 Hugh Huxley는 근육 작동을 이해하는데 평생을 헌신한 과학자다. 케임브리지대에서 물리학을 공부한 헉슬리는 졸업 뒤 공군에 4년 동안 복무하면서 레이더를 맡았는데, 이때 전기와 기계 장비에 대해 많은 걸 터득했다. 제대 후 의학연구위원회MRC의 생물계분자구조팀에 들어가 존 켄드루의 지도아래 X선 결정학으로 근육 구조를 밝히는 연구를 박사학위 주제로 삼았다. 켄드루는 근육단백질 미오글

휴 헉슬리 (제공 브랜다이스대)

로빈의 3차원 구조를 규명해 1962년 노벨화학상을 받았다.

당시 근육 구조에 대해 알려진 건, 광학현미경으로 봤을 때 밝은 띠와 어두운 띠가 교대로 나타나고 액틴과 미오신이라는 단백질이 실 같은 구조를 만든다는 정도였다. 헉슬리는 X선 패턴을 분석해 근육이 수축할 때 액틴과 미오신이 서로 연결된 채 관여한다는 사실을 밝혀냈다. 1952년 미국 MIT로 건너간 헉슬리는 전자현미경 데이터를 분석해 액틴과 미오신이 서로 미끄러지며 근육수축이 일어난다는 연구결과를 1953년 〈네이처〉에 발표했지만 호응을 얻지는 못했다.

흥미롭게도 근육을 연구하는 또 다른 영국인 헉슬리가 있었으니, 그가 바로 2012년에 타계한 앤드루 헉슬리다[26]. 둘은 성이 같지만 친척은 아니다. 앤드루는 간섭현미경 관찰로 비슷한 결론을 얻었기 때문에 휴의 논문을 지지했고, 둘은 이듬해 〈네이처〉에 각각 좀 더 진전된 연구결과를 나란히 발표했다.

1962년 MRC로 돌아온 휴 헉슬리는 분자생물학실험실을 이끌며 미오신의 운동메커니즘을 좀 더 자세히 연구했다. 1988년 미국 브랜다이스대로 자리를 옮긴 헉슬리는 고감도 장비를 써 밀리초 간격으로 근육수축 데이터를 얻는데 성공했다. 2004년 헉슬리는 〈유럽생화학저널〉에 50년 전 내놓은 자신의 가설을 확증한 연구결과를 실었다.

13. 앤서니 파우슨 1952.10.18 ~ 2013. 8. 7
세포 신호 전달의 비밀을 밝힌 생화학자

1952년 영국 켄트에서 태어난 앤서니 파우슨Anthony Pawson은 케임브리지대에서 생화학을 공부한 뒤 박사학위를 받았다. 그 뒤 미국 캘리포니아대(버클리)로 건너가 암을 일으키는 바이러스인 후지나미육종바이러스FSV의 v-Fps라는 단백질을 연구하다 흥미로운 사실을 발견했다. 단백질 중간

---

26 앤드루 헉슬리의 삶과 업적에 대해서는 『사이언스 소믈리에』 284~285쪽 참조.

에 다른 단백질의 인산화된 타이로신(아미노산의 하나)에 달라붙는 특정한 아미노산 서열이 있었던 것. 파우슨은 이 영역을 SH2라고 불렀다.

파우슨은 SH2와 인산화된 타이로신을 통한 단백질 사이의 상호작용으로 외부 신호가 세포 안으로 전달된다고 추측했다. 그리고 실험을 통해 다른 여러 단백질에도 SH2 영역이 존재해 같

앤서니 파우슨 (제공 토론토대)

은 방식으로 작동하는 걸 밝혔다. 1981년 캐나다로 건너가 브리티시컬럼비아대를 거쳐 1985년 토론토대와 시나이산병원에 자리를 잡은 파우슨은 세포내 단백질 신호 네트워크를 규명하는 프로테오믹스proteomics, 단백질체학 연구를 이끌었다.

오늘날 단백질체학은 질병 메커니즘을 이해하고 약물을 개발하는데 중요한 방법으로 자리매김하고 있다. 파우슨은 만년 노벨상 후보였지만 결국 수상의 기쁨을 누리지 못하고 61세에 자택에서 갑자기 사망해 주위를 안타깝게 했다.

14. 피터 후튼로처1931. 2.23 ~ 2013. 8.15
시냅스 가지치기를 발견한 신경학자

사람은 가까운 친척인 침팬지에 비해 뇌용적이 세 배나 된다. 그래서인지 신생아는 뇌가 미성숙한 상태에서 태어난다고 한다. 뇌가 성숙할 때를 기다렸다가는 출산 자체가 불가능한 상황이 되기 때문이다. 아무튼 아기의 뇌는 출생 직후 큰 변화를 겪는데, 생후 한 달 사이에 신경세포(뉴런) 사이를 연결하는 시냅스가 급증한다(어느 정도 예상한 일). 그런데 놀랍게도 돌이 지나 아기가 걷고 말하기 시작하면서부터는 기껏 만들어놓은 시냅스가 사라지기 시작한다. 없앨 거면 애초에 만들지를 말지 왜 우리 신경계는 이런 비

효율적인 과정을 겪는 것일까.

사실 한 세대 전만 해도 사람들은 아기의 뇌에서 이런 일이 일어나는지도 몰랐다. 1970년대 위의 사실을 처음 밝혀낸 신경학자 피터 후튼로처Peter Hudttenlocher가 지난 8월 15일 폐렴으로 세상을 떠났다.

1931년 독일에서 태어난 후튼로처는 힘든 어린 시절을 보냈다. 오페라가수였던 어머니가 나치를 피해 1937년 혼자 미국으로 도망쳤기 때문이다. 화학자인 아버지가 돌봐주기

피터 후튼로처 (제공 시카고의대)

는 했지만 후튼로처와 형은 어린 시절 나치의 만행과 전쟁의 참화를 온몸으로 겪었다. 1949년 어머니를 만나러 형과 미국에 온 후튼로처는 미국에 눌러앉기로 하고 뉴욕의 버팔로대에 들어갔다. 1953년 철학과를 최우등으로 졸업한 후튼로처는 하버드의대에 입학해 차석으로 졸업했다.

후튼로처는 예일대의대 소아과와 신경학과 교수를 거쳐 1974년에 시카고대에 자리를 잡았다. 그는 이런저런 이유로 죽은 아이들의 뇌 안을 전자현미경으로 들여다봤다. 정상아와 정신지체아의 차이를 뉴런 차원에서 규명하기 위해서다. 그러나 그는 정상아의 뇌에서 예상치 못한 패턴을 발견했다. 즉 태어나서 돌이 될 때까지 시냅스 숫자가 10배 이상 급증했고 그 이후에는 다시 줄어들다가 사춘기에 들어가면서 안정화됐던 것. 당시 신경과학자들은 그의 발견이 무엇을 의미하는지 이해하지 못했지만 20여년이 지나 뇌의 가소성이 인식되면서 시냅스 가지치기pruning의 중요성이 부각됐다.

즉 태어나서 일 년 사이에 만들어진, 거의 무작위로 뉴런 사이를 연결하는 시냅스 가운데 아기가 걷고 말하며 사용하는 것들은 강화되고 사용하지 않는 것들은 퇴화해 없어진다는 것. 바꿔 말하면 어린 시절 올바른 경험을 하지 못하면 뇌의 회로가 그만큼 부실해진다는 말이다. 또 유전적 영향으로 시냅스 가지치기가 제대로 이뤄지지 못하기도 한다. 자폐성 질환이

나 정신지체도 시냅스 가지치기에 문제가 있거나 시냅스 형태가 비정상적인 결과라고 한다.

후튼로처는 뇌에 문제가 있는 아이들을 치료하고 돌보는데 헌신했다고 한다. 아이러니하게도 그 역시 말년엔 신경질환인 파킨슨병으로 오랫동안 고생하다 죽음을 맞았다.

15. 데이비드 바커1938. 6. 29 ~ 2013. 8. 27
태교의 중요성을 알았던 영국인 의사

세상은 돌고 도는 것인가. 한국전쟁 때 미군들은 김치나 된장을 미개한 식품이라며 코를 막고 얼굴을 찡그렸는데, 지금은 '세계 10대 건강식품'에 김치와 (청국장 친척인) 낫토가 선정되니 말이다. 태교도 마찬가지다. 다 쓸데없는 미신이라며 정작 우리는 전통을 무시하는 사이, 서구에서는 임신했을 때 산모의 몸가짐이 태어날 아기의 평생 건강을 좌우한다는 가설이 점점 힘을 얻고 있다.

지난 8월 27일 75세에 갑작스런 뇌출혈로 사망한 영국의 역학자epidemiologist 데이비드 바커David Barker가 바로 서구의 원조 태교애찬론자다. 오늘날 '바커 가설Barker hypothesis'로 불리는 그의 이론에 따르면 태아 환경과 신생아일 때 건강이 몸의 대사와 성장을 영구적으로 프로그래밍해 노년의 질병에 큰 영향을 미친다. 이는 유전적 요인이나 성인의 잘못된 생활습관이 당뇨와 심혈관질환 같은 만성질환의 원인이라는 '상식'을 깨는 도발적인 주장이다. 따라서 바커가 처음 이런 주장을 내놓았을 때 의학계의 반응은 싸늘했다.

데이비드 바커 (제공 Barker family)

런던의 가이병원에서 의학도의 길을 가던 바커는 일 년 동안 의학 공부를 중단하고 신체인류학, 비교해부학, 발생학, 포유류생물학 등 주변 학문에 탐닉하기도 했다. 바커는 아프리카 우간다에 파견돼 풍토병인 부룰리궤양을 조사하다가 정치 혼란에 생명의 위협을 느껴 가족들을 데리고 케냐로 야반도주하기도 했다.

1972년 사우샘프턴대에 자리를 잡은 바커는 역학疫學 강의로 명성을 얻었고 1984년 사우샘프턴에 있는 의학연구위원회MRC 실험역학단위 책임자가 됐다. 그는 잉글랜드와 웨일즈의 역학조사를 통해 1910년 영아 사망률이 가장 높았던 지역이 1970년대 심혈관질환으로 사망한 사람 비율도 가장 높다는 걸 발견했다. 이런 현장조사 자료들을 토대로 태아 환경이나 영아 때 환경이 나쁘면 인생 후반기에 만성질환에 걸릴 가능성이 높다는 가설을 세웠다. 바커는 그 뒤 30년 동안 여러 사람들과 협력하면서 다양한 조사와 실험을 통해 이 아이디어를 발전시켰다. 그는 저소득층 산모의 식단을 개선하기 위해 노력을 기울이기도 했다.

16. 로널드 코스 1910.12.29 ~ 2013.9.2
시장의 숨겨진 진실을 드러낸 법경제학자

로널드 코스 (제공 시카고대)

나이 사십이 넘도록 자산관리라고는 이자가 물가상승률 수준인 정기예금에 돈을 넣어두는 게 사실상 전부인 필자는 가끔 자신이 좀 한심하다는 생각이 든다. 20여 년 전 평촌 신도시가 막 문을 열었을 때 평당 100만원하던 아파트 한 채만 사놨어도 지금쯤 재산이 두 배는 됐을 것이다. 지금까지 과학책에 쏟아 부은 시간의 1%만 경제

서적에 할애했어도 재산이 네 배는 되지 않았을까.

부록에 소개된 27명 가운데 자연과학자(의학자 포함)가 아닌 사람이 셋인데, 그 가운데 한 명이 1991년 노벨경제학상을 받은 로널드 코스Ronald Coase다. 물론 코스가 돈 잘 버는 비법을 개발해 상을 받은 건 아니고, 기존 경제학자들이 미처 인식하지 못했던 시장의 진실을 드러내 오늘날 사회가 안고 있는 여러 문제를 해결할 실마리를 던졌기 때문이다.

1910년(!) 영국 런던에서 태어난 코스는 원래 역사학을 공부하고 싶었지만 필수 과목인 라틴어를 이수하지 못해 포기했고 차선으로 생각한 화학도 수학이 싫어 접었다. 결국 런던경제대LSE에서 상학을 공부했는데, 특이한 건 이 기간 동안 경제학 과목을 하나도 듣지 않았다는 것. 1931년 졸업 시험을 통과한 뒤 이듬해 학위를 받을 때까지 산업법을 공부하며 변호사를 준비하다, 1년간 미국의 산업구조를 시찰하는 여행장학금을 받는 행운이 찾아왔다.

이때의 현장경험은 코스에게 '기업은 왜 존재하는가'라는 근본적인 질문을 던지게 했고 그는 '거래비용transaction cost'에서 답을 찾았다. 즉 모든 거래를 개인 당사자들이 진행할 경우 비용이 너무 많이 들기 때문에 기업이 등장해 이를 대신한다는 것. 그리고 기업이 커질수록 내부의 거래비용도 커지기 때문에 업종에 따라 기업의 규모가 정해진다는 통찰이다. 이 아이디어를 가다듬어 1937년 학술지 〈에코노미카〉에 실은 논문 '기업의 본질'은 고전으로 남아 있다.

던디경제상업대를 거쳐 리버풀대, 런던경제대에서 강의하던 코스는 1951년 미국으로 이민을 떠나 '사회주의 영국에 대한 염증과 자유분방한 미국에 대한 동경'을 실행에 옮겼다. 버펄로대를 거쳐 1959년 버지니아대에서 미국통신위원회에 대해 연구하면서 코스는 방송주파수 배분에 경매방식을 도입할 것을 주장했다. 1960년 〈법경제학저널〉에 발표한 논문 '사회 비용의 문제'는 이 연구를 발전시킨 내용이다.

논문에서 코스는 정부의 지나친 간섭과 규제보다는 당사자들 사이의 협상을 통한 해결책을 강조한다. 예를 들어 1990년 미국 정부는 업체에 이산화황 1킬로그램당 1달러의 세금을 물리는 기존 정책대신 배출권거래제 프로그램을 운영한 결과 기업에 동기부여가 돼 실질적으로 이산화황 배출량이 수백 만 톤 줄어드는 효과를 봤다.

코스는 기존 경제학을 '칠판 경제학'이라고 비난하면서 경제학자들은 그래프만 갖고 놀 게 아니라 실제 세상이 어떻게 돌아가는지를 먼저 이해해야 하다고 강조했다. 즉 인간의 본성은 경제학이 가정하는 것처럼 합리적인 것도 아니고 시장과 기업, 법률 같은 제도가 미치는 영향을 무시해서는 안 된다는 것이다. 예를 들어 기업에서 의사결정은 가격 메커니즘에 따라 이뤄지는 게 아니라 윗사람의 결정에 따른다는 것.

코스는 사실상 위의 두 논문, 즉 1937년과 1960년 발표한 연구업적으로 1991년 노벨경제학상을 받았다. 주류 경제학이 새로운 관점을 받아들이는 게 쉽지 않은 과정이었음을 알 수 있는 대목이다. 코스는 1964년부터 1981년 은퇴할 때까지 시카고대에 적을 뒀는데, 경제학과가 아니라 법대 교수였다.

17. 프레드 셔먼 1932. 5. 21 ~ 2013. 9. 16
과학을 즐긴, 가슴이 따뜻한 유전학자

프레드 셔먼 (제공 로체스터대)

연구능력이 뛰어난 과학자이지만 선생으로는 자질이 없는 사람들이 있다. 연구에 헌신하겠다는 꿈을 안고 이런 교수를 찾아 온 학생이 만일 성격이 소심하다면 실험실 미팅에서 교수한테 몇 번 당한 뒤 결국 실험실을 떠나기도 한다. 말도 다르고 인종도 다른 나라로 유학가서 지도교수에게 적응하지 못 해 학업을 포기하는 사례도 적지 않다. 물론 지난 9월 16일 타계한 유전학자 프레드 셔먼Fred Sherman처럼, 실험실에서 겉도는 학생들까지 챙겨주는 '스승'도 있다.

1932년 미국 미니아폴리스에서 태어난 셔먼은 1953년 미네소타대 화학과를 차석으로 졸업하고 1958년 캘리포니아대(버클리)에서 유전학으로 박사학위를 받았다. 여기서 그는 발효에 널리 쓰이는 단세포 진핵생물인 효모를 대상으로 연구를 했다. 1961년 로체스터대에 자리를 잡은 뒤에도 효모를 갖고 연구를 계속하며, 대장균이 원핵생물 연구의 모델인 것처럼 효모가 진핵생물 연구의 모델로 자리잡게 하는데 힘을 쏟았다.

셔먼은 진핵생물에서 전령RNAmRNA의 염기서열 AUG(아데닌 우라실 구아닌)가 유일한 번역 개시 코돈이라는 걸 입증했고, UAA, UAG, UGA가 번역 종결 코돈임을 밝혔다. 또 게놈에서 운반RNAtRNA의 유전자를 찾아내기도 했다. 다들 생명과학 교과서에 나오는 근본적인 발견이다.

셔먼은 연구자로서 뿐 아니라 교육자로서도 탁월했고 대인관계도 좋았다. 일리노이대 수전 리브만과 브랜다이스대 제임스 하버는 〈사이언스〉에 실은 부고에서 "다른 많은 저명한 과학자들과는 달리 프레드는 전화를 직접 받았고 동료들이 도움을 청하는 모든 과학 문제에 대해 몇 시간씩 답을 주곤 했다"고 회상했다. 그리고 거의 매일 실험실의 학생들과 박사후연구원들과 함께 점심을 먹었다. 또 분위기에 어울리지 못하는 학생들에게 실없는 농담을 던지며 긴장을 풀어주기도 했다. 그는 과학자를 직업으로 삼은 걸 너무 행복해하며 주위사람들에게 종종 이런 말을 했다고 한다.

"이런 걸 하는 나한테 학교가 봉급을 주다니 믿을 수가 없군!"

18. 데이비드 허블 1926. 2. 27 ~ 2013. 9. 22
본다는 것의 의미를 탐구한 신경과학자

지난 가을 필자는 알레르기 비염으로 고생을 하다가 어느 순간 문득 냄새를 전혀 맡지 못한다는 사실을 깨달았다. 동네 개울가를 산책할 때면 고

데이비드 허블 (제공 하버드의대)

여 있는 물에서 나는 비린내가 '옥에 티'였는데 전혀 느껴지지 않았다. 예전에 감각을 다룬 책에서는 후각상실을 끔찍한 체험으로 묘사했는데 아무 냄새도 나지 않는다는 게 오히려 무척 상쾌해서 내심 놀랐다. 물론 계속 그렇다면 상한 음식 냄새를 못 맡는 것 같은 위험한 상황을 초래할 수도 있겠지만. 병원에 가보니 비염이 축농증으로 발전해 농이 비강 벽의 후각상피를 다 덮어버려 후각이 마비된 것이었다. 그런데 만일 눈에 이상이 생겨 설사 일시적일지라도 시각을 잃었다면 이렇게 여유를 부릴 수 있었을까.

오감 가운데 시각이 차지하는 비중이 90%라는 말도 있지만, 실제로 사람 뇌의 대뇌피질 가운데 절반 정도가 시각 정보를 분석하는데 관여한다고 한다. 눈동자를 통해 들어온, 사물에 반사된(촛불 같은 경우는 스스로 복사하는) 전자기파 가운데 극히 일부분(파장 400~700나노미터)이 망막의 광수용세포를 자극해 전기신호로 바뀌어 뇌로 전달돼 사물의 영상으로 재구성되는 과정은 생각할수록 미스터리다. 지난 9월 22일 타계한 신경과학자 데이비드 허블David Hubel은 동료 토르스튼 위젤과 함께 1960년대와 70년대 집중적인 연구를 통해 시각정보가 뇌에서 어떻게 처리되는가에 대해 많은 걸 알아냈다.

1926년 캐나다 윈저에서 태어난 허블은 맥길대에서 수학과 물리학을 전공한 뒤 의학대학원에 들어가 1951년 의학박사학위를 받았다. 그 뒤 미국 존스홉킨스대에서 신경학과 수련의로 있다가 군복무를 마치고(부모가 미국인이어서 이때 국적을 바꿨다) 1958년 저명한 신경학자인 스티븐 쿠플러 교수의 실험실에 들어갔다. 여기서 평생 학문의 동지가 된 위젤을 만났다. 이듬해 쿠플러 교수가 하버드대로 옮기자 허블과 위젤도 따라갔고 둘 다 교수가 됐다.

쿠플러 교수는 1950년대 빛의 정보를 처리하는 망막의 뉴런을 연구했다. 허블과 위젤은 그 다음 단계, 즉 시각뉴런 정보의 종착역인 뇌 후두부의 시각피질에 대한 연구에 뛰어들었다. 이들은 고양이와 원숭이를 대상으로 개별 시각피질 뉴런에 전극을 꽂고 다양한 시각자극에 대한 반응을 기록해 시각정보가 뇌에서 처리되는 과정을 재구성했다. 그 결과 영역에 따라 대상이 특정한 방위각도일 때만 반응하는 뉴런과 대상이 특정한 방향으로 움직일 때만 반응하는 뉴런이 있다는 사실이 밝혀졌다.

한편 한쪽 눈을 실명시킨 동물실험을 통해, 원래 실명된 눈의 정보를 처리해야 할 영역이 놀게 될 경우 반대쪽 눈의 정보를 처리하는 회로가 침범해 영역을 확장한다는 사실도 발견했다. 이는 경험이 뇌회로를 변경시킬 수 있다는 걸 최초로 보인 결과다. 허블과 위젤은 1980년대 중반까지 25년 동안 유례를 찾아볼 수 없을 정도로 끈끈한 공동연구를 진행해 허블과 위젤을 한 사람의 이름인 'Hubel N. Wiesel'로 알고 있는 사람들도 있었다고 한다. 두 사람은 1981년 노벨생리의학상을 받았다.

허블은 예술적 감수성도 뛰어나 1970년대 그의 박사과정 학생이었던 스탠퍼드대 카를라 샷츠 교수는 〈네이처〉에 실은 부고에서 "밤에 실험실에 있을 때면 종종 복도에서 허블이 연주하는 플루트 소리가 들려오곤 했다"고 회상했다. 허블은 실험실 규모가 커지는 현상을 우려했는데, 교수들이 경영자처럼 돼 프로젝트 연구비를 따내고 업체를 자문하는데 너무 많은 시간을 빼앗기고 학생들도 회사직원처럼 대하기 때문이다. 허블은 실험실을 닫은 뒤에도 학부생을 대상으로 세미나를 열어 신경과학의 기초와 실험의 기본기술을 알려줬다고 한다. 그는 학생들에게 과학은 예술이 될 수 있고 예술은 과학이 될 수 있음을 보여주고자 했다. 문득 그리스 경구가 떠오른다.

"나이든 사람들이 자신들은 결코 그 그늘 아래 쉬지 못할 걸 알면서도 나무를 심을 때, 그 사회는 위대해진다."

19. 해럴드 애그뉴 1921. 3. 28 ~ 2013. 9. 29
원폭 투하 장면을 직접 본 핵물리학자

요즘 일본 아베 총리가 보여주는 행태는 가관이지만 돌이켜보면 원래 일본은 그런 경향이 있었다. 자기들도 아시아에 있으면서 늘 서구를 동경하며 다른 아시아 국가들을 무시해왔다. 특히 미국에는 저자세가 심한데, 자기 나라에 원자폭탄을 두 발이나 투하한 나라한테 그러고 싶을까 하는 생각도 든다.

1945년 일본 히로시마와 나가사키에 원폭을 투하할 때 비행기에서 이를 지켜본 과학자 세 사람 가운데 마지막 생존자인 해럴드 애그뉴Harold Agnew가 지난 9월 29일 92세로 세상을 떠났다. 1921년 미국 덴버에서 태어난 애그뉴는 덴버대에서 화학을 공부한 뒤 1942년 시카고대 야금학실험

1945년 북마리아나제도 티니안에서 나가사키에 투하될 핵폭탄 팻맨 Fat Man의 플루토늄 코어를 들고 있는 해럴드 애그뉴. 당시 24살이었다. (제공 위키피디아)

실의 연구보조원으로 들어갔다. 이곳에서는 세계 최초로 핵반응기를 만들고 있었고, 그해 12월 2일 애그뉴는 최초의 통제된 핵반응을 목격했다.

이듬해 그는 입자가속기를 해체하는 팀에 합류했는데, 맨해튼프로젝트의 본산인 로스 알라모스로 운반하기 위한 작업이었다. 이렇게 해서 애그뉴는 원자폭탄 개발에 참여한 유일한 학사학위 소지자가 됐다. 1944년 물리학자 루이 앨버레즈는 폭탄을 투하할 때 동행할 연구원을 모집했고 애그뉴는 바로 지원했다.

1945년 8월 6일 오전 2시 45분, 원자폭탄을 실은 B-29 폭격기 '에놀라 게이Enola Gay'가 북마리아나제도의 티니안 활주로에서 이륙했다. 2분 뒤 앨버레즈와 로렌스 존슨, 애

그뉴를 포함한 승무원 열 명이 탑승한 두 번째 B-29가 뒤를 따랐다. 과학자 세 사람의 임무는 소형 낙하산에 실려 투하되는 풍압계로 폭발의 충격파를 측정하는 것. 오전 8시 15분 풍압계 3대가 투하됐는데 앨버레즈는 측정에 실패하고 두 사람은 성공했다. 뒤이어 애그뉴는 챙겨온 16밀리 카메라로 버섯구름이 올라오는 장면을 촬영했다. 히로시마 원폭 폭발 장면을 찍은 유일한 동영상이다. 애그뉴는 3일 뒤 나가사키 원폭투하에도 참여했다.

종전 뒤 시카고대의 핵물리학자 앤리코 페르미를 지도교수로 1949년 박사학위를 받은 애그뉴는 로스알라모스로 돌아가 수소폭탄 개발에 참여했고 1970년에는 연구소의 3대 소장이 됐다. 맨해튼프로젝트를 이끈 물리학자 로버트 오펜하이머가 "내 손에 무고한 희생자들의 피가 묻어있다"며 죄책감에 시달린 반면, '냉전주의 과학자'인 애그뉴는 "히로시마와 일본인에 대한 내 감정은, 피에 굶주린 그들이 그런 일을 당해도 싸다는 것"이라고 말하며 후회의 감정은 조금도 없다고 피력하곤 했다.

20. 조지 허빅 1920. 1. 2 ~ 2013.10.12
별의 탄생 비밀을 밝힌 천문학자

1920년 미국 웨스트버지니아 휠링에서 태어난 조지 허빅George Hurbig은 어린 시절 캘리포니아 LA로 이사를 하면서 천문학에 푹 빠지게 된다. 당시 세계 최대 규모인 지름 2.5미터 반사망원경이 있는 윌슨산천문대가 가까웠기 때문이다. 허빅은 10대 때 망원경을 직접 만들기도 했고 LA천문학회에도 가입해 윌슨산에서 관측하는 기회를 얻기도 했다. 그는 20살 때 별의 지름을 다룬 첫 논문을 발표했다.

허빅은 버클리대에서 박사과정을 했는

조지 허빅 (제공 Karen Teramura/하와이대)

데, 지도교수인 앨프레드 조이는 1930년대 말에서 40년대 초 황소자리Taurus에서 일련의 변광성을 발견해 티타우리별T Tauri stars이라고 명명했다. 티타우리별의 실체를 규명하는 게 허빅의 박사논문 주제였다. 허빅은 티타우리별의 별빛이 핵융합 반응이 아니라 아주 어린 별이 중력수축할 때 방출되는 에너지라고 해석했다. 1962년 그동안의 연구결과를 종합해 학술지〈천문학 천체물리학 진보〉에 발표한 논문은 초기 별 연구의 바이블로 여겨지고 있다.

한편 허빅은 오리온자리에서 특이한 스펙트럼을 보이는 작은 성운 같은 천체를 관측했는데, 한 학회에서 만난 멕시코 천문학자 길레르모 아로도 비슷한 발견을 했다는 걸 알게 됐다. 훗날 구소련의 천문학자 빅토르 암마르추미안은 이런 특성을 지닌 천체를 '허빅-아로 천체Herbig-Haro objects(줄여서 HH천체)라고 명명했다. 허빅과 동료들은 HH천체가 어린 별에서 초음속으로 방출되는 물질이 성간물질과 충돌해 나오는 가시광선임을 밝혔다.

한편 허빅은 질량이 작은 티타우리별에 상응하는 질량이 큰 어린 별도 있을 거라고 상정하고 열심히 밤하늘을 뒤져 마침내 그런 별들을 찾아냈는데, 오늘날 허빅Ae와 허빅Be로 불리는 그룹이다. 이 별들은 태양질량의 2~8배로 주변 원반에서 행성도 형성될 수 있어 최근 다시 주목받고 있다고 한다.

허빅은 최근까지도 관측을 계속하며 연구를 했는데, 70년이 넘는 기간동안 그는 보통 혼자서 관측하고 데이터 분석도 혼자 하는 스타일이었다고 한다.

21. 마이클 노이버거1953. 11. 2 ~ 2013. 10. 26
항체 다양성의 메커니즘을 밝힌 면역학자

2013년 타계한 27명 가운데 가장 짧은 생을 산 사람이 영국 의학연구위원회MRC 분자생물학연구소LMB의 마이클 노이버거Michael Neuberger 부소장이다. 노이버거는 지난 10월 26일 만 60세 생일(환갑)을 일주일 앞두고 암으로 세상을 떠났다.

런던에서 저명한 생화학자 알버트 노이
버거의 아들로 태어난 마이클은 케임브리
지대에서 자연과학을 공부한 뒤 1974년
임페리얼칼리지런던 브리언 하틀리 교수
실험실에서 박테리아 유전자 증폭을 주제
로 대학원생활을 시작했다. 어느 날 노이
버거는 박테리아 균주를 얻기 위해 LMB
의 시드니 브레너의 실험실을 방문했다.
마침 브레너는 옆방에서 프랜시스 크릭과

마이클 노이버거 (제공 MRC)

떠들썩하게 이야기를 나누고 있었다. 노이버거는 방해가 될 것 같아 조용
히 시료를 갖고 가려고 찾고 있는데 뒤를 돌아보니 브레너가 서 있었다.

자초지종을 들은 브레너는 노이버거를 앉혀놓고 그의 박사과정 주제에
대해 두 시간 동안 대화를 나누었다. 저명한 과학자가 생면부지인 대학원
생에게 토요일 오후 두 시간을 할애해준 그날의 사건을 노이버거는 평생
잊지 못했다고 한다. 학위를 마친 노이버거는 LMB의 체자르 밀스테인의
실험실에서 항체을 연구했고, 브레너와 밀스테인의 권고를 따라 독일 쾰른
대의 면역학자 클라우스 라제브스키 교수팀에서 테크닉을 배우고 1980년
LMB로 돌아왔다.

노이버거는 항체유전자를 백혈구에 넣어 발현시키는 방법을 개발했고 키
메라 항체chimeric antibodies를 처음 만들었다. 키메라 항체란 항체분자의 일
부는 쥐의 유전자에서, 일부는 사람의 유전자에서 비롯된 항체다. 훗날 노
이버거는 쥐에서 완전히 인간화된 항체를 만드는 기술도 개발해 MRC에
막대한 로열티를 안겨줬다.

한편 그는 항체 구조의 다양성을 밝히는 연구도 진행했다. 몸에 들어오
는 항원이 제각각이기 때문에 항체 역시 수많은 종류가 대기하고 있어야
한다. 제한된 게놈에서 다양한 구조의 항체를 만들기 위해 여러 메커니즘

이 진화됐는데, 그 가운데 하나가 체세포 과돌연변이somatic hypermutation이다. 노이버거 박사팀은 일본 교토대의 혼조 타수쿠 교수팀이 발견한 AID라는 효소가 DNA의 시토신을 우라실로 바꿔 돌연변이를 가속화시킨다는 사실을 발견했다. AID는 많은 암에서 보이는 높은 돌연변이 수치에도 관여하는 것으로 밝혀졌다.

아이러니컬하게도 면역학, 그 가운데서도 항체를 연구한 노이버거는 항체를 생산하는 B세포의 암인 골수종에 걸려 사망했다. 그가 진단을 받고 쓴 메모에서 삶과 죽음의 페이소스가 느껴진다.

"35년 동안 실험실에서 항체를 괴롭혔더니, 이제 이 녀석들이 병원에서 나한테 복수를 하려고 하는군."

22. 레오나드 헤르첸버그1931.11. 5 ~ 2013.10.27
세포 분류 기술을 개척한 면역학자

생의학계에서 가장 뜨거운 분야인 줄기세포 연구에서 특성에 따라 세포를 분류하는 과정은 필수적인 코스다. 줄기세포가 제대로 분화했는지,

암세포는 들어있지 않은지 알아봐야 하기 때문이다. 세포 표면의 형광표지를 이용해 세포를 분류하는 장치인 유세포분석기flow cytometry를 개발한 면역학자 레오나드 헤르첸버그Leonard Herzenberg가 지난 10월 27일 타계했다.

1931년 미국 뉴욕에서 태어난 헤르첸버그는 1952년 브루클린대를 졸업하고 칼텍에서 유전학으로 대학원생활을 시작했다. 그는 정치에도 관심이 많았는데 이곳에서 노벨화학상 수상자인 라이너스 폴링과 함

레오나드 헤르첸버그(제공 스탠퍼드 의대)

게 반메카시즘 운동에 뛰어들었다. 참고로 폴링은 반핵 운동으로 1962년 노벨평화상을 받았다. 학위를 받은 뒤 프랑스 파스퇴르연구소에 가서도 노벨상수상자인 자크 모노와 함께 점심을 하며 박테리아 유전학과 프랑스 레지스탕스를 화제로 삼았다고 한다.

1960년대 스탠퍼드대에 자리를 잡은 헤르첸버그는 세포를 분류하는 자동화된 장치가 필요하다고 보고 직접 만들기로 했다. 그는 엔지니어와 생물학자로 된 팀을 꾸려, 세포를 분리해 하나하나 숫자를 세고 레이저를 쏴 세포표면의 형광표지(세포 유형마다 다름)에 따라 분류하는 유세포분석기인 형광활성세포분류기fluorescence-activated cell sorter, FACS를 개발했다.

1976년 안식년을 맞아 영국 케임브리지대의 생화학자 체자르 밀스테인의 실험실(앞의 마이클 노이버거도 잠시 머물던)에서 체류하며 세포융합 기법을 이용해 세포표면의 특정 표지에 달라붙는 주문형 항체를 생산하는 세포주를 만드는 방법을 개발했다. 헤르첸버그는 항체를 만드는 백혈구와 불멸의 암세포를 조합해 만든, 단일클론항체를 무한히 만들 수 있는 세포에 '하이브리도마hybridoma'라는 이름을 붙여줬다.

헤르첸버그는 특허로 큰돈을 벌 수 있었음에도 모든 권리를 스탠퍼드대로 넘겼다. 과학의 진보는 연구비를 대준 대중의 몫이라고 믿었기 때문이다. 그는 평소 시료와 세포주, 실험데이터 등 모든 결과물을 공유한다는 철학을 행동으로 실천했다. 그에게 중요했던 건 자신이 업적을 내는 게 아니라 과학이 좀 더 빨리 진보하는 것이었기 때문이다.

23. 프레더릭 생어 1918.8.13~2013.11.19
생명의 정보를 캐는 방법을 개발한 사람

"난 (노벨상을 탄 것보다) 내가 한 연구가 더 자랑스러워요.
알다시피 어떤 사람들은 (노벨)상을 타려고 과학을 하지요.
하지만 내게 동기부여가 되는 건 그게 아니죠."

- 프레더릭 생어

프레더릭 생어 (제공 NIH)

지난 11월 19일 영국의 생화학자 프레더릭 생어를 수식하는 단어가 하나 줄었다. 이날 생어가 향년 95세로 영면하면서 이제 그는 생명과학의 '살아있는 전설'에서 그냥 '전설'이 됐다. 프레더릭 생어 Frederick Sanger라는 이름이 낯선 사람도 꽤 되겠지만, 생화학을 전공한 필자로서는 어떤 면에서 그가 DNA이중나선구조를 발견한 제임스 왓슨과 프랜시스 크릭 이상의 거인으로 느껴지기도 한다.

프레더릭 생어는 단백질의 아미노산 서열을 분석하는 방법을 개발해 호르몬 인슐린이 아미노산 51개로 이뤄졌음을 밝혀 1958년 노벨화학상을 받았다. 그리고 20여 년 뒤 이번에는 핵산(DNA와 RNA)의 염기서열을 해독하는 방법을 고안해 1980년 노벨화학상을 받았다. 2003년 완성된 인간게놈프로젝트는 생어의 DNA염기서열분석법으로 30억 염기쌍을 해독한 것이다.

참고로 지금까지 노벨상을 2회 수상한 사람은 생어를 포함해 네 명뿐이다. 마리 퀴리가 방사능 연구로 물리학상(1903년)과 화학상(1911년)을 받았고, 라이너스 폴링이 화학결합 연구로 화학상(1954년)을, 반핵운동으로 평화상(1962년)을 수상했다. 그리고 존 바딘이 트랜지스터 개발과 초전도이론 정립으로 물리학상(각각 1956년과 1972년)을 받았다.

생어의 타계 소식을 접하며 필자는 노벨재단 사이트에서 그의 1958년 노벨강연원고와 1980년 노벨강연원고를 다운받아 읽어봤다. 각각 13쪽, 17쪽으로 요즘 원고들에 비하면 분량이 적은 편이다. 원고 내용을 바탕으로 그의 업적을 소개하고 아울러 그의 삶을 스케치해본다.

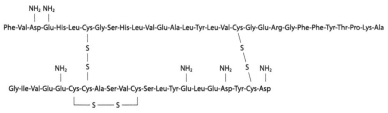

NH₂ NH₂

Phe-Val-Asp-Glu-His-Leu-Cys-Gly-Ser-His-Leu-Val-Glu-Ala-Leu-Tyr-Leu-Val-Cys-Gly-Glu-Arg-Gly-Phe-Phe-Tyr-Thr-Pro-Lys-Ala

Gly-Ile-Val-Glu-Glu-Cys-Cys-Ala-Ser-Val-Cys-Ser-Leu-Tyr-Glu-Leu-Glu-Asp-Tyr-Cys-Asp

펩티드 호르몬 인슐린의 구조. 생어 그룹은 1955년 인슐린이 아미노산 21개와 30개짜리 두 가닥이 결합된 구조임을 밝혔다. (제공 노벨재단)

"저는 학문적으로 뛰어나지 못합니다"

1918년 8월 13일 영국 글로스터셔의 마을 렌드콤에서 아버지가 개업의인 유복한 가정에서 태어난 생어는 아버지의 영향으로 어려서부터 생물에 관심이 많았고 커서는 의사가 될 거라는 꿈을 꿨다. 그러나 중고교 시절을 거치며 점차 과학 자체에 관심이 커졌고 1936년 케임브리지대에 입학해 자연과학을 공부했다. 케임브리지대는 트라이포스Tripos라는 독특한 졸업시험 체계가 있는데, 개론을 다루는 1부와 전공을 다루는 2부가 있다. 물리학과 수학에서 고전한 생어는 보통 2년이면 끝내는 1부를 3년 만에 통과했다. 그 뒤 생화학을 전공했고 2부 시험을 통과해 1940년 12월 졸업장을 받았다.

이해 10월 대학원에 진학한 생어는 처음에는 풀에서 식용 단백질을 얻는 연구를 맡았는데, 얼마 안 있어 교수가 자리를 옮기면서 알버트 노이버거[27] 교수의 실험실로 옮긴다. 이곳에서 생어는 아미노산 라이신의 대사에 관한 연구로 1943년 박사학위를 받았다. 이해에 노이버거는 자리를 옮겼고 생어는 단백질 화학자인 알버트 시놀 교수팀에 합류한다. 돌이켜보면 두 차례 지도교수의 이동이 생어가 위대한 연구를 하는 길로 이끈 셈이다.

시놀 교수는 소의 인슐린의 아미노산 조성을 연구하고 있었는데, 생어에게 이 프로젝트를 맡겼다. 췌장에서 분비되는 호르몬인 인슐린은 혈당을 조절한다는 기능이 밝혀지면서 주목을 받고 있었고 당연히 그 구조가 관심

---

27 344쪽에 소개한 마이클 노이버거의 아버지.

사였다. 인슐린은 단백질인데, 당시는 단백질이 아미노산으로 이뤄져 있다는 정도만 알려졌을 뿐이었다.

지금 생각하면 생어는 운이 좋았는데, 왜냐하면 인슐린은 아미노산 51개로 이뤄진 작은 단백질(펩티드)이기 때문이다. 아무튼 생어는 그때까지 알려진 각종 화학적 분석법을 동원해 인슐린의 구조를 하나둘 밝혀나가기 시작했다. 그는 'DNP방법'을 써서 인슐린을 구성하는 아미노산 가운데 자유 아미노기($-NH_2$)가 있는 게 글리신과 페닐알라닌 두 가지임을 확인했다. 이는 인슐린이 한 가닥의 펩티드가 아니라 두 가닥이 연결된 구조임을 시사했다. 당시 아미노산 시스테인이 서로 이황화결합으로 연결될 수 있다는 게 알려져 있었으므로 생어는 인슐린도 그럴 것으로 추정했다.

인슐린에 이황화결합을 끊는 반응을 시키자 정말 두 가닥으로 나누어졌고, 생어는 자유 아미노기가 있는 글리신이 포함된 짧은 사슬을 A부분, 자유 아미노기가 있는 페닐알라닌이 포함된 긴 사슬을 B부분이라고 명명하고 각각의 아미노산 서열을 분석했다. 그는 아미노산 사이의 펩티드 결합을 끊는 화학반응과 효소반응을 교묘히 이용해 각 사슬을 아미노산 서너 개 길이의 작은 조각으로 잘라 이를 분석한 뒤 전체 서열을 재구성했다.

반복되는 화학반응과 크로마토그래피를 이용한 분리와 정제, 분석 등 웬만한 과학자라면 벌써 나가떨어졌을 '고된 노동'을 생어는 12년 넘게 묵묵히 수행했다. 그리고 마침내 B부분의 아미노산 30개 서열과 A부분의 아미노산 21개 서열을 밝혔다(1953년). 그리고 A부분과 B부분이 두 곳의 이황화결합으로 연결된 인슐린의 실체를 규명했다(1955년). 그리고 3년 뒤인 1958년 노벨화학상을 받았다.

노벨상 세 번 받을 뻔?

인슐린의 아미노산 서열을 밝힌 건 단백질 연구의 전환점일 뿐 아니라 당시 막 밝혀진 DNA이중나선의 생물학적 의미를 성찰하는데 결정적인 힌트가 됐다. 즉 프랜시스 크릭은 생어의 연구로부터 아미노산이 일렬로 배열된 단백질의 구조가, 핵산(염기)이 일렬로 배열된 DNA의 구조와 대응한다는 사실을 깨달았다. DNA는 단백질에 대한 정보(이 부분을 유전자라고 부른다)를 갖고 있는 분자인 것이다. 훗날 크릭은 DNA염기서열이 전령RNA를 거쳐 단백질 아미노산 서열을 지정하는 과정을 도식화한 '센트럴 도그마'를 내놓는다.

한편 생어는 거꾸로 단백질에서 핵산으로 관심을 돌렸다. 웬만한 단백질은 아미노산이 100개가 넘기 때문에 인슐린에 쓴 방식대로 서열을 분석한다는 건 무척 어려운 일이었기 때문에 같은 정보를 담고 있는 DNA의 염기서열을 분석할 수 있다면 돌파구를 찾는 셈이기 때문이다. 그러나 DNA는 너무 덩치가 큰 분자이기 때문에 생어는 먼저 염기 70여개로 이뤄진 운반RNA$_{tRNA}$의 서열을 분석하기로 했다. 분석 방법은 기본적으로 인슐린에 쓴 방법과 같다. 즉 화학물질이나 RNA분해효소를 약하게 처리해 tRNA를 몇 개 조각으로 나눈 뒤 각 조각의 염기서열을 분석해 전체를 재구성한다는 전략이다.

그러나 실망스럽게도 1965년 미국 코넬대의 로버트 홀리 교수팀이 염기 77개로 이뤄진 효모의 알라닌 tRNA의 염기서열을 먼저 해독해 발표했다. 생어 그룹은 2년 뒤 염기 120개로 이뤄진 5S 리보솜RNA의 서열을 밝히는데 만족해야 했다. 홀리 교수는 이 업적으로 1968년 노벨생리의학상을 받았다.

이제 생어는 본격적으로 DNA염기서열을 해독하는 연구를 시작했다. 그는 DNA 한 가닥을 주형으로 삼아 상보적인 가닥을 합성하는 효소인 DNA중합효소를 이용해 염기서열을 알아내는 기막힌 방법 두 가지를 고안했다. 먼저 '더하기빼기$_{plus and minus}$법'으로, 반응시약에 들어있는 삼인산 형태의 염기 네 가지 가운데 셋은 충분하고 방사능 표지를 한 나머지 하나는(예를 들어 아데닌(A)의 경우 dATP) 부족해 중합반응이 임의로 중단되게 하는 방법이다. 아데닌 차례에서 효소가 dATP를 찾지 못하면 반응이 끝나는데, 어떤 경우는 얼마 못가 중합이 끝나고 어떤 경우는 좀 더 진

다이데옥시법으로 분석한 DNA염기서열 데이터를 보는 포즈를 취한 프레더릭 생어. 이 방법으로 30억 염기쌍인 인간게놈이 해독됐다. (제공 케임브리지대)

행한 뒤 끝난다. 이런 상태의 혼합물을 전기영동으로 분리하면 분자 크기에 따라 나뉘면서 DNA에서 A의 위치가 드러난다. G(구아닌), C(시토신), T(티민)에 대해서도 같은 식으로 분석하면 결국 전체 DNA염기서열을 해독할 수 있게 된다. 생어 그룹은 더하기빼기법으로 1977년 DNA 5386개로 이뤄진 바이러스인 박테리오파지 파이엑스(ϕX)174의 게놈을 거의 완전히 해독했다.

이 와중에도 생어는 좀 더 효율이 높은 분석 방법을 고민했고, 그 결과 '다이데옥시dideoxy법' 또는 '생어방법'으로 불리게 될 기발한 아이디어를 떠올렸다. 이 방법은 중합반응을 할 때 서열을 알고자 하는 염기에 다이데옥시 형태(A의 경우 ddATP)를 소량 섞어준다. 다이데옥시는 수산기(-OH)가 두 곳 없어졌다는 뜻이다. 참고로 DNA의 D는 데옥시deoxy, 즉 RNA에서 당분자(리보오스)의 수산기가 하나 없어진 분자라는 뜻이다.

그런데 다이데옥시의 경우 염기사슬을 이어가는데 꼭 필요한 위치의 수산기까지 없앤 분자이기 때문에 DNA중합반응에서 이 분자가 참여할 경우 그 자리에서 반응이 끝난다. 시약에서 다이데옥시는 데옥시에 비해 소량이기 때문에 어떤 경우는 일찌감치 반응이 끝날 수도 있고 어떤 경우는 좀 더 오래갈 수도 있다. 이렇게 얻은 혼합물을 전기영동으로 분리하면 염기서열이 드러난다.

다이데옥시법은 한번에 300염기를 읽을 수 있어 본격적인 게놈해독 시대를 열었다. 생어 그룹은 이 방법으로 1978년 ϕX174의 게놈을 완전하게 해독했고, 1981년에는 염기 1만6569개로 이뤄진 사람의 미토콘드리아 게놈을 해독했다. 다이데옥시법이 나오기 전에는 상상하기도 힘든 결과였다. 이 업적으로 생어는 1980년 두 번째 노벨상을 수상했다.

2002년 노벨생리의학상 수상자인 싱가포르 분자세포생물학연구소의 시드니 브레너[28] 박사는 〈사이언스〉 2014년 1월 17일자에 기고한 부고에서 9살 연상인 생어와의 오랜 인연을 이야기하며 "생어 같은 과학자는 (보고서와 논문을 끊임없이 써야하는) 오늘날 과학계 풍토에서는 살아남지 못할 것"이라고 말했다. 생어의 연구는 모두 성공을 장담할 수 없었을 뿐 아니라 10년 이상 걸린 장기 프로젝트였기 때문이다.

생어는 1983년 65세로 정년을 맞자 일찌감치 은퇴해 케임브리지 근교에서 평화로운 노년을 보냈다. 1992년 영국의 자선재단인 웰컴트러스트와 의학연구위원회MRC는 생어센터를 설립했고, 이듬해 10월 4일 생어가 참석한 가운데 개소식이 거행됐다. 당시 인원은 50명이 채 안 됐으나 현재(생어연구소로 개명)는 900명이 넘는 세계 최대 규모의 게놈연구소가 됐다. 인간게놈프로젝트를 주도한 곳이 바로 생어연구소다.

노벨상 수상자가 수두룩한 영국이지만 2회 수상자로는 생어가 유일하기 때문에 여기저기에서 그를 띄워주려고 했지만 생어는 한사코 사양한 채 현역일 때는 연구소에서, 은퇴해서는 자택에서 조용히 지냈다. 영국왕실은 1980년대 생어에게 기사 작위를 수여하려고 했지만 생어는 정중히 거절했다. 자신의 이름에 경Sir이 붙는 걸 부담스러워했기 때문이다.

"기자작위는 사람을 달리 보이게 만듭니다. 그렇지 않나요. 전 다르게 보이기 싫거든요."

24. 애드리엔 애쉬 1946. 9. 17 ~ 2013. 11. 19

장애인의 권리를 확보하기 위해 애쓴 생명윤리학자

1946년 미국 뉴욕에서 태어난 애드리엔 애쉬Adrienne Asch는 미숙아여서

---

28 박테리아 균주를 얻으려고 실험실에 온 대학원생 마이클 노이버거에게 진로지도를 해준 그 시드니 브레너다(345쪽 참조).

애드리엔 애쉬 (제공 미국 전국시각장
애인연맹)

인큐베이터로 옮겨졌는데 산소 수치가 너무 높아 망막변증retinopathy에 걸렸고 결국 시력을 잃었다. 그럼에도 애쉬는 꿋꿋하게 일반 학교에 다녔고 1969년 스워스모어칼리지 철학과를 졸업했다. 명문대를 나왔음에도 취직이 되지 않자 처음으로 장애인 권리 문제에 대해 '눈'을 떴다.

1973년 컬럼비아대에서 사회복지학으로 석사학위를 받고 1981년 현대심리치료연구소에서 가족치료사 자격증을 얻어 심리치료클리닉을 열었다. 치료사 일과 함께 애쉬는 장애인 고용차별 문제를 연구했는데, 어느 날 한 생명윤리 회의를 참관하게 된다. 당시 토론 주제는 척추갈림증이나 다운신드롬을 지니고 태어난 아기의 생명을 구하기 위한 치료를 해야 하는가 여부였다. 그런데 애쉬가 끼어들어 토론에 참여한 사람 가운데 장애인이 한 명도 없다며 이의를 제기했고, 이를 계기로 애쉬는 생명윤리 분야에 뛰어들게 된다.

컬럼비아대 사회심리학과에서 뒤늦게 박사과정을 시작한 애쉬는 1988년 미셸 파인과 함께 『장애를 지닌 여성들: 심리학과 문화, 정치학 에세이』라는 책을 공동편집하면서 페미니즘과 장애인 권리 분야의 전문가로 자리매김하게 된다. 1994년 웨슬리컬리지 교수가 됐고 2005년 예시바대로 자리를 옮겨 학교 부설 윤리학센터 소장을 겸임했다.

애쉬는 사회에 만연돼 있는 장애인에 대한 차별을 철폐하는데 온 힘을 기울였고 여성의 낙태 권리를 주장하기도 했다. 애쉬는 생명과학의 눈부신 발달로 태아기 검사와 선택 중절로 장애가 예상되는 아기를 없애고 한 걸음 더 나아가 원하는 특징을 지닌 아기를 골라 낳는 시대가 오는 데 대해 우려를 표시해왔다.

〈네이처〉에 부고를 쓴 펜실베이니아대 도로시 로버츠 교수는 애쉬가 평소 주변 사람들에게 자신과 다른 장애인들을 특별하지 않게 대해주기를 부탁했다며, 2006년 그녀가 인터뷰에서 한 말을 인용하며 글을 마쳤다.

"제 삶은 불행하지도 않지만 내세울 것도 없어요. 전 그저 저니까요."

25. 넬슨 만델라1918. 7.18 ~ 2013.12. 5
에이즈 퇴치에 여생을 보낸 정치가

〈사이언스〉 2014년 1월 10일자에는 과학자가 아닌 정치가의 부고가 실렸다. 백인정부의 인종차별정책(아파르트헤이트apartheid)에 저항하다가 투옥돼 무려 27년을 감옥에서 보낸 넬슨 만델라Nelson Mandela가 그 주인공이다.

1918년 남아프리카공화국의 시골 템부마을에서 태어난 롤리홀라홀라 만델라는 세례명 넬슨을 더해 정식 이름이 넬슨 롤리홀라홀라 만델라가 됐다. 21살 때 당시 남아공에서 흑인이 다닐 수 있는 유일한 고등고육기관인 포트헤어대에 입학해 법학을 공부하다 학생운동으로 퇴학당했다. 다행히 비트바테르스란트대에 편입해 학업을 마치고 올리버 탐부와 함께 남아공 최초의 흑인 로펌을 차렸다. 이들은 무료 또는 약간의 수임료만 받고 차별 정책으로 억울한 일을 당한 흑인들을 도왔다.

24살 때부터 '아프리카민족회의ANC'에 참여해 활동한 만델라는 1961년 백인정부가 비폭력 시위자 69명을 살해한 사건 이후 폭력 투쟁으로 노선을 바꾼다. 그리고 1963년 체포돼 종신형을 받고 투옥됐다. 44살 장년에 감옥에 들어가 1990년 71세 노인이 돼 석방된다. 1989년 집권한 프레데릭 드 클레르크 대통령의 전향적인 조치였다. 이후 두 사람은 긴밀히 협조하며 흑인의 참정권을 이뤄냈고 1994년 만델라는 남아공 최초의 흑인대통령이 됐다. 두 사람은 1993년 노벨평화상을 받았다.

5년간의 재임기간 동안 할 일이 너무 많았던 만델라는 1999년 퇴임

넬슨 만델라 (제공 국경없는의사회)

하면서 에이즈 확산을 막는데 노력을 기울이지 못한 걸 크게 후회했다. 즉 1994년 임산부 13명에 한 명꼴이던 에이즈 환자가 불과 5년 만에 거의 네 명에 한 명꼴로 폭증했던 것. 그는 '넬슨만델라어린이재단'을 설립해 에이즈 바이러스 확산 차단과 에이즈 고아를 돌보는 활동을 펼쳤다. 또 에이즈 환자에 대한 차별에 맞서 '에이즈바이러스 양성HIV positive'이라는 로고가 박힌 티셔츠를 입고 다니기도 했다.

26. 존 콘포스1917. 9. 7 ~ 2013.12. 8
청각장애를 딛고 콜레스테롤 생합성 과정을 규명한 화학자

1917년 호주 시드니에서 태어난 존 콘포스John Cornforth는 열 살 때부터 귀가 잘 들리지 않았다. 중이中耳의 뼈가 지나치게 자라 서서히 청각을 상실하는 귀경화증에 걸린 것. 결국 콘포스는 스무 살 때 청각을 완전히 상실한다. 어릴 때 집안에 실험실을 꾸밀 정도로 과학에 관심이 많았던 그는 고교 화학 선생님의 적극적인 관심아래 16살 때 시드니대 화학과에 들어갔다.

마침 같은 과의 여학생 리타 해라덴스가 실험도중 클라이젠플라스크를 깼다. 콘포스는 어린 시절 실험실 생활을 한 경험으로 복잡하게 생긴 비싼

유리기구를 고쳐줬고 두 사람은 연인이 됐다. 졸업 뒤 1939년 각자 영국 장학금을 받은 두 사람은 옥스퍼드대의 유기화학자 로버트 로빈슨 교수의 실험실로 유학을 떠났다. 두 사람은 1941년 나란히 박사학위를 받았고 이해 결혼했다.

1942년 콘포스는 항생제 페니실린의 구조를 규명하는 연구에 참여했다. 1946년 영국 의학연구위원회MRC 산하 국립의학연구소NIMR에 자리를 잡은 콘포스는 생

존 콘포스 (제공 MRC NIMR)

체분자인 콜레스테롤의 생합성 과정을 규명하는 연구를 진행했다. 당시 많은 화학자들처럼 콘포스도 생체분자가 천연촉매인 효소를 통해 어떻게 합성되는지 관심이 많았기 때문이다.

그는 방사성동위원소를 이용해 각 반응단계를 규명하는 방법을 써서 콜레스테롤 생합성 과정의 14단계를 규명했다. 이런 복잡한 분자는 각 단계마다 두 가지 광학이성질체 가운데 하나만 만들어진다. 비유하자면 효소는 오른손 장갑이냐 왼손 장갑이냐를 선택한다는 것. 따라서 14단계이면 2^{14}, 즉 16,384가지 경우의 수 가운데 하나를 규명했다는 뜻이다. 이 업적으로 콘포스는 1975년 노벨화학상을 받았다.

이해 서섹스대로 자리를 옮긴 콘포스는 효소와 비슷한 작용을 할 수 있는 화합물을 만드는 연구를 진행했다. 콘포스는 1977년 기사작위를 받았다.

27. 자넷 롤리|1925. 4. 5~2013.12.17
염색체 이상이 암을 일으킨다는 사실을 발견한 유전학자

학술지 〈사이언스〉 2013년 6월 21일자에는 필라델피아 염색체의 실체 규명 40주년을 맞아 그 발견자인 자넷 롤리Janet Rowley 미국 시카고대 교수가 쓴 글이 실렸다. 그런데 2014년 2월 7일자에는 롤리 교수 부고가 실렸다[29]. 2013년 12월 17일 롤리 교수는 지병인 난소암으로 88세에 세상을 떠났다.

1925년 미국 뉴욕에서 태어난 자넷 데이비슨(처녀 때 성)은 우리나라 엄마들처럼 교육열이 대단한 어머니 덕분에 15살에 영재조기입학프로그램이 있는 시카고대에 들어가 19살에 졸업했다. 시카고대 의학대학원에 입학했으나 당시는 여학생 쿼터제(65명 정원에 3명)가 있던 시절이라 9개월을 기다려야 했다. 1948년 의대 졸업식 다음날 동기생으로 훗날 저명한 병리학자가 된 도널드 롤리와 결혼했다.

---

29 필라델피아 염색체 규명과 항암제 글리벡 개발 과정에 대한 자세한 내용은 43쪽 '필라델피아 염색체를 아십니까?' 참조.

자넷 롤리 (제공 시카고대)

자넷 롤리는 1955년부터 다운증후군인 아이들을 맡았는데, 1959년 21번 염색체가 하나 더 있는 게 다운증후군의 원인이라는 사실이 밝혀지면서 유전질환에 관심을 갖게 된다. 1961년 안식년을 맞은 남편을 따라 영국에 건너간 롤리는 옥스퍼드 처칠병원의 혈액학자 라즐로 자콥슨의 실험실에서 염색체 검사법을 배운다. 이듬해 미국으로 돌아와서 백혈병 환자의 세포에서 염색체 이상을 찾는 연구를 시작했다.

10여 년의 연구 끝에 롤리는 마침내 급성골수성백혈병의 12%에서 8번 염색체와 21번 염색체 사이에 전좌가 일어나있다는 사실을 발견했다. 또 9번 염색체와 22번 염색체 사이에 전좌가 일어나면 만성골수성백혈병으로 이어짐을 확인했다. 이 연구결과를 담은, 롤리 단독저자 논문이 1973년 〈네이처〉에 실렸다. 전좌로 크기가 작아진 22번 염색체가 바로 필라델피아 염색체다. 롤리는 여세를 몰아 급성전골수성백혈병도 전좌가 원인임을 밝혔다.

그러나 주류학계는 한동안 롤리의 발견을 인정하지 않았다. 전좌는 암의 결과이지 원인이 아니라고 생각했기 때문이다. 그러나 1980년대 들어 전좌의 결과로 비정상 효소가 만들어져 세포성장이 통제를 벗어난다는 게 밝혀지면서 암이 유전자 질환이라는 인식이 확립됐다. 그리고 필라델피아 염색체에서 만들어진 비정상 인산화효소를 표적으로 삼는 항암제 글리벡이 2001년 출시되면서 롤리의 발견이 결실을 맺었다.

〈네이처〉 2014년 1월 23일자에는 글리벡 임상을 주도한 오리건보건과학대 브라이언 드러커 교수가 롤리의 부고를 썼는데, 두 사람은 2000년에야 처음 만났다고 한다. 2012년 롤리와 드러커, 글리벡 개발을 주도한 니콜라스 라이든은 일본상Japan Prize을 받았다.

참고문헌

1 O'Garra, A. *Nature* **494**, 37 (2013)

2 Osheroff, D. D. *Nature* **495**, 450 (2013)

3 Poggio, T. *Nature* **496**, 32 (2013)

4 Gosden, R. *Nature* **497**, 318 (2013)

　Fisher, S. J. & Giudice, L. C. *Science* **340**, 825 (2013)

5 막스 페루츠, 민병준·장세헌 과학자는 인류의 친구인가 적인가? (솔, 2004)

　프랑수아 자콥, 박재환 내 마음의 초상 (맑은소리, 1997)

6 Blobel, G. *Nature* **498**, 300 (2013)

7 Pyle, J. & Harris, N. *Nature* **498**, 434 (2013)

8 Gerber, C. *Nature* **499**, 30 (2013)

9 Hendrickson, W. A. *Nature* **499**, 410 (2013)

10 Kadanoff, L. P. *Nature* **500**, 30 (2013)

11 Roberts, R. G. & Sutikna, T. *Nature* **500**, 401 (2013)

　Sutikna, T. et al. *Nature* **532**, 366 (2016)

12 Weeds, A. *Nature* **500**, 530 (2013)

13 Hunter, T. *Science* **341**, 1078 (2013)

　Bernstein, A. & Rossant, J. *Nature* **501**, 168 (2013)

14 Walsh, C. A. *Nature* **502**, 172 (2013)

15 Cooper, C. *Nature* **502**, 304 (2013)

16 Hahn, R. *Nature* **502**, 449 (2013)

17 Liebman, S. W. & Haber, J. E. *Science* **342**, 1059 (2013)

18 Shatz, C. J. *Nature* **502**, 625 (2013)

　Wurtz, R. H. *Science* **342**, 572 (2013)

19 Crouch, T. *Nature* **503**, 40 (2013)

20 Reipurth, B. *Nature* **503**, 470 (2013)

21 Sale, J. E. et al. *Science* **342**, 1335 (2013)

22 Roederer, M. *Nature* **504**, 34 (2013)

23 Sanger, F. *Nobel Lecture* (1958)

　Sanger, F. *Nobel Lecture* (1980)

　Brenner, S. *Science* **343**, 262 (2014)

24 Roberts, D. *Nature* **504**, 377 (2013)

25 Karim, S. S. A. *Science* **343**, 150 (2014)

26 Hanson, J. *Nature* **506**, 35 (2014)

27 Druker, B. J. *Nature* **505**, 484 (2014)

Cheers Science

찾아보기